재미있는 발효공학

FERMENTATION TECHNOLOGY

재미있는 발효공학

백현동·강대경·김기태·박영서
서명지·이나경·장혜지·최학종

수 학 사

머리말

발효(fermentation)는 인류 문명 초기부터 식품의 저장성과 기호성을 높이기 위한 수단으로 활용되어 왔으며, 오늘날에는 생명공학과 결합하여 식품, 의약, 환경, 에너지 등 다양한 분야로 그 응용 범위를 확장하고 있습니다. 이처럼 발효공학은 전통과 현대 과학기술이 융합된 대표적인 학문 분야로, 미생물의 생리적 특성과 대사 경로에 대한 이해를 바탕으로 산업적 생산성을 극대화하는 기술을 다룹니다.

특히 발효식품은 발효의 대표적인 응용 분야로서, 각국의 식문화와 지역 전통을 반영한 다양한 제품으로 발전해 왔습니다. 김치, 된장, 고추장, 청국장, 요구르트, 치즈, 와인, 맥주 등은 미생물의 대사 활동을 통해 만들어지는 고유의 향미와 기능성을 지니고 있으며, 최근에는 건강 증진, 장내 미생물 조절, 기능성 소재 개발 등의 측면에서 그 가치가 더욱 주목받고 있습니다.

최근에는 마이크로바이옴(microbiome) 연구의 급속한 발전이 발효공학의 새로운 지평을 열고 있습니다. 인간과 동물의 장내 미생물 생태계를 분석하고 조절하는 기술이 고도화되면서, 발효식품이 장 건강, 면역 조절, 대사질환 예방 등과 밀접하게 연관된 기능성 식품으로 재조명되고 있습니다. 특히 특정 미생물 군집과 그 대사산물을 분석·활용하는 기술은 정밀영양학, 개인 맞춤형 식이요법, 차세대 바이오헬스케어 산업과도 직결되고 있습니다.

이러한 과학적 기반 위에서, 발효공학은 한국 전통 발효식품의 과학적 가치를 세계에 알리는 핵심 동력으로 자리 잡고 있습니다. K-푸드(K-Food)는 이제 단순한 문화 콘텐츠를 넘어, 기능성과 안전성, 지속 가능성이 입증된 고부가가치 산업으로 부상하고 있으며, 발효공학은 그 기술적·산업적 기반을 제공합니다.

무엇보다, 발효산업은 친환경적이고 지속 가능한 미래 산업으로 주목받고 있으며, 식품 외에도 의약, 화장품, 농업, 에너지 분야로까지 확장되고 있습니다. 바이오 기반 산업의 중심에서 고기능성 소재 생산, 바이오의약품 제조, 유용 미생물 활용, 탄소저감형 공정 개발 등 다양한 첨단 분야에서 발효기술의 활용 가능성은 날로 커지고 있습니다. 국가 차원에서도 바이오·식품 주권 확보, 수출 산업 육성, 지역 경제 활성화 등의 관점에서 발효산업은 전략적으로 중요한 위치를 차지하고 있습니다.

본 교재는 발효공학 및 발효식품 분야에서 오랜 기간 연구와 교육을 수행해 온 저자들이 그간의 학문적 성과와 교육 경험을 바탕으로 집필하였습니다. 각 저자는 발효 미생물, 생물공정, 기능성 소재 개발, 산업 응용 등 다양한 전문 영역에서 축적된 지식을 체계적으로 정리하고, 핵심 개념을 구성하였습니다. 실제 연구 사례와 산업적 흐름을 바탕으로 한 설명을 통해, 독자들이 이론뿐 아니라 실용적 감각까지 함께 익힐 수 있도록 구성하였습니다.

특히 학생들이 이 책을 통해 발효공학의 기초를 탄탄히 다지고, 나아가 관련 분야에서 창의적이고 실용적인 인재로 성장하는 데 도움이 되기를 기대합니다. 아울러, 발효공학이 국내 바이오식품 산업의 지속 가능한 성장, 발효산업의 첨단화, K-푸드의 글로벌 경쟁력 강화에 기여하는 핵심 학문임을 인식하는 계기가 되기를 바랍니다.

2025년 8월

저자 일동

차례

01
발효란?

1. 발효의 기원
2. 발효의 정의와 식품
3. 발효산업에서의 미생물의 유용성
4. 미생물의 산업적 이용에서의 문제점

1. 발효의 기원

인류는 미생물이 발효의 본체라는 것을 깨닫기 이전부터 미생물을 자연적인 발효로 이용해 왔다. 예를 들면 이집트에서는 BC 4,000년부터 밀가루 반죽을 자연 발효시킨 후 굽는 빵 제조법이 일상생활에 널리 이용되었는데, 제5왕조의 무덤 벽화에는 빵 제조에 관한 조각이 새겨져 있고, 포도나 맥아를 발효시켜 알코올음료로 만들어 마신 기록이 있다(그림 1-1). 또한 BC 600년경 수메르인과 바빌론인은 효모를 이용하여 맥주와 유사한 알코올음료를 제조하는 방법을 알고 있었는데, 이를테면 성경의 「창세기」에서 노아가 포도주를 과음하였다는 기록을 통해 발효 산물인 포도주를 제조하였음을 엿볼 수 있다.

그림 1-1 고대 이집트의 포도주 제조 모습

동양에서도 발효식품에 관한 관심은 그 기원을 선사시대 이전으로 거슬러 올라가 생각할 수 있다. 특히 우리나라나 중국에서는 기원전부터 누룩을 이용하여 술을 빚었고, 술 이외에도 메주로 된장, 간장을 만드는 등 자연 발효를 통한 종균의 조제 방법이 발달하였다.

역사적으로 발효 방법이 인간 생활에 도입되는 과정은 동서양 간에 차이가 있다. 서양에서는 맥아와 같은 전분이 풍부한 곡류를 이용하여 당화시킨 당화액이나 포도를 자연 발효하여 알코올성 음료를 제조하는 효모의 발효력을 이용하였으나, 중국이나 우리나라에서는 쌀과 같은 곡물의 당화와 발효에 누룩에서 번식한 *Rhizopus*와 같은 사상균이나 효모를 함께 이용하였다. *Rhizopus*속 곰팡이는 전분의 당화력과 알코올 발효력을 함께 지니고 있는데 이와 같은 우리 조상들의 누룩 제법은 오늘날까지 전해지는 우수한 종균 제조 방법이라고 할 수 있다.

이처럼 발효는 오래전부터 자연에 존재하는 미생물에 의한 발효를 통해서 곡물이나 과일에 함유된 당분에서 주정 성분으로, 또 주정으로부터는 식초로, 그리고 채소를 발효하여 절임류로, 가축의 젖을 발효하여 요구르트나 치즈 등의 낙농 가공식품으로 활용되어 왔다.

2. 발효의 정의와 식품

1) 발효의 정의

발효(fermentation)란 용어는 '끓어오르다'라는 의미의 라틴어 'fervere'에서 유래된 것으로서 이는 효모가 당분을 혐기적 상태에서 대사시킬 때 발생하는 이산화탄소에 의해 거품이 끓어오르는 현상에서 유래되었다.

최근 사회적으로 건강에 관한 관심이 높아지면서 발효식품이 건강에 유익한 식품으로 인식되어 식초, 요구르트, 막걸리, 포도주 등의 발효식품 소비가 늘고 있으며, 발효홍삼, 발효화장품 등 미생물 발효를 이용하는 산업 또한 점점 확대되고 있다. 미국의 전문 건강 잡지인 「Health」는 세계 5대 건강식품으로 김치, 올리브유, 요구르트, 렌틸(콩), 낫토(natto)를 선정하였는데, 이 중에서 김치, 요구르트, 낫토가 발효식품이라는 사실은 특히 주목할 만하다.

발효에 대해서는 기원전 4,000년 이전부터 인류에게 알려진 것으로 전해지며 원래는 포도주와 맥주의 제조 과정에서 생기는 기포를 가리키는 말에서 유래되었지만, 이러한 기포 발생이 이산화탄소 때문인 것이 밝혀진 것은 17세기였다. 19세기에 파스퇴르(Louis Pasteur)는 공기가 없는 혐기적 상태에서 사는 미생물과 효모에 의한 화학 변화를 설명하기 위해 좁은 의미에서 발효라는 용어를 사용하였고, 이후 에탄올과 이산화탄소 외에도 다른 발효 생성물이 있음을 밝혀냈다. 발효 반응은 효모 특유의 대사 작용이라는 것뿐만 아니라 포도당을 이용하는 다른 많은 생물체에서도 일어난다는 중요한 사실이 알려지게 되었다.

오늘날 발효는 포도당 같이 에너지를 내는 성분들이 혐기성 상태에서 효소에 의해 분해가 촉진되어 에너지가 생성되는 과정을 의미하며, 대부분의 세포에는 이와 관련된 다양한 효소들이 있다. 예를 들어 피루브산염을 형성하는 반응들은 근육, 효모, 세균 및 식물계에서 일어나는 당 변환의 일반적인 형태이며, 이 과정에서 생성되는 최종 물질 중의 하나는 에너지원인 ATP이다. 또 다른 생성물인 피루브산염은 세포 종류, 산소의 이용도에 따라 젖산, 초산 등의 유기산 및 에탄올 등으로 변환될 수도 있다.

공업적 의미에서의 발효는 발효조(fermentor) 혹은 생물반응기(bioreactor)에서 적당한 미생물을 특정 조건, 즉 영양분의 농도를 적당하게 조절한 조건에서 배양하여 목적 산물을 생산하는 것을 말한다. 예를 들면 여러 가지 당이 효모에 의해 발효되어서 얻어진 알코올, 글리세롤, 이산화탄소, 여러 종류의 세균으로부터 얻는 부틸알코올, 아세톤, 젖산, 글루탐산나트륨, 아세트산, 곰팡이에 의해 발효되는 시트르산, 글루콘산 및 항생 물질, 비타민 B_{12} 및 리보플라빈(비타민 B_2) 등의 생육인자가 있다. 또한 식용, 의약용, 공업용 효소제품, 식품 및 사료 목적으로 생산되는 미생물 균체, 바이오 디젤 등 에너지 생산을 목적으로 사용되는 물질 등이 있다.

한편, 이러한 미생물의 대사활동으로 인해 만들어진 물질이라도 인간에게 유용한 물질이면 발효라고 하고, 악취로 인해 기호성이 나쁘거나 유해하면 부패(putrefaction)라고 하는데 이는 어디까지나 상대적인 개념일 뿐이다. 예를 들어 에탄올 생산의 경우 주류 산업에서는 발효이지만 과일 주스 산업에서는 부패로 취급한다. 또한 초산 발효의 경우 식초 생산에서는 발효로, 주류 생산에서는 부패라고 할 수 있다.

2) 발효식품의 발달

발효식품은 여러 나라에서 다양하게 발달하였다. 서양의 대표적인 발효식품으로는 반죽이 된 밀가루에 효모를 이용하여 이산화탄소와 각종 풍미 물질을 생산하는 빵, 유산균 혹은 레닛(rennet) 등으로 우유 단백질을 응고시켜 만든 요구르트, 치즈 등의 유가공 제품을 들 수 있다.

농경 문화가 주요 생활 기반이었던 동양에서는 다양한 종류의 콩 발효식품이 발달하였으며, 일본의 미소, 낫토, 인도네시아의 템페(tempeh), 중국의 두시(豆豉), 취두부, 미얀

마의 페포(pepo), 태국의 토아나오(toanao), 네팔의 키네마(kinema), 라오스의 고아시, 인도의 스자체(sujache), 아프리카의 다와다 등이 있다. 우리나라의 발효식품으로는 주로 콩을 전통적인 방법으로 발효시킨 된장, 간장, 고추장, 청국장 등의 장류와 소금에 절인 채소를 유산균으로 자연 발효시킨 김치류 등을 들 수 있다.

3) 발효식품의 종류

전 세계적으로 가장 시장 규모가 클 것으로 추정되는 발효식품은 알코올음료로 남부 유럽의 포도주, 북부 유럽의 맥주, 중국의 소홍주, 일본의 청주(sake), 우리나라의 막걸리 등이 대표적이다.

어류를 발효시킨 식품으로는 우리나라의 삭힌 홍어, 젓갈 등이 있고, 소금을 뿌린 생선에 쌀밥을 버무려 나무통에 넣고 30년 이상 발효시킨 일본의 나레즈시[熱鮨, なれずし], 필리핀의 부로(buro)가 있다. 보르네오의 카사무, 태국의 프라하와 새우젓의 일종인 가피(kapi), 대만의 토우메 등도 유사한 어류 발효식품이라고 볼 수 있다.

이 밖에도 중국의 오룡종의 차나무에서 반발효로 만들어진 오룡차(oryong tea), 몽골의 말젖(마유)을 이용한 알코올 도수가 낮은 발효유인 마유주, 필리핀의 찹쌀을 발효시켜 만든 찐빵 푸토(puto), 인도의 요구르트 랏시(lassi) 등이 있다.

이처럼 발효식품은 전 세계적으로 문화나 지역 및 기후와 같은 환경 요인, 자원의 종류 및 수급량에 대한 차이 등에 따라 매우 다양하게 존재한다.

발효식품의 장점

- 부패성 미생물에 의한 식품의 부패를 억제하여 저장성을 높인다.
- 병원균의 오염 및 증식을 억제한다.
- 발효 중 영양소의 분해로 소화율을 높이고 향, 맛 등 기호성이 향상된다.
- 영양가를 향상시킬 수 있다.
- 발효에 관여하는 미생물이 프로바이오틱스(probiotics)로 부가적인 역할을 할 수 있다.
- 기능성 향상 및 새로운 식품의 창조가 가능하다.
  예 대두발효로부터 항종양, 항유전독소 등 기능성 펩타이드 생산

3. 발효산업에서의 미생물의 유용성

발효산업의 핵심인 미생물은 다음과 같은 특징이 있으며, 산업화의 수단으로서 유용성을 갖는다.

① 증식 속도가 높다

미생물은 동물이나 식물과 비교하면 매우 빠른 속도로 증식한다. 세균을 보면 세포가 커서 분열할 때까지의 시간이 약 30분에서 수 시간 정도로 짧으므로 가령 1시간에 1회 분열하여 2개의 세포가 된다면 이론적으로 1일 후에는 약 2,000만 배로 증식하는 셈이 된다. 이와 같은 높은 증식성은 단위 시설에 대한 생산이 중시되는 대량 생산 공정에서는 매우 유리하다.

② 다양한 기질을 이용할 수 있다

미생물은 다양한 기질을 이용할 수 있으며, 이는 제품 생산을 위한 원료의 선택 범위가 넓다는 것이 된다. 예를 들면 탄소원으로서 탄수화물, 지방, 탄화수소 등의 유기화합물을 이용하는 미생물 또는 빛이나 무기화합물을 에너지원으로 하여 CO_2와 같은 간단한 무기태의 탄소화합물을 이용하는 미생물 등이 있으며, 질소원에 있어서도 NH_3나 NO_3와 같은 무기 질소원에서부터 단백질이나 아미노산 등과 같은 유기 질소원까지 이용하는 미생물이 있다. 이처럼 기질의 이용성이 넓다는 것은 산업화 수단으로서 저가의 원료 물질을 사용함으로써 제조 원가를 절감할 수 있으며, 환경 정화의 수단으로 미생물을 이용하는 면에서도 효과적이다.

③ 다양한 화학적 활성과 기질 특이성을 갖는다

미생물은 반응에 관여하는 다양한 효소로 인해 여러 가지 화학적 활성을 가진다. 특히, 물질의 입체 구조를 인식하는 효소의 반응 특성을 이용하여 광학 이성질체를 선택적으로 생산함으로써 고부가가치의 의약 원료 물질을 저비용으로 생산할 수 있다. 또한 일부 미생물들은 환경에 대한 적응 능력이 뛰어나기 때문에 이것을 잘 이용하여 특정 기질에 적응시킴으로써 새로운 대사 능력을 유발시킬 수도 있을 것이다.

④ 균주의 개량이 용이하다

미생물은 유전자는 변이의 빈도가 높으며 또한 고등 생물보다 비교적 간단하여 인위적 조절이 가능하므로 공업적으로 유용한 미생물 변이주의 인공적 조작이 수월하다는 것은 이미 잘 알려져 있다. 뿐만 아니라 세포융합이나 대사공학 기술 등을 응용한다면 더욱 유용한 변이주가 광범위하게 육성될 수 있다.

⑤ 균일한 대사산물을 얻을 수 있다

미생물은 그 형상이나 생활사 등이 비교적 간단하여 생육 조건을 잘 맞춰준다면 재현성이 높은 결과를 얻을 수 있으므로 안정적인 제품 생산이 가능하다. 하지만 이러한 균일성을 얻기 위해서는 미생물의 특성을 충분히 파악하여 발효 과정에 반영하여야 할 것이다.

⑥ 온화한 조건의 생물학적 반응이 이루어진다

화학공업에서는 에너지가 필요한 고온과 고압의 조건에서 일어나는 반응이 많으나 미생물 공업은 미생물의 효소 반응, 즉 생화학적 반응이므로 대부분의 반응이 상압과 상온에서 일어난다. 이것은 에너지의 절약뿐만 아니라 공장의 위험성도 훨씬 적은 것이라 하겠다.

⑦ 제조 부산물을 최소화한다

미생물 발효공업에서는 필연적으로 수반되어 생산되는 많은 양의 균체와 기타 부산물은 사료나 유기합성의 원료로 이용이 되어 경제적 가치를 높일 수 있다. 그러나 목적물 이외의 부산물을 많이 생산한다는 것은 반대로 경제적 효율이 낮은 반응이라고도 할 수 있다. 이밖에 미생물 발효에서는 반응을 위한 가열이 필요 없고 오히려 방출되는 열을 이용할 수 있다.

4. 미생물의 산업적 이용에서의 문제점

미생물을 이용한 생산 공정이 화학 공정에 비해 두드러진 단점은 무엇보다도 미생물은 살아 있는 생명체라는 것이다. 즉, 타 미생물에 의한 오염에 취약하며, 세대가 지나

갈수록 그의 특성이 변화할 가능성이 크다.

① 외부 미생물이나 파지(phage)에 의한 오염이 발생할 수 있다

발효조의 규모가 커질수록 배지의 살균 및 발효조를 무균 상태로 유지하는 것은 힘들어진다. 외부 잡균의 침투를 방지하기 위하여 발효조에 일정 수준의 압력을 유지한 채로 발효조를 가동한다. 파지에 의해 오염될 때는 발효조 내의 파지를 완벽히 제거하지 않으면 지속해서 오염이 발생하기 때문에 특별한 주의가 필요하다.

② 발효 생산물의 분리 및 정제가 어려울 수 있다

균체와 배지 성분 그리고 여러 가지 부산물의 혼합물에서 목적 산물만을 정제하기 위해서 적절한 수단을 취해야 한다.

③ 변이 균주의 특성이 짧을 수 있다

종균을 장기간 연속적으로 사용하는 경우 자연적인 돌연변이에 의해 균주의 성능이 저하될 수 있다.

④ 반응 최적화가 어려울 수 있다

미생물 반응은 시시각각으로 변하여 최적화가 어렵고, 일단 균체가 비정상 상태가 되면 일반적으로 되돌릴 수 없는 경우가 종종 발생한다. 따라서 다양한 실험 결과로부터 배양 초기부터 엄밀한 자동 제어를 수행할 필요가 있다.

단원정리

인류는 미생물이 발효의 주체임을 알기 전부터 자연 발효를 이용해 빵, 알코올음료 등을 만들어 왔으며, 동서양 모두 발효를 통해 다양한 식품을 개발하여 활용해 왔다. 발효식품은 지역마다 다양하게 발전하였으며, 대표적으로 서양의 빵, 치즈, 요구르트와 동양의 장류, 김치 등이 있다.

발효 과정은 주로 효모와 같은 미생물이 당을 에탄올과 이산화탄소로 분해하는 과정이며, 다양한 유기산과 에탄올을 생성할 수 있다. 공업적인 발효의 의미는 특정 조건에서 미생물을 배양하여 목적 산물을 생산하는 것을 말한다. 미생물의 대사활동으로 만들어진 물질이라도 일반적으로 인간에게 유용한 물질이면 발효라고 하고, 악취로 인해 기호성이 나쁘거나 유해하면 부패라고 한다.

미생물은 발효산업에서 유용하게 활용되지만, 살아 있는 생명체라는 것이 단점으로 작용되어 미생물을 이용한 공정이 화학 공정에 비해 문제점을 가지기도 한다.

발효산업에서 미생물이 유용하게 활용되는 이유

- 증식 속도가 빠르다.
- 다양한 기질을 이용한다.
- 다양한 화학절 활성과 기질 특이성을 갖는다.
- 균주 개량이 용이하다.
- 균일한 대사산물을 얻을 수 있다.
- 온화한 조건에서 생물학적 반응이 이루어진다.
- 제조 부산물이 적다.

미생물을 이용한 공정이 화학 공정에 비해 가지는 문제점

- 외부 미생물이나 파지에 의한 오염이 있다.
- 발효 생산물의 분리 및 정제의 어려움이 있다.
- 변이 균주의 특성이 짧다.
- 반응 최적화의 어려움이 있다.

단원평가

1 발효에 대해서 서술하시오.

2 발효산업에서의 미생물 유용성에 대한 설명으로 옳지 않은 것은?

① 증식 속도가 낮다.

② 다양한 기질을 이용한다.

③ 균일한 대사산물을 얻을 수 있다.

④ 균주 개량이 용이하다.

3 최근 미생물을 산업적으로 많이 활용하고 있다. 이때 발생할 수 있는 문제점을 4가지 작성하시오.

정답 및 해설

1. 발효(fermentation)란 용어는 '끓어오르다'라는 의미의 라틴어 'fervere'에서 유래된 것으로서 오래전부터 자연에 존재하는 미생물에 의해서 활용되어 왔다. 미생물의 대화 활동으로 인해서 만들어진 물질이 인간에게 유용한 물질이면 발효라고 말할 수 있으며, 발효의 기술을 적용하여 만들어진 발효식품은 저장성을 높이고 영양가를 향상시키며, 병원균의 오염 및 증식을 억제하는 등 다양한 장점을 가지고 있다.
2. ①
3. 1. 외부 미생물이나 파지에 의한 오염 발생
   2. 발효 생산물의 분리 및 정제가 어려울 수 있음
   3. 변이 균주의 특성이 짧을 수 있음
   4. 반응 최적화가 어려울 수 있음

02 발효산업

1. 발효산업의 역사

네덜란드의 안토니 반 레벤후크(Antony van Leeuwenhoek)는 미생물을 처음 발견한 사람이다. 그는 자신이 고안하여 제작한 현미경으로 빗물을 관찰하면서 구형 또는 간상형의 작은 동물(animalcules)이 활발하게 운동하고 있는 것을 발견하였으며, 이를 당시 최고의 권위를 가진 런던 왕립학회(Royal Society of London)에 보고하였다. 1676년에 수중의 여러 가지 세균을, 1680년에는 후추의 침출액 중에서 혐기성 세균과 맥주 효모균을 발견하였으며, 1681년에는 입속의 세균과 스피로헤타(Spirochetes)를 발견하였다. 그러나 그는 이러한 '작은 동물'들이 발효, 부패 및 전염병 등과 밀접한 관련이 있다고 생각하지는 못하였다.

이후 미생물의 작용으로 발효가 일어난다는 사실을 알게 되고 미생물학(microbiology)이 과학의 한 분야로서 확립된 것은 그로부터 약 2세기가 지난, 19세기에 보고된 일련의 학문적 결과로부터 기인한다. 즉, 1837년에 많은 연구자가 각각 독립적으로 '알코올 발효 중에 당을 에탄올과 탄산가스로 전환하는 작은 생명체(효모)의 존재와 알코올 발효가 이 작은 생명체에 의해 일어나는 생리현상'이라고 보고하였다. 이러한 과학적 보고를 기반으로 하여 프랑스의 루이 파스퇴르(Louis Pasteur)는 자연발생설을 부정하고 '미생물의 생명은 그 이전에 존재한 생명으로부터 발생한 것'이라는 내용을 증명함으로써 미생물학에 대한 개념을 새롭게 증명하는 데 성공하였다. 파스퇴르는 당시 프랑스 릴(Lille) 지방의 포도주 양조 과정에서 포도주가 산패를 일으키는 원인에 대하여 조사하고 있었다. 그는 현미경으로 발효액을 조사하는 중에 효모 이외에 젖산을 생성하는 세균이 있어 포도주의 산패가 이 세균에서 기인한다는 것을 밝혔고, 모든 발효 과정은 미생물의 생리 활동의 결과로 나타나는 것이라는 사실을 확인하였다.

이 연구의 결과, 그는 특정 유형의 발효는 각각 특정 미생물에 의해 매개되는 반응이란 사실을 확립하였다. 즉, 알코올 발효는 효모에 의해서, 젖산은 젖산균에 의해서 생성된다는 것을 확인하였다. 그리고 맛없는 프랑스 포도주를 조사하는 과정에서 혐기성 세균의 존재를 발견하고 이 세균이 부티르산(butyric acid)을 생성한다는 사실을 확인하였다. 이 밖에 파스퇴르는 혐기적인 조건에서 효모는 증식이 느리지만 균체당 당의 소비량은 증가하고, 호기적 조건에서는 증식이 빠르지만 당의 소비량은 감소하는 현상[파스퇴르 효과(Pasteur effect)]을 발견하였다.

그는 또 가축의 탄저병 연구를 통해 미생물이 병의 근원이라는 사실을 주장하였으며, 포도주를 저온(60℃)으로 처리하여 산패를 방지할 수 있다는 사실로부터 저온살균법(pasteurization)을 개발하였다.

파스퇴르에 이어 독일에서도 근대 세균학의 아버지라고 할 수 있는 로버트 코흐(Robert Koch)가 의학 세균학 분야에서 많은 연구 성과를 거두어 세균학의 연구 기법을 확립하였다. 코흐는 젤라틴 고형 배지에 이어 한천을 이용한 고체 배지를 만들어 세균의 분리 배양법과 순수 배양법을 고안하였고, 이는 오늘날에도 미생물 순수 배양에 널리 이용되고 있다.

또한 같은 시대인 1878년에 덴마크의 에밀 한센(Emil Hansen)은 희석법에 의한 맥주효모의 순수 배양에 성공하였다. 한센은 이때 이미 우량 효모를 순수 분리한 종균을 코펜하겐의 칼스버그(Carlsberg) 양조장에서 시험 제조하는 데 성공하였다. 이렇게 하여 발효 분야에서도 종전의 자연 발효법으로부터 순수 균주를 분리한 배양법을 이용하는 발효의 시대가 열리게 된 것이다.

그 후 파스퇴르와 코흐에 의해 개척된 미생물학은 비약적으로 발전하였다. '발효는 산소가 없는 곳에서 일어나는 호흡, 즉 생물의 혐기성 에너지 획득 방식'이라는 파스퇴르의 발견은 1897년 독일의 에두아르트 부흐너(Eduard Buchner)의 무세포 추출액이 알코올 발효 능력을 갖춘다는 우발적 발견을 초래하게 되었다. 부흐너는 효모를 분쇄하여 살아 있는 세포를 제거한 효모 추출액이 당을 알코올로 변환시킨다는 사실을 확인한 후 생물학적 전환은 효소의 촉매 작용으로 일어나는 화학적 반응이라는 사실을 알게 되었고, 이러한 이념은 효소 화학적 연구와 생화학 연구의 급격한 발전을 가져오는 기초가 되었다. 그 대표적인 성과로서 해당 과정, 알코올 발효, 젖산 발효의 과정을 규명한 Embden-Meyerhof-Parnas(EMP) 경로가 확립됨으로써 미생물 생화학의 기초가 되었다고 할 수 있다.

제1차 세계대전은 발효산업이 본격적으로 발전한 시기이다. 화약 원료의 부족을 해결하기 위하여 독일에서는 나이트로글리세린(nitroglycerin)의 원료인 글리세롤(glycerol) 발효 기술이 개발되었고, 영국에서는 폭약 제조 시 용매로 사용되는 아세톤 발효기술이 개발되었다.

독일에서는 포도주의 발효 동안 효모에 의해 소량의 글리세롤이 축적된다는 파스퇴르의 발견으로부터 효모의 배양 조건을 변환하여 글리세롤을 생산하는 조건을 찾았다. 이어서 칼 노이베르그(Carl Neuberg) 등은 아세트알데하이드 대신에 dihydroxyacetone phosphate를 사용하여 glycerol phosphate를 대량 생산하였고, 이어서 탈인산화 반응으로 글리세롤을 경제적으로 대량 생산할 수 있었다. 최근에는 석유 제품의 가격이 상승하면서 이들 글리세롤 발효 기술이 다시 주목받고 있으며, 2001년도에 왕(Wang) 등은 고삼투압 내성 변이 효모 균주인 *Candida glycerinogenes*라는 효모 균주를 통하여 글리세롤 전환 수율 58%라는 높은 수준으로 생산할 수 있었다.

한편 프랑스의 파스퇴르 연구소에서 하임 바이츠만(Chaim Weizmann)은 영국 정부의 지원을 받아 대량의 아세톤을 생산하기 시작하였고, 현재는 혐기성 균주인 *Clostridium acetobutylicum* 균주에 의한 아세톤 발효를 위해 오늘날과 같은 형태의 밀폐된 발효조가 탄생하였으며, 대량의 종균 접종 시스템이 확립되고 순수한 아세톤 정제 공정이 확립됨으로써 아세톤 발효는 현대 발효산업의 시발점이라 여겨지고 있다.

1928년 영국의 세균학자인 알렉산더 플레밍(Alexander Fleming)은 푸른곰팡이(*Penicillium notatum*)가 오염된 주변에 포도상구균(*Staphylococcus aureus*)이 자라지 못하는 것을 발견하고 푸른곰팡이로부터 항생물질을 만들 수 있다는 결론을 내고 이를 페니실린이라 명명하였다(그림 2-1). 초기에는 페니실린의 화학적 불안정성 때문에 순수한 단일물질로 분리 제조를 할 수 없었으나 제2차 세계대전 말기에 영국의 과학자인 하워드 플로리(Howard Walter Florey)와 언스트 체인(Ernst Boris Chain)이 산업화할

그림 2-1 알렉산더 플레밍(Alexander Fleming)

수 있도록 대량 추출에 성공하였다. 이후에 페니실린의 생산성이 더 좋은 *Penicillium chrysogenum* 균주를 분리하였고, X-ray나 UV 조사에 의해 페니실린 고생산성 변이주를 만들었으며, 곰팡이 배양을 위해 초저온 냉동고(deep tank fermentor)가 사용되었다. 이러한 배경에서 1943년에 머크(Merck), 스퀴브(Squibb), 화이자(Pfizer) 등 많은 회사에 의해 페니실린이 제조되기 시작하였으며, 1945년에 플레밍, 플로리 및 체인은 노벨 생리학·의학상을 받았다.

이후 현대 미생물학에서도 생명 현상의 본질을 규명하고자 하는 수많은 연구가 이루어졌다. 크렙스(Krebs) 등은 세포의 산소 호흡 과정을 미생물 세포를 이용하여 대사 과정을 밝힘으로써 TCA 회로(tricarboxylic acid cycle, TCA cycle)를 확립하였는데, TCA 회로는 그의 이름을 따서 크렙스 회로(Krebs cycle)라고도 불리게 되었다.

1944년 프레데릭 그리피스(Frederick Griffith)는 폐렴균에 의한 형질 전환 실험에서 유전 물질의 존재를 확인하였으며, 그 후 유전 물질의 본체는 DNA라는 사실이 오즈월드 에이버리(Oswald T. Avery) 등에 의해 증명되었다. 1950년대에 전자현미경의 개발로 생명체막과 DNA에 대한 지식은 급진전하게 되었다. 1953년 제임스 왓슨(James Watson)과 프랜시스 크릭(Francis Crick)의 DNA 이중 나선 구조는 오늘날 분자생물학 발전의 근본이 되었으며, 1964년 제이콥(Francois Jacob)과 모노드(Jacques Monod)가 단백질 생합성에 대한 유전적 조절 기구로서 오페론(operon) 가설을 확립하여 오늘날 분자생물학의 기본을 수립하였다.

유전물질의 발견 및 관련되는 유전자 조작 도구의 발달로 지난 20여 년간에 걸쳐 유전공학(genetic engineering, 유전자 재조합) 기술이 광범위하게 발전하였다. 이 기술은 1940년대 초기에 미국의 오즈월드 에이버리가 핵산이 유전 정보의 운반체라고 증명한 것에서 시작되었다. 이후 핵산의 구조와 기능, 서열 등이 여러 학자에 의하여 규명되었고, 이 지식을 통하여 빅데이터와 기기 및 전자산업의 발달 등으로 미생물 내 유전자를 여러 가지 방법으로 조작 변형시킴으로써 산업적으로 적합한 균주를 개발하게 되었다.

2. 최근의 발효산업

최근에는 이러한 학문적, 기술적 발전에 힘입어 생명체의 구성 성분들을 종합적으로 분석하고 이를 연구하는 학문인 오믹스(omics) 기술을 통하여 미생물 내부에서 일어나는 현상을 종합적으로 분석해 내고 있다. 일련의 유전적 조작을 통해 생체 내 조절 기구 및 세포 내 대사물질의 흐름(flux)을 적절히 조절함으로써 목적 대사산물의 생산성을 극대화하는 대사공학(metabolic engineering) 기술이 도입되어 발전하고 있다. 오믹스 기술에는 생명체에 담긴 유전체 정보 전체를 의미하는 유전체(genome), 생명체 내부에 존재하는 단백체(proteome), 유전자로부터 만들어지는 전사체(transcriptome), 생명체 내부의 전체 대사 물질 집합인 대사체(metabolome), 이들 대사 물질이 서로 어떻게 연관되며 흘러가는지에 대한 대사 흐름체(fluxome) 등이 있다. 이러한 기술들을 바탕으로 하여 대사공학 기술은 다음과 같이 다양하게 응용될 수 있다.

① 유전자 변형으로 발효 대사산물의 수율을 증가시키고 기질을 다양화한다

새로운 유전 물질의 도입이나 생물체 내에 존재하는 유전자를 변형시켜 대사 조절 영향을 받아 제한되어 있던 항생제, 비타민, 아미노산, 생체고분자 등 특정 대사산물의 과생산을 유도할 수 있다. 예를 들어 *Corynebacterium glutamicum*에서 라이신의 생합성 경로의 주요 조절 부위의 효소는 생합성 경로의 곁가지 대사산물인 트레오닌(threonine)에 의해 저해를 같이 받는다. 따라서 돌연변이를 통하여 트레오닌 생합성 경로를 결손시키면 부산물 생성에 의한 수율 저하도 방지될 수 있고, 곁가지 대사산물에 의한 되먹임 조절(feedback regulation)을 해결함으로써 라이신의 생산성과 수율을 증가시킬 수 있다.

또한 생물체의 생육이나 대사 물질의 생산에 이용할 수 있는 기질의 범위를 대사공학적 방법으로 확대한다. 대표적인 예로 펄프산업의 부산물인 자일로스의 활용을 생각할 수 있다. 즉, 자일로스를 이용할 수 없는 효모인 *Saccharomyces cerevisiae*에 자일로스를 자일리톨로 환원시키는 xylose reductase 유전자를 세포 내로 도입함으로써 자일로스를 이용하여 자일리톨을 대량 생산할 수 있다.

② 미생물에 의하여 효율적인 환경 오염 물질의 제거가 가능하다

미생물을 이용한 유해 물질의 분해는 화학적인 처리나 연소 등 기존의 방법들을 대체할 수 있는 새로운 대안으로 주목받고 있다. 여기에 분자생물학, 미생물학, 유전학 등의 발전은 미생물이나 효소를 이용한 유해 물질의 처리에 관한 연구를 가속하고 있다. 예를 들어 대장균의 세포벽에 중금속 흡착 단백질인 메탈로싸이오네인(metallothionein)을 발현시켜 카드뮴 이온의 제거율을 15~20배 정도 높일 수 있다.

③ 유전자 조작으로 신규 물질의 생산이 더욱 다양화할 수 있다

유전자 재조합을 통하여 균주에서 생합성할 수 없는 물질을 외래 유전자를 세포 내로 조합하여 원 균주의 대사 기구들을 이용하여 신규 물질을 고농도로 생산할 수 있다. 이 방법은 항생제, 자일리톨과 같은 당알코올, 생체고분자를 비롯한 여러 가지 유기 물질의 생산에 응용되고 있다. 예를 들어 산화스타이렌(styrene oxide)의 생산에 있어 화학적 합성 방법은 복잡하고 위험성이 높으며 여러 단계로 구성되어 있다. 그러나 생물학적인 방법으로서 *Pseudomonas* 균주에서 얻은 스타이렌 모노옥시제네이스(styrene monooxygenase) 유전자를, 스타이렌을 산화스타이렌으로 전환하지 못하는 대장균의 유전체에 도입함으로써 산화스타이렌을 효과적으로 생산할 수 있으며, 이와 같은 방법은 안전하고 짧은 단계로 구성되는 신규 대체 공정으로 연구되고 있다.

④ 유전자 조작을 통하여 세포 생리적 특성을 바꾼다

균체 성장 속도, 목표 대사 물질의 생합성 속도, 내삼투압성 및 내열성 등을 향상하기 위해 세포의 생리적 특성 변화가 시도되고 있다. 재조합 유전자 기술을 이용하여 세포의 생리적 특성을 우리가 원하는 방향으로 변경시키는 과정이다.

대사공학의 응용은 위의 범주 중 하나에 속하는 것보다 여러 가지 범주가 복합되는 경우가 대부분이다. 예를 들어 섬유소 자원의 주성분인 자일로스로부터 에탄올이 생산되는 과정에는 효모인 *Saccharomyces cerevisiae*나 *Zymomonas mobilis*가 사용된다. 자일로스를 이용할 수 있는 야생효모(예 : *Pichia stipitis*)는 에탄올의 수율과 내성이 낮고, 반대로 자일로스를 이용하지 못하는 *S. cerevisiae*는 에탄올의 수율과 내성이 높다. 그러므로 자일로스 이용 효모에서 자일로스 대사 관련 유전자를 *S. cerevisiae*

에 발현시키면 자일로스에서 에탄올을 고농도로 생산할 수 있다. 그리고 *Z. mobilis*에 *Klebsiella* 또는 *Xanthomonas*의 자일로스 이용 효소인 자일로스 아이소메레이스(xylose isomerase)와 자일룰로키네이스(xylulokinase) 유전자를 발현시켜 자일로스와 포도당으로부터 에탄올을 높은 수율로 생산할 수 있다.

3. 발효산업의 분류

발효산업은 바이오산업의 일부로 국내에서 바이오산업은 산업통상자원부에 의하면 '생명공학기술을 연구 개발, 제조, 생산, 서비스 단계에 이용하는 기업'으로 규정되며, 한국바이오협회는 바이오산업을 '바이오기술(biotechnology)을 바탕으로 생물체의 기능 및 정보를 활용하여 제품 및 서비스 등 다양한 고부가가치를 생산하는 산업'이라고 정의하고 있다. 또한 2008년 1월 31일 국가기술표준원이 바이오산업을 8개의 대분류로 코드한 '바이오산업 분류체계(KS J 1009)를 제정하였고, 2016년 12월 29일 생명공학기술 및 바이오 제품의 급속한 변화를 반영하여 다음과 같이 8개의 대분류와 51개의 중분류로 바이오산업 분류체계를 개정하여 사용하고 있다(표 2-1).

발효산업(fermentation industry)은 이들 바이오산업 분야 중에서 미생물을 이용하거나 공정 중 생물반응기(bioreactor)를 이용하는 산업으로 정의할 수 있다. 전체 바이오산업 시장에서 발효가 차지하는 비중은 나라마다 다르며, 발효기술이 앞서 있는 일본의 경우가 매우 높은 비중을 차지하고 있다.

표 2-1 바이오산업 분류체계에 따른 바이오산업 분류 코드

분류코드	산업분류명	영문명
1	바이오의약산업	Biopharmaceutical Industry
1010	바이오항생제	Bio-antibiotics
1020	바이오저분자량의약품	Biologically manufactured low molecular medicine
1030	백신	Vaccines
1040	호르몬제	Hormones
1050	치료용항체 및 사이토카인제제	Therapeutic antibodies and cytokines
1060	혈액제제	Blood products
1070	세포기반치료제	Cell-based therapeutics
1080	유전자의약품	Gene therapeutics
1090	바이오진단의약품	Biological diagnostic products
1100	효소 및 생균의약품	Enzyme and live bacteria medicine
1110	바이오소재 의약품	Biomaterial-based medicine
1120	동물용 바이오의약품	Veterinary biopharmaceuticals
1000	기타 바이오의약품	Other veterinary biopharmaceuticals
2	바이오화학·에너지산업	Biochemical and bioenergy industry
2010	바이오고분자제품	Biopolymers
2020	산업용 효소 및 시약류	Industrial enzymes and reagents
2030	연구·실험용 효소 및 시약류	Enzymes and reagents for research
2040	바이오화장품 및 생활화학제품	Biocosmetics and home & personal care chemicals
2050	바이오농약 및 비료	Biological agrochemicals and fertilizers
2060	바이오연료	Biofuel
2000	기타 바이오화학·에너지제품	Other biochemicals and bioenergy
3	바이오식품산업	Biofood Industry
3010	건강기능식품	Functional health foods
3020	식품용 미생물 및 효소	Food-grade microorganisms & enzymes
3030	식품첨가물	Food additives
3040	발효식품	Fermented foods
3050	사료첨가제	Feed additives
3000	기타 바이오식품	Other biofoods
4	바이오환경산업	Bioenvironmental Industry
4010	환경처리용 생물제제 및 시스템	Biological treatment agents and systems
4020	생물 고정화 소재 및 설비	Materials and equipments for bio immobilization

분류코드	산 업 분 류 명	영 문 명
4030	환경처리, 자원재활용 제제 및 시스템	Bioenvironmental agents and systems for treatment and recycle
4040	환경오염 측정기구 및 진단, 서비스	Measuring apparatus and service for environmental pollution and assessment
4000	기타 바이오환경제품 및 서비스	Other bioenvironmental products and services
5	바이오의료기기산업	Biomedical equipment industry
5010	바이오센서	Biosensors
5020	체외진단	In-vitro diagnostics
5030	바이오센서/마커 장착 의료기기	Medical devices using biosensors and/or biomarkers
5000	기타 바이오의료기기	Other biomedical equipment
6	바이오장비 및 기기산업	Bioinstrument and bioequipment industry
6010	유전자/단백질/펩타이드 분석·합성·생산 기기	Gene/protein/peptide analysis, synthesis and manufacturing instruments
6020	세포 분석·배양 장비	Cell analysis and cultivation equipments
6030	다기능 및 기타 분석기기	Multi-functional and other bioanalysis instruments
6040	연구 및 생산장비	R&D and manufacturing equipments
6050	공정용 부품	Bioprocess equipment parts
6000	기타 바이오장비 및 기기	Other bioinstruments and bioequipments
7	바이오자원산업	Bioresource industry
7010	종자 및 묘목	Seeds and seedlings
7020	유전자변형 생물체	Genetically Modified Organisms for use as food, feed or processing
7030	실험동물	Experimental animals
7000	기타 바이오자원	Other bioresources
8	바이오서비스산업	Bioservice industry
8010	바이오 위탁생산·대행 서비스	Bio consignment production & procuration services
8020	바이오 분석·진단 서비스	Bio diagnostic and analytical service
8030	임상·비임상 연구 개발 서비스	R&D services
8040	기타 연구 개발 서비스	Other R&D services
8050	가공 및 처리·보관 서비스	Processing treatment & warehousing services
8000	기타 바이오서비스업	Other bioservices

자료 : 산업통상자원부; 한국바이오협회, 2024

4. 발효산업의 동향

전반적으로 발효산업은 꾸준한 성장세를 갖고 있으며 생물 관련 제품의 세계 시장규모를 살펴보면, 2021년 세계 발효식품 및 재료 시장 규모는 약 5,882억 3,690만 달러였으며, 2031년까지 1조 2,373억 8,000만 달러에 이를 것으로 예상된다. 예측 기간 동안 연평균 성장률(CAGR)은 7.72%로 예상되는데 주요 요인으로는 발효 음료 소비 증가, 식품 보존에 대한 인식 상승, 건강 증진을 위한 발효에 대한 소비자 인식 증가 등이 있다. 미래 전망으로는 발효 기술의 혁신과 신흥 경제국에서의 높은 채택이 시장 성장에 기여할 것으로 보인다.

한편 국내의 발효산업은 전통적인 발효식품에서 출발하여 현대 생명공학과 결합해 크게 성장하였다. 최근 몇 년간 발효산업은 다양한 분야로 확장되었으며, 특히 아미노산, 유기산, 효소 등의 생산에서 두각을 나타내고 있다. 시장 규모는 2024년까지 9억 달러 이상으로 성장할 것으로 예상되며, 주요 제품으로는 아미노산, 유기산, 효소 등 다양한 발효 기반 제품이 생산되고 있다. 정부에서도 연구 자금 지원, 세금 혜택, 바이오테크놀로지 클러스터(Biotechnology Cluster) 개발 지원 등을 통하여 발효산업을 육성하고 있다.

발효식품은 과거에도 꾸준히 소비되어 온 식품이지만 최근에는 건강에 대한 인식이 높아져 식이요법을 통해 건강을 유지하려는 경향이 두드러짐에 따라 발효식품의 소비 또한 증가하고 있다. 산업별로 살펴보면 다음과 같다.

1) 기능성식품 분야

최근 유산균의 생리 기능성이 과학적으로 활발히 규명됨에 따라 유산균의 이용이 증가하고 있으며 대표적으로 프로바이오틱스(probiotics)를 들 수 있다. 프로바이오틱스를 FAO와 WHO는 다음과 같이 정의하였다. “Live microorganisms which when administered in adequate amounts confer a health benefit on the host.” 즉, 건강에 긍정적 효과를 주는 미생물을 의미한다. 프로바이오틱스는 장내 유익 세균으로 일정 농도 이상 섭취 시 대장 내에서 해로운 균의 성장과 병원성 균의 감염을 억제하고,

신체의 면역계를 활성화시켜 건강에 유익한 효과를 주는 세균류를 말한다. 이러한 긍정적인 효과 때문에 많은 기업이 프로바이오틱스 생산에 뛰어들고 있으며 계속하여 시장 규모가 커지고 있는 추세이다.

세계적으로 1908년 메치니코프(Ilya Ilyich Mechnikov)가 요거트에 있는 *Lactobacillus bulgaricus*와 *Steptococcus thermophilus*가 장내 부패를 억제하고, 수명 연장에 기여한다는 연구 결과로 노벨의학상을 수상하였고 이후 세계적으로 많은 관심을 갖게 되었다. 프로바이오틱스의 주류는 젖산균류이지만 *Faecalibacterium* 속 및 *Akkermansia* 속도 기능성이 인정되고 있으며, *Bacillus* 속 중 일부와 김치 발효에 관여하는 유산균도 추가되었다.

특히 프로바이오틱스 시장도 꾸준히 성장하여 유럽 국제프로바이오틱스협회(European International Probiotics Association)에 따르면 2021년 프로바이오틱스 제품의 시장 가치는 614억 달러이고, 2021~2026년 프로바이오틱스 제품의 예상 성장률은 3.75%라고 보고하였다. 국내 기능성식품 시장에서도 1순위는 홍삼 제품이지만 성장세는 2~3위인 프로바이오틱스가 차지하고 있다.

2) 농·축·수산업 분야

농경에서도 발효공법이 활용되어 병충해가 발생하는 지역에 건강한 흙을 혼합 이식하여 미생물총을 변화시키는 시도가 이루어지고 있다. 또한 가뭄이나 기온 변화에 적응하는 미생물을 이용, 식물의 생존 가능성을 높이는 시도가 이루어지고 있다. 토양 속에서 증식하는 미생물 균총을 변화시켜 식물의 영양 흡수를 촉진하거나 반대로 억제하기도 하며, 미생물로 토양유기물을 분해, 흡수를 도와주기도 한다. 또한 미생물이 내는 식물체 내 면역 체계를 활성화시키기도 한다. 토양 미생물을 개량하는 토양 개선제가 상품화되었으며, 병충해 방제와 가축에 오염된 *Salmonella*를 억제하기 위해 젖산균이 활용되기도 한다. 미생물울 활용한 가축 분뇨 처리제도 상업적으로 성공하고 있다.

3) 의료 분야

인간 질병의 역사를 보면 동식물을 이용한 천연 소재에 의한 치료에서 시작하여, 치료원인 화학물질을 확인, 분리하여 이용하였다. 처음 유황 제제 등이 치료제로 발전하여 오랫동안 이용되었다. 이후 특정 미생물에 대한 증식 억제, 살균효과가 확인된 미생물 기원 항생제가 주류를 이루게 되었다.

한동안 꿈의 질병 치료제로 인식되어 온 항생제는 장기간 사용으로 인한 내성 문제로 또 다른 심각한 위험에 직면하게 되는데 이것은 질병원인균의 유전자 변형에 의한 것으로, 쉽게 해결될 수 있는 문제는 아니다. 이러한 어려움을 해결할 방법으로 해당 병원균에 길항 작용이 있는 미생물, 즉 생균제를 활용하는 방법이 검토될 수 있다. 이미 몇몇 식중독균들은 젖산균에 쉽게 사멸되거나 증식이 억제되는 것이 과학적으로 확인되었으므로 이와 같은 특성을 다른 병원균에도 적용할 수도 있을 것이다. 질병 치료의 제3의 방법으로 생균제를 적극적으로 검토해 볼 필요가 있다.

5. 발효산업 기관

한국식품연구원은 1987년 12월 농림수산부 산하의 한국식품개발연구원으로 설립되었으며, 2017년 7월에 과학기술정보통신부 산하로 소속이 변경되었다. 현재 전북 완주군의 혁신도시에 있으며, 주요 기능으로는 식품 기능성 규명, 신소재·신공정 연구 개발, 식품 저장·유통·안전성 기술 연구 개발, 전통식품의 세계화 연구 개발, 식품 분석, 정보, 표준화 및 기반 조성 연구 개발, 전문 인력 양성, 시험 평가, 인증 등을 들 수 있다. 특히, 전통식품으로는 발효 관련 식품 연구를 활발히 수행하고 있다.

세계김치연구소(World Institute of Kimchi, WiKim)는 2010년 1월 한국식품연구원 부설로 설립되었다. 김치류의 품질 향상, 위생 강화, 건강 기능성 부여 등 국산 김치의 품질 차별화를 위한 종균 및 발효 조절 융복합 기술 접목을 통하여 김치산업 품질 경쟁력 강화를 위한 핵심 기술을 개발하고 있다. 또한 김치 미생물의 발효 대사물 생성기작 및 특성 구명을 통해 김치 발효의 방향성과 속도를 조절하는 원천 기술을 연구하고 있다.

(재)발효미생물산업진흥원은 순창에 있으며, 2011년에 개편되어 국내 토종 발효미생물

을 이용한 종균첨가제 개발 및 상품화와 기업 맞춤형 발효종균의 평가, 생산 및 공급을 수행하며 종균 활용 발효식품산업 지원 사업을 하고 있다. 2030년까지 약 30만 종의 발효미생물 균주 확보를 목표로 하고 있다.

발효식품과 장류 분야의 연구 및 새로운 산업 창출을 담당하고 있는 순창장류연구소는 순창 지역에서 생산되고 있는 식품에 대한 종합적인 품질 관리와 기업 지원 등 산업 발전의 중추적인 역할을 담당하기 위해 2002년 5월 15일에 순창군 식품과학연구소로 출발하였다.

한편, 한국전통민속주협회는 2014년 사단법인으로 인가받아 민속주의 교육 및 연구 개발에 힘쓰고 있다.

단원정리

발효산업의 역사는 17세기 레벤후크(Antony van Leeuwenhoek)의 미생물 발견으로 시작되었으며, 19세기 파스퇴르가 발효와 미생물의 관계를 확립하였다. 프랑스 파스퇴르 연구소에서 바이츠만(Chaim Weizmann)은 *Clostridium acetobutylicum*을 이용한 아세톤 대량 생산 시스템을 확립하여 현대 발효산업의 기초를 마련하였으며, 20세기 초에 페니실린 등 항생제 생산이 가능해지면서 발효산업이 크게 발전하였다. 이후 현대 미생물학은 크렙스(Krebs)의 TCA 회로(Tricarboxylic acid cycle, TCA cycle) 확립, 그리피스(Frederick Griffith)와 에이버리(Oswald T. Avery)의 DNA 유전 물질 증명, 왓슨(James Watson)과 크릭(Francis Crick)의 DNA 이중 나선 구조 발견 등으로 발전하였고, 유전공학 기술의 발달로 산업적으로 적합한 미생물 균주 개발이 활발히 이루어지고 있다. 현재 발효산업은 오믹스 기술과 대사공학을 통해 미생물 내부의 대사 현상을 종합적으로 분석하고 조절하여 목적 대사산물의 생산성을 극대화하고 있다.

발효산업은 바이오산업의 일부로 미생물을 이용하거나 공정 중 생물반응기를 이용하는 산업으로, 즉 바이오기술(biotechnology)을 바탕으로 다양한 고부가가치를 생산하는 산업으로 정의한다. 전반적으로 발효산업은 꾸준한 성장세를 갖고 있으며, 기능성식품 분야, 농·축·수산업 분야, 의료 분야 등에서 활용되고 있다.

이런 발효산업이 성장할 수 있는 기반이 될 수 있었던 대표적인 국내 기관으로는 한국식품연구원, 세계김치연구소, 발효미생물산업진흥원, 순창장류연구소, 한국전통민속주협회 등이 있으며, 이곳에서 발효미생물 균주 확보, 발효 원천 기술 연구 및 발효 관련 식품 연구를 진행하고 있다.

단원평가

1 미생물을 처음 발견한 사람은 누구인가?

2 미생물학의 아버지로 불리는 파스퇴르는 발효 과정에서 발견한 미생물의 역할을 어떻게 밝혔으며, 어떠한 연구 결과를 통해서 자연발생설을 부정하였는가?

3 페니실린을 발견한 사람은?

4 오늘날 분자생물학 발전의 근본이 된 DNA 이중 나선 구조를 확립한 사람은 누구인가?

정답 및 해설

1. 네덜란드의 레벤후크(Antony van Leeuwenhoek)
2. • 파스퇴르는 발효 과정에서 미생물이 특정 발효를 매개한다는 사실을 밝힘
   • 포도주 산패의 원인이 젖산을 생성하는 세균에 기인한다고 확인하였고, 이를 통해 모든 발효 과정은 미생물의 생리 활동의 결과임을 증명함
   • 미생물의 생명은 그 이전에 존재한 생명으로부터 발생한다는 이론을 확립하여 미생물학의 개념을 증명함
3. 알렉산더 플레밍(Alexander Fleming)
4. 제임스 왓슨(James Watson)과 프랜시스 크릭(Francis Crick)

03
발효 미생물의 분류 및 특성

1. 미생물의 분류법
2. 미생물의 분류에 따르는 특성

1. 미생물의 분류법

발효산업의 핵심인 미생물은 지구상 어디에나 존재하는 생명체로서 '사람의 육안으로 인식되지 않을 정도로 작으나 생명을 유지하며 증식하는 생물'이라고 할 수 있다. 일반적으로 형태적인 차이에 따라 조류(algae), 세균류(bacteria), 원생동물류(protozoa), 곰팡이류(곰팡이), 효모류(효모) 등으로 구분될 수 있다. 생물 분류의 기본 단위는 종(種, species)이며 유사한 종이 모여 속(屬, genus)을 이룬다. 속보다 큰 단위로는 과(科, family), 목(目, order), 강(綱, class), 문(門, phylum 또는 division), 계(界, kingdom)의 여섯 단계를 기본으로 하여 이루어지며, 종(種) 이하에서는 변종(變種, variety, var.), 품종(品種), 형(型) 등으로 더 나눌 수 있다. 미생물의 분류도 이러한 분류법에 따른다.

미생물의 명명은 일반적으로 이명법(binominal nomenclature)에 따른다. 대문자로 시작되는 속명(屬名)과 소문자로 시작되는 종명(種名)으로 구성되며, 이탤릭체로 표기하고 변종의 경우에는 삼명법(trinomial nomenclature)을 따른다.

예 *Escherichia coli* O157:H7
Bacillus subtilis (Ehrenberg) Cohn
Aspergillus oryzae var. *viridis*

그러나 자주 사용되는 미생물 균주에 대해서는 학명 외에 상용명 또는 속명(俗)이 이용되기도 한다. 예를 들면 *Aspergillus oryzae*를 '고지균', *Saccharomyces cerevisiae*를 '빵효모', *Penicillium* 속의 곰팡이를 '푸른곰팡이', *Escherichia coli*를 '대장균', *Bacillus subtilis*를 '고초균' 등으로 부르기도 한다.

2. 미생물의 분류에 따르는 특성

미생물을 분류하는 방법은 여러 가지가 있지만, 현대 생물 분류는 3역 6계로 분류한다. 3역은 세균역, 고세균역, 진핵생물역이며, 6계는 세균계, 고세균계, 원생생물계, 균계, 식물계, 동물계 등이다.

1977년 미국 일리노이 대학의 칼 우즈(Carl Woese) 등은 16S 리보솜 RNA 염기서열을 분석하여 원핵생물계가 사실상 매우 이질적인 두 개의 무리로 이루어졌다는 연구 결과를 발표하였다. 또한 계속된 분자계통 연구를 통해 1990년에는 생물 분류 계급의 최상위 계급으로 역(域, Domain)을 제안하면서 생물을 세균역(세균계 포함), 고세균역(고세균계 포함), 그리고 진핵생물역(원생생물계, 동물계, 균계, 식물계 포함)으로 분류하였다(그림 3-1). 이 3역 분류 체계는 이른바 '원핵생물'에서 서로 매우 다른 두 무리인 세균역과 고세균역으로 분류되는데 세균역은 일반적인 세균이 속하며, 고세균역은 호염균(halophiles), 메탄생산균, 호열성세균 등으로 진핵생물에 가까운 것으로 알려져 있다.

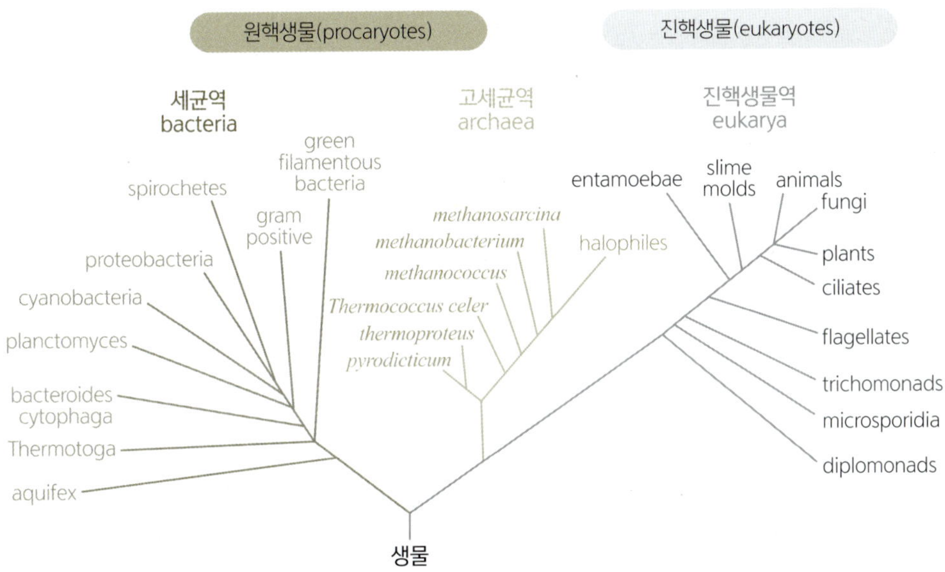

그림 3-1 생물의 분류 체계

자료 : https://cafe.daum.net/Aegong/DgTb/25?q=생물의+분류체계&re=1

원핵생물은 주로 세포 1개가 1개체인 '단세포 생물이며, 세포의 크기는 보통 0.5~10 μm 정도이다. 진핵생물의 크기는 보통 5~100 μm로, 원핵생물보다 크고 유전정보인 DNA도 복잡하며 대량으로 가지고 있다. 원핵생물은 핵 구조를 갖지 않는 세포로 구성된 미생물로서, DNA는 고리 모양(closed circle)으로 되어 있고 세포질 속에 노출된 상태로 존재한다. 이에 대하여 진핵 미생물의 세포에서는 DNA가 핵이라는 구조로 싸여 있으며, 미토콘드리아와 엽록체, 골지체 등의 여러 가지 세포 소기관이 있다. 원핵생물과 진핵생물의 생리적 특징은 [표 3-1]에, 형태 및 구조는 [그림 3-2]에 나타내었다.

표 3-1 원핵생물과 진핵생물과의 생태학적 차이점

기관	원핵생물	진핵생물
핵	핵막이 없어 구별되어 있지 않음	핵이 막으로 구별됨
소기관	막이 없어 구별된 소기관이 없음	미토콘드리아, 골지체, 소포체 등 소기관 존재
DNA	1개의 염색체로 존재	분자량이 크고 핵 안에 존재
리보좀	세포질에 분포	막에 붙어 있음
세포벽	펩티도글리칸으로 이루어져 있음	식물세포에만 존재 없거나 펩티도글리칸이 아닌 경우가 많음
섬모	없음	있는 경우가 있음
편모	있는 경우 회전 운동으로 움직임	있는 경우 파행 운동으로 움직임
생식	이분법, 유성생식 거의 없음	유사분열, 유성생식
예	세균	진균류, 원생동물, 식물, 동물

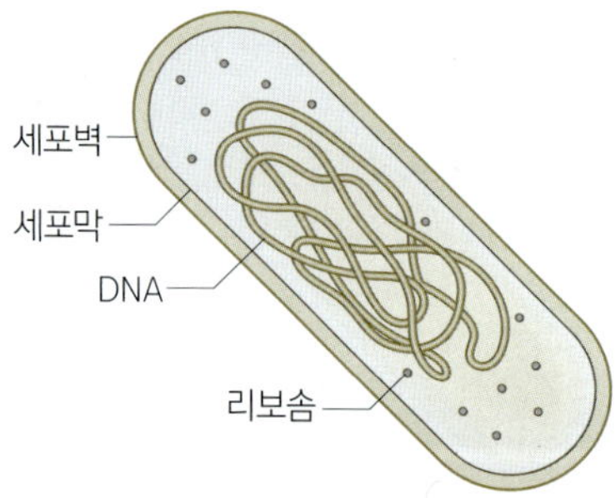

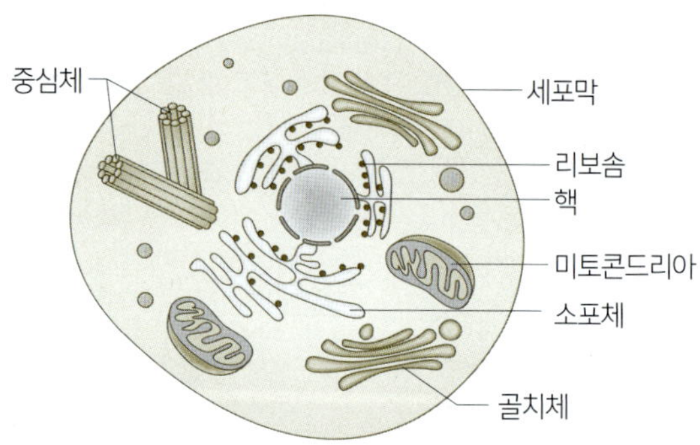

그림 3-2 원핵세포와 진핵세포의 구조

이러한 세포의 기본적인 구조 차이 이외에도 원핵세포와 진핵세포는 그 기능적으로도 많은 차이를 보인다. 원핵세포의 DNA와는 달리, 진핵세포의 DNA에는 필요 없는 부분 인트론(intron)이 많이 존재하며, 따라서 필요한 부분 엑손(exon)을 이어서 mRNA를 만들게 된다. 원핵세포에서는 서로 기능적으로 관련 있는 유전자들이 오페론(operon) 구조를 이루고 있다.

일반적으로 발효산업에서 다루는 미생물은 세균, 방선균, 효모 및 곰팡이다.

1) 세균

세균의 크기는 일반적으로 2.0~1.5 μm×1.0~0.5 μm이며, 세포 1개는 10~12 g 정도의 무게를 갖는다. 세균은 단세포로 구성되어 있으며 일반적으로 분열법에 따라 증식한다. 외형은 다양하게 존재하나 주로 구형인 구균(coccus), 원통형의 간균(bacillus), 나선균(spirillum), 꺾인 막대 모양(coryneform)의 형태를 갖는다.

세균은 증식 속도가 매우 빨라, 생육 환경이 좋으면 약 20~30분에 2배로 증식한다. 세균은 생육 특성에 따라 생육에 산소가 있어야 하는 호기성균과 산소가 있으면 생육 저해를 받는 혐기성균으로 나누며, *Bacillus* 속과 *Clostridium* 속의 세균들은 생육 환경이 악화될 때 생존하기 위하여 균체 내에 포자(endospore)를 형성한다. 포자는 열에 대한 저항성이 매우 강하여 여러 가지 식품 등의 멸균 조건 설정은 포자의 사멸 조건에 맞추어져 있다. 생육 조건이 적합한 조건에 이르면 포자는 깨지고 발아(germination)하며, 이때 다시 성장, 번식할 수가 있다. 이를 영양세포(vegetative cell)라고 한다.

세균은 세포벽 구조의 차이에 따라 구분하는 방법으로써 그람염색법에 따라 염색되는 그람양성균과 염색되지 않는 그람음성균으로 구분된다. 그람양성균의 세포는 인지

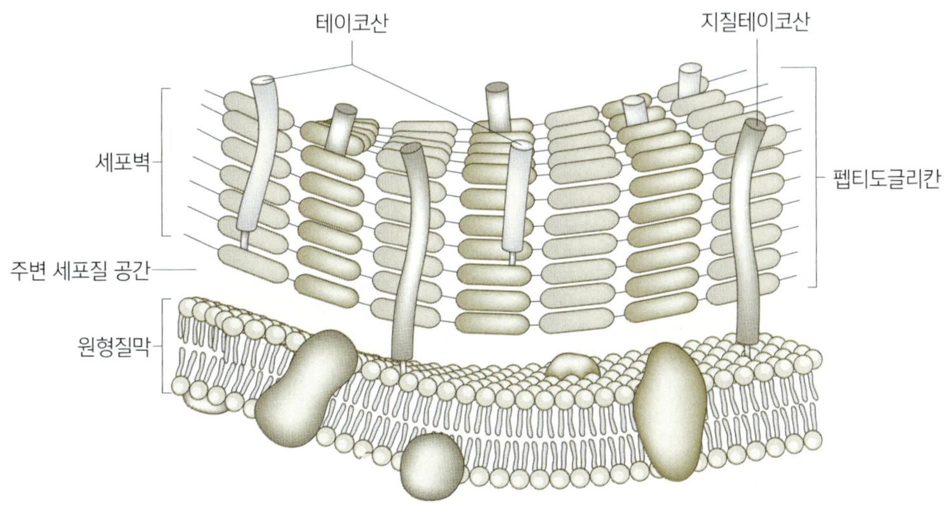

그림 3-3 그람양성균의 세포벽 형태

질이 2중으로 이루어진 세포질 막(cytoplasmic membrane)이 있고, 그 외부에 여러 층의 펩티도글리칸(peptidoglycan)이 두껍고 단단한 세포벽을 형성하고 있다(그림 3-3). 이 세포벽에는 테이코산(teichoic acid)이 존재한다. 대표적인 그람양성균은 유산균, 고초균 등을 들 수 있다.

펩티도글리칸층은 여러 개의 펩티도글리칸 사슬로 구성되어 있으며, 펩티도글리칸 사슬은 *N*-acetyl-glucosamine(GlcNAc)과 *N*-acetyl muramic acid(MurNAc)가 교대로 결합하고 있다. 펩티도글리칸 사슬의 MurNAc에 결합된 테트라펩타이드 사이에 펜타펩타이드를 매개로 결합하여 전체적으로 망상 구조를 하고 있다(그림 3-4).

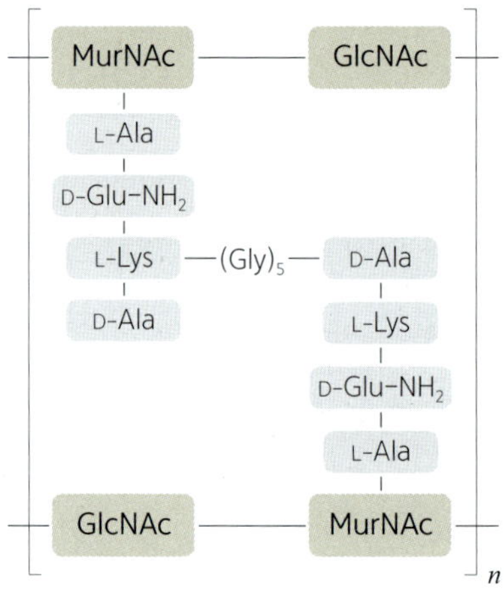

그림 3-4 펩티도글리칸의 구조

그람양성균은 내막인 세포질 막 만을 가지고 있어서 단백질 분비가 수월하다. 반면에 그람음성균은 내막과 얇은 펩티도글리칸층 외부에 외막(outer membrane)을 가지고 있다. 이 세포 외막은 기본적으로 이중 막이며 세포를 보호하고 견고성을 높인다. 당지질(lipopolysaccharide)과 뮤코펩타이드가 존재하며, 소수성 분자나 단백질 등의 통과는 제한된다.

운동성이 있는 균주의 편모(flagellum)는 수용액 내에서 세포를 움직일 수 있게 한다. 세균의 편모는 그 수와 위치에 따라서 단극모, 양극모, 극속모, 주편모로 구분한다.

방선균은 분류학상 세균류 중 방선균목(Actinomycetales)에 속하며, *Actinomycetaceae* 과와 *Streptomycetaceae*과로 나눈다. 형태적으로 세균과 곰팡이의 중간적인 모양으로 세포가 긴 실 모양으로 분기(分岐)한다는 점과 분생포자(conidium)를 만드는 점에서 곰팡이와 비슷하다. 그러나 균사의 폭이 1 μm 이하이고 크기가 곰팡이에 비해 매우 작다.

2) 효모

효모는 자낭균강(Ascomycetes)에 속하며 소수만이 담자균강(Basidiomycetes)에 속한다. 자낭균강에 속하는 대표적인 효모는 빵, 맥주, 포도주를 생산하는 빵효모(*Saccharomyces cerevisiae*)가 있다. 효모의 증식은 작은 혹이 모세포로부터 돌출하여 커지고 성숙하여 분리되는 출아법(budding)에 의한 무성 생식으로 증식한다(그림 3-5). 효모는 산업적으로 많이 쓰여 중요한 단세포 균류이지만 *Candida albicans*, *Histoplasma*, *Blastomyces* 등과 같이 사람이나 다른 동물들에게 여러 가지 질병의 병원체가 되는 것도 있다.

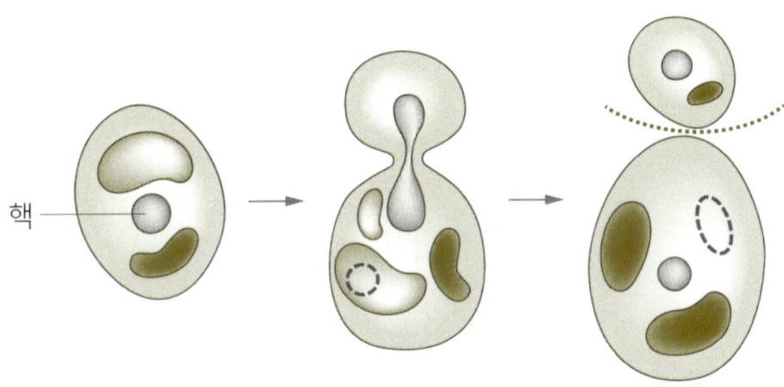

그림 3-5 효모의 출아법

효모는 포도당과 같은 단당류를 사용하며 무기호흡을 통해 산소의 공급 없이도 포도당을 분해하여 에너지를 얻을 수 있고, 이때 알코올과 이산화탄소를 배출한다. 효모는 생육 온도 10~37℃ 사이에서 성장하지만 최적 온도는 30℃이고, 50℃ 이상이 되면 세포가 사멸한다.

식품산업에서 효모는 주로 술을 만드는 데 이용된다. 서양에서는 예로부터 곡류나 과일을 이용하여 발효를 통해 알코올을 얻었으며, 이를 바탕으로 다양한 주류 제품이 개발되어 왔다. 동양에서는 술밑으로 누룩을 만들어 곡물을 발효시켜 막걸리나 청주와 같은 술을 만들어 왔다.

효모에 의한 알코올의 대량 생산은 사탕수수를 이용한다. 그러나 고구마, 보리, 타피오카 등의 전분을 사용할 경우 이를 효소를 이용하여 단당류로 가수분해한 후 효모에 의한 알코올 발효를 진행한다. 이렇게 만들어진 에탄올은 의료나 공업 등에 사용되며 대체 연료로 산업적으로 사용되기도 한다.

또한 효모는 제빵에도 사용된다. 효모가 단당류를 분해하면서 만드는 이산화탄소에 의해 반죽이 부드럽게 부풀어 오르게 되고, 이렇게 발효된 반죽으로 빵을 만든다. 중국이나 한국에서는 술지게미를 이용하여 부풀린 떡과 같은 음식에 이용하기도 하였다.

효모 균체는 단백질이 50% 이상이며, 이 외에도 비타민 B_1과 B_2, 니코틴산, 엽산(folic acid)의 풍부한 공급원이다. 맥주효모는 흔히 비타민 보충제로도 이용되기도 한다. 산업적으로 효모를 생산할 때는 선택된 균주를 당밀과 암모니아를 첨가한 용액에서 키운다. 배양 중 효모 균체의 수가 최대를 이룰 때 배양액으로부터 분리하여 씻어낸 후 포장하여 제품화한다. 특히 제빵용 효모는 녹말을 섞은 압축된 덩어리나 옥수수 가루가 섞인 건조된 과립 형태로 상품화되고 있다.

3) 사상균

사상균(곰팡이)은 일반적으로 폭 10~30 μm의 실 모양의 가지로 된 균사(hyphae)로 이루어지고 균사가 모인 균사체(mycelium)를 형성하며, 곰팡이(fungi)라고도 한다. 포자를 만들어 증식하는 미생물을 총칭하며 미생물 중 가장 진화된 부류이다. 영양세포인 균사체에 대하여 생식세포는 자실체가 있으며, 여기에서 포자가 형성된다.

많은 종류의 곰팡이는 유성(sexual) 또는 무성 포자(asexual spore)를 형성하는 생활사를 가지고 있다. 증식의 형태는 심부배양(submerged culture), 표면배양(surface culture) 등과 같은 배양 조건에 따라 다른데 심부배양에 있어서 증식 형태는 균사가 분기(branched)되면서 증식이 이루어진다.

배양액의 교반 상태의 강약에 따라 섬유상(filamentous), 플록(floc)상, 펠릿(pellet)상 등의 다른 형태를 나타낸다. 표면배양에서는 균주에 따라 외형적인 특징을 구분할 수 있으나, 액체배양에서는 보통 펠릿을 형성하며 배양액의 점성이 커진다. 생명공학에 많이 이용되는 곰팡이는 산업적으로 유용한 이차 대사산물을 대부분 세포 외로 많이 분비하는 이점이 있어 장류, 주류 등의 발효식품 제조나, 식품공업용 효소 생산 그리고 항생제나 효소제제 등의 의약품 생산에 중요한 위치를 차지하고 있다. 특히 곰팡이는 분해효소를 중심으로 많은 종류의 효소가 균체 외부로 분비되기 때문에 공업용 효소 생산에 많이 이용되고 있다.

4) 조류

조류(algae)는 단세포에서 다세포까지 여러 가지가 있으며, 일부는 복잡한 생활 주기를 보인다. 엽록소를 가지고 있어 광합성 능력이 있으며, 증식을 위하여 빛이 필요하다. 조류에는 남조류(blue-green algae), 녹조류(green algae), 홍조류(red algae), 갈조류(brown algae), 규조류(diatoms) 등이 있으며, 식량 자원으로 주목되고 있는 클로렐라(*Chlorella* sp.)와 스피룰리나(*Spirulina* sp.)는 각각 녹조류와 남조류에 속한다. 이 중에서 남조류는 세균으로 분리되기도 한다. 최근에는 홍조류인 우뭇가사리(*Gelidium* sp.)로부터 바이오에너지를 얻고자 하는 연구가 활발히 진행되고 있다.

단원정리

미생물(microorganism)은 일반적으로 육안으로 인식되지 않을 정도로 작으나 생명을 유지하며 증식하는 생물이라고 할 수 있으며, 이러한 미생물은 발효산업의 핵심이라고 말할 수 있다. 형태적인 차이에 따라 조류(algae), 세균류(bacteria), 원생동물류(protozoa), 곰팡이류(곰팡이), 효모류(효모) 등으로 구분될 수 있다. 또한 미생물의 분류도 생물 분류법과 마찬가지로 기본 단위는 종(種, species)이며 유사한 종이 모여 속(屬, genus)을 이룬다. 속보다 큰 단위로는 과(科, family), 목(目, order), 강(綱, class), 문(門, phylum 또는 division), 계(界, kingdom)의 여섯 단계를 기본으로 하여 이루어지며, 종(種) 이하에서는 변종(變種, variety, var.), 품종(品種), 형(型) 등으로 더 나눌 수 있다.

미생물의 명명은 일반적으로 이명법(binominal nomenclature)에 따르며, 대문자로 시작되는 속명(屬名)과 소문자로 시작되는 종명(種名)으로 구성되고 이탤릭체로 표기한다. 변종의 경우에는 삼명법(triniminal nomenclature)을 따르고 있다.

최근 유전학의 발달로 16S rRNA와 18S rRNA의 염기서열 분석을 통해서 미생물을 분류하는 방법으로 현재 3역 6계 분류를 채택하고 있다. 3역으로는 원핵생물에서 분류된 세균역 및 고세균역과 진핵생물역이며, 6계로는 세균계, 고세균계, 원생생물계, 균계, 식물계, 동물계로 나뉘고 있다.

발효산업에서 다루는 대표적인 미생물로는 세균, 방선균, 효모 및 곰팡이가 있다. 세균은 단세포로 구성되어 있고 분열법에 따라서 증식하며, 구균(coccus), 간균(bacillus), 나선균(spirillum), 꺾인 막대 모양(coryneform)의 형태를 갖는다. 증식 속도가 매우 빠르며 생육 특성에 따라서도 구분될 수 있다. 특히 세포벽 구조의 차이(예 : 펩티도글리칸 등)에 따라서 그람음성균과 그람양성균으로 구분할 수 있으며, 유산균과 고초균이 대표적인 그람양성균에 속한다.

효모는 대부분 자낭균강(Ascomycetes)에 속하며 소수만이 담자균강(Basidiomycetes)에 속한다. 자낭균강에 속하는 대표적인 효모는 빵, 맥주, 포도주를 생산하는 빵효모(*Saccharomyces cerevisiae*)가 있다. 이 외에도 효모는 산업적으로 많이 사용되지만 사람이나 동물들에게 여러 질병의 병원체가 되는 효모도 있다.

사상균(곰팡이)은 균사(hyphae)로 이루어지고 균사가 모인 균사체(mycelium)를 형성하며, 포자를 만들어 증식하는 미생물을 총칭하는 것으로 미생물 중 가장 진화된 부류이다. 곰팡이는 장류, 주류 등의 발효식품 제조나, 식품공업용 효소 생산 그리고 항생제나 효소제제 등의 의약품 생산에 활용되고 있다.

조류(algae)에는 남조류(blue-green algae), 녹조류(green algae), 홍조류(red algae), 갈조류(brown algae), 규조류(diatoms) 등이 있으며, 대표적인 식량 자원으로 주목되고 있는 클로렐라와 스피룰리나가 있다. 최근에는 우뭇가사리(*Gelidium* sp.)를 활용한 바이오에너지 연구가 진행되고 있다.

단원평가

1 미생물의 정의를 서술하시오.

2 진핵생물에 대한 설명 중 옳지 않은 것은?

① 핵막이 있다.

② 메소좀(mesosome)을 가지고 있다.

③ 효모와 곰팡이는 진핵생물이다.

④ 미토콘드리아가 있다.

3 세균은 그람염색법을 이용하여 그람양성균과 그람음성균으로 구분된다. 이때 어떠한 차이에 의해서 구분이 되는가?

4 포도주를 생산하는 대표적인 효모는 무엇인가?

5 다음 중 효모에 대한 설명으로 옳지 않은 것은?

① 식품산업에서 주로 술을 만드는 데 이용된다.

② 맥주효모는 흔히 비타민 보충제로도 이용된다.

③ 효모는 대부분 담자균강(Basidiomycetes)에 속한다.

④ 효모의 증식은 출아법(budding)에 의한 무성생식이나 일부는 분열(binary fission)로 증식한다.

6 조류(algae)에 대한 설명으로 옳지 않은 것은?

① 엽록소를 가지고 있어 광합성 능력이 있다.

② 조류는 진핵세포 구조로 되어 있기 때문에 고등미생물에 속한다.

③ 클로렐라는 미래 식량 자원으로 주목받고 있다.

④ 우뭇가사리는 홍조류에 속한다.

정답 및 해설

1. 미생물(microorganism)은 일반적으로 육안으로 인식되지 않을 정도로 작으나 생명을 유지하며 증식하는 생물
2. ②
3. 세포벽 구조의 차이
4. *Saccharomyces cereviseae*
5. ③
6. ②

04 발효미생물의 구조 및 생리적 특성

1. 구성 성분
2. 물리적 성질
3. 영양원과 배지
4. 미생물의 물리적 생육인자

1. 구성 성분

미생물 균체는 약 80%의 수분을 함유하고 있으며, 단백질, 탄수화물, 지질, 핵산, 비타민 및 무기물로 구성되어 있다. 균체의 화학 성분은 미생물 종류에 따라 다르며 같은 균주라도 배지 조성, 배양 시간, 증식 속도 등에 따라 달라진다. 미생물 종류에 따른 균체 성분의 범위는 [표 4-1]과 같다.

표 4-1 미생물의 주요 성분의 조성

(단위 : w/w %, 건조중량)

미생물	탄수화물	단백질	지질	핵산	회분
세균	10~30	40~70	5~40	13~34	4.5~15
곰팡이	30~60	10~25	1~3	1~3	2~7
효모	24~37	40~50	2~60	4~10	3~9
조류	10~25	10~60	19~30	1~5	4~10
바이러스	< 1	50~90	< 1	5~50	-

1) 수분

물은 세포 내에서 대사 반응에 필요할 뿐 아니라 용매로서 물질의 이동, 삼투압 등의 물리적 환경의 항상성, pH 조절 등에 매우 필요한 성분이다. 수분은 미생물을 액체배지에 배양한 다음에 여과하거나 원심 분리시켜 회수된 균체를 건조기에서 항량이 되도록 건조하면 건조 균체량을 알 수 있다. 균체에 있어서 수분은 세포와 세포의 공극 사이에도 존재한다. 따라서 미생물의 수분 함량은 습윤 균체를 얻을 때 배양액을 원심 분리하거나 여과하여 얻게 되므로 이러한 분리 방법에 따라서 수분 함량이 다소 차이가 있다. 일반적으로 대부분의 세균은 80%, 효모는 75%, 곰팡이는 85% 정도의 수분을 갖는다.

2) 단백질

미생물 균체의 단백질 함량은 건조 균체의 50% 정도로 가장 많이 차지하며 주로 균체 구성 요소로서뿐만 아니라 대사에 관여하는 많은 효소 성분이기도 하다. 효소는 세포 내에서 2,000여 가지의 대사에 필요한 효소를 가지고 있고 환경 조건에 적응할 수 있는 유전적인 잠재력을 가지고 있어 환경에 따라 동일 균체에서도 다소 차이가 있을 수 있다. 세균이나 효모는 증식속도가 빠르고 단백질 함량이 높아 단백질 공급원으로 개발되고 있으며 조류인 클로렐라인 경우도 식량 자원의 하나인 단세포단백질(single cell protein, SCP) 생산을 위한 균주로서 많은 연구가 이루어졌다. 그러나 효모인 경우, 현재 생리적인 특성이 잘 알려진 *Saccharomyces cerevisiae*가 널리 쓰이고 있으나 핵산의 함량이 매우 높은 것은 실용화의 걸림돌로 작용하고 있다.

3) 탄수화물

탄수화물 중 다당류는 단백질 및 지질과 결합한 복합체로 세포벽의 주성분으로 존재한다. 구조적으로 복잡한 곰팡이나 해조류는 대사 과정에 관여하는 생리 활성을 갖는 단백질이나 핵산 함량이 적은 데 비하여 세포벽을 구성하는 다당류 성분이 건조 균체 물량의 대부분을 차지하고 있다. 세포벽을 구성하는 다당류 성분은 미생물의 종류에 따라 다르나 효모인 경우 키틴(chitin), 만난(mannan) 등으로 구성되어 있으며, 곰팡이는 베타글루칸(β-glucan), 키틴 등이 있다. 세균인 경우는 세포벽에 murein(poly-*N*-acetyl-glucosamine-*N*-acetyl muramic acid)이 있으며 특징적으로 그람양성균인 경우 테이코산(teichoic acid)이, 그람음성균인 경우는 세포질 외막에 당지질인 지질다당류(lipopolysaccharide, LPS)가 존재한다.

탄수화물 중 단당류는 에너지 대사의 연료로 사용되어 소모되므로 다당류보다 적은 편이나 오탄당인 리보스는 핵산의 구성 성분으로 DNA나 RNA에 존재한다.

4) 지질

세균 중에는 지질 함량이 적은 편이나 예외적으로 특정 균주에서 지질을 많이 함유한 것들이 있다. 예를 들어 *Mycobacterium*균은 30%의 마이콜산(mycolic acid)을 함유하며, *Rhodospirillum rubrum*은 초산을 기질로 하였을 때 건조물량의 20% 정도가 β-hydroxybutyric acid의 중합물을 합성한다. 일부 *Aspergillus*, *Penicillium*, *Rhodotorula*, *Candida*균은 특정한 조건에서 배양 시 건조중량의 약 50%의 지질을 합성함으로써 단세포 유지(single cell oil, SCO) 생산이 가능하지만, 산업적으로 식물로부터의 유지 생산이 많으므로 실용화되지는 않았다. 그러나 자연계에 널리 분포하지 않는 특수 지방산 생산을 위한 SCO 생산에 대한 가능성은 가지고 있다. 대부분의 미생물은 지질 성분으로는 지방산인 팔미트산(palmitic acid, $C_{16:0}$), 올레산(oleic acid, $C_{18:1}$), 스테아르산(stearic acid, $C_{18:0}$)을 많이 함유하고 있다.

5) 구성 원소와 무기물

균체에 차지하는 원소는 미생물의 종류뿐만 아니라 동일한 균이라 할지라도 배양액 성분 조성, 생육 환경 조건 등에 따라 차이가 있을 수 있다. 대장균 균체를 차지하는 원소의 조성은 [표 4-2]와 같다.

표 4-2 균체의 구성 원소의 조성

(단위 : w/w %, 건조중량)

원소	C	O	N	H	무기물
함량	50	20	14	8	6

탄소가 균체의 건조중량의 50%를 차지하여 가장 크며, 다음 순서로 산소가 20%, 질소가 14%, 무기물이 6%를 차지하고 있다.

무기물은 균체 성분이기도 하지만 생리적 대사 조절이나 삼투압 조절에 매우 중요하다. 그 조성은 [표 4-3]에서 보는 바와 같이 미생물 종류에 따라 다르지만, 일반적으로 인(P)과 칼륨(K)이 가장 많고 이어서 Ca > Mg > S > Na > Cl > Fe > Zn > Si 순으로 되어 있다. 이 외에 미량원소로는 Al, Cu, Mn, Co 등이 있다. 균주의 원소 성분 조성은 생육 환경 조건에 따라 달라지며, 특정적으로 철을 이용하는 세균은 Fe 및 Mn을 다량 함유하고 있으며, 유황세균은 S를, 해양미생물은 Na, Cl 및 I를 다량 함유한다.

표 4-3 미생물의 무기질 함량

(단위 : w/w %, 건조중량)

원소	곰팡이	효모	세균
P	0.4~0.5	0.8~2.6	2.0~3.0
S	0.1~0.5	0.01~0.24	0.2~1.0
K	0.2~2.5	1.0~4.0	1.0~4.5
Mg	0.1~0.3	0.1~0.5	0.1~0.5
Na	0.02~0.5	0.01~0.1	0.5~1.0
Ca	0.1~1.4	0.01~0.5	0.01~1.1
Fe	0.1~0.2	0.01~0.5	0.02~0.2
Cu	-	0.002~0.01	0.01~0.02
Mn	-	0.0005~0.007	0.001~0.01
Mo	-	0.0001~0.0002	
회분	2~8	5~10	7~12

자료 : 고종호 외, 2011

2. 물리적 성질

미생물의 크기는 각각의 세포의 성장 단계에 따라 크기가 달라지고 동일한 배양 상태에서도 개체별로 차이가 있을 수 있다. 많은 종류의 미생물은 단세포의 형태로 존재하지만, 균의 특성상 매우 큰 형태인 플록(floc) 형태의 집단을 형성하기도 한다. 곰팡이에서도 고체배양을 할 경우 균사가 뻗어 나아가지만, 액체배양에서는 구형 펠릿(pellet)을 형성하여 크기가 수 cm에 이르기도 한다. 특정 균주에 대한 미생물 반응기에서의 연속배양을 할 때 생산물은 플록 또는 펠릿 크기에 의해 영향을 받게 되므로 균체의 크기를 제어하는 일이 중요하다.

미생물 세포의 형태는 세포 자체가 가지고 있는 유전적 성질, 배지 조성에 따른 영양상태, 균체 나이 등의 생물학적 요인뿐만 아니라 물리적인 배양 조건, 즉 온도 및 배양액의 유체역학적인 성질 등에 의존하기도 한다.

균체의 밀도는 배양 조건에 따라 다소의 차이는 있으나 균체의 밀도는 효모(1.09±0.008) >세균(1.03±0.008) >방선균(1.003±0.0003)의 순으로 밀도가 크다. 미생물 균체의 밀도는 일반적인 배양액의 밀도와 매우 비슷하므로 균체 배양 시 배양액에 균일한 현탁 상태를 유지하기 위하여 기계적인 교반, 생화학적 생성물인 가스의 발생, 발효조에 공기 주입을 이용하기도 한다.

3. 영양원과 배지

1) 미생물의 영양 요구성

미생물은 생명 유지와 성장을 위해 에너지와 세포 구성 성분이 필요하다. 따라서 미생물을 배양하기 위해서는 에너지 생산과 세포의 구성 성분을 위해 필요한 영양 성분들을 공급해 주어야 한다. 미생물의 생육에 필요한 영양원을 목적에 따라 크게 나누면 에너지원, 탄소원, 질소원, 무기염류, 미량원소 또는 비타민류 등의 생육인자(growth factor)로 구분한다.

미생물의 배양이나 생물 반응(또는 발효) 시 모든 영양분의 함유된 배지를 통해 이루어진다. 세포의 구성을 위해 필요한 원소로는 탄소(C), 질소(N), 산소(O), 수소(H), 인(P), 황(S), 나트륨(Na), 칼륨(K), 칼슘(Ca), 마그네슘(Mg), 철(Fe) 등의 전체 세포 고형 성분의 95%를 차지하는 대량 원소들이 있으며, 이 중 C, H, O, N, S 및 P은 탄수화물, 지질, 핵산, 단백질의 성분이다. 망간(Mn), 아연(Zn), 코발트(Co), 몰리브덴(Mo), 니켈(Ni), 구리(Cu) 등은 소량이 필요한 미량원소이며, 효소 역가의 조절, 균체의 구성원, 단백질 형태 유지 등에 중요한 기능을 한다. 그리고 생육인자인 필수 영양소가 결핍되면 타 영양소가 아무리 많아도 정상적인 성장이 이루어지지 않으며, 균의 생리적 특성과 발효 목적에 따라 적정 농도로 조절하여야 한다.

모든 생물은 에너지원과 탄소원에 따라 다음과 같이 분류할 수 있으며, 미생물도 이와 같은 특성의 분류에 따른다.

① 탄소원 측면

- 독립영양성(autotrophs) : 탄소원으로 CO_2를 이용하는 생물
- 종속영양성(heterotrophs) : 유기물에서 탄소원을 얻는 생물

② 에너지원 측면

- 광합성생물(phototrophs) : 태양 광선을 이용하여 에너지를 얻는 생물
- 화학합성생물(chemotrophs) : 화학 반응의 결과 에너지를 얻는 생물
- 유기영양생물(organotrophs) : 유기물의 산화를 통해 에너지를 얻는 생물
- 무기영양생물(lithotrophs) : 무기물의 산화를 통해 에너지를 얻는 생물

이와 같은 분류는 명백한 것은 아니며, 영양적인 다양성의 유무에 따라 편성(obligate) 또는 통성(facultative)의 용어를 추가한다. 예를 들면 에너지원으로 광을 이용하며, 주요 탄소원으로서 CO_2에 의존하는 미생물은 편성 광합성 독립영양생물(obligate photo-autotroph)이라 한다.

최소배지, 즉 주요 탄소원, 질소원, 무기염류 등 기본적인 영양분만으로 생육이 충분한 경우 원영양체(prototroph)라 하며, 반면에 세균, 곰팡이, 배양세포 등의 돌연변이체인 경우, 무기염류와 탄소원 및 필수 영양소 등으로 된 합성배지에서는 생육하지 못하지만 한 종류 혹은 그 이상의 영양소를 추가하여야만 성장하는 균주를 영양요구체(auxotroph)라 한다. 즉, 영양요구체는 특정 성분을 합성할 수 있는 능력이 없으므로 이들 성분을 외부에서 공급해 주어야만 정상적인 성장이 가능하다.

2) 미생물 배지에서의 주요 원소

미생물 배양에 사용하는 배지(또는 배양액)에는 에너지원, 균체 구성원과 여러 가지 대사산물의 합성에 필요한 성분이 포함되어 있어야 한다. 실험실적 배양에서는 다른 요소를 배제한 순수하고 규명된 화합물로 구성된 화학적 한정배지(chemically defined medium) 또는 합성배지(synthetic medium)를 이용하나, 산업적인 발효공정에서는 원가 및 공급량의 제한 등 경제적인 이유로 구성 성분이 복잡하고 내용 성분을 정확히 알 수 없는 천연물로 이루어진 복합배지(complex medium)를 사용하는 경우가 많다.

모든 미생물은 생육하는 데 있어서 물, 탄소원, 질소원, 무기물이 필요하며, 균주의 특성에 따라 특정적으로 아미노산, 핵산 또는 비타민이 요구된다.

물리적인 조건으로 배양 시 산소 요구성은 달라질 수 있는데 호기성 미생물인 경우

에는 생육 시 산소가 필요하므로 공급하여 주지만 에탄올 발효의 경우에는 산소가 존재하면 생성된 에탄올이 초산으로 산화되므로 혐기적으로 하여야 한다.

미생물 생육 또는 발효 시 원소들의 생리적 기능은 [표 4-4]와 같다.

표 4-4 원소의 생리적 기능

원소	생리적 기능
H 및 O	세포 수분, 세포 성분의 구성 원소
C	세포 성분의 구성 원소(탄수화물, 단백질, 지질 등)
N	세포 성분의 구성 원소(단백질, 핵산)
S	세포 성분의 구성 원소(단백질), 유기물질
P	핵산, 인지질, 조효소의 구성 원소
K	효소의 활성인자
Mg	세포내 전해질, 효소의 활성인자, 클로로필의 구성원
Ca	내생포자(endospore)의 구성원, 효소의 활성인자
Fe	시토크롬(cytochrome) 등의 구성원, 효소의 활성인자
Co	비타민 B_{12}, 조효소의 구성 원소
Mo	질소 고정, 질소 대사

균주에 따라 성장에 필요한 요소들은 다소 차이가 날 수 있으며, 이들 원소의 결핍이 없도록 배지 조성을 최적 조건으로 맞추어야 한다. 최적의 배지 조성을 구하기 위해서는 순차적으로 규모를 확대하여야 하며, 이러한 스케일 업(scale-up) 단계에서 각각의 최적 조건에서 미생물을 배양한 다음 발효 원료(배지 조성)와 발효 생성물을 정량적으로 분석하고, 이들 사이의 물질 균형(material balance)을 분석함으로써 결정하게 된다. 즉, 발효를 통하여 이루어지는 물질 균형은 다음과 같이 간단하게 나타낼 수 있다.

$$\text{탄소원} + \text{질소원} + \text{기타 성분} \longrightarrow \text{균체} + \text{유용 생성물} + CO_2 + H_2O + \text{발효열}$$

공정 조건 확립을 위하여 발효 중 부산물(by-product) 생산을 최소화하여 경제성이 있어야 하며, 동시에 유용 물질 생성에 필요한 최소의 영양원의 양을 계산하여 최적 배지 조성을 결정하는 것이 중요하다.

일반적으로 진탕배양의 경우에는 미생물이 필요로 하는 최소량보다 P를 많이 첨가해 주는 경우가 많다. 이는 P가 많은 배지 조성에서 완충 능력(buffer capacity)을 높여 주기 때문이다. 그러나 발효조에 의한 미생물 배양일 경우는 pH 조절이 항상 이루어지기 때문에 문제되지 않는다.

배양 전후의 물질 변화에 대한 수식을 구하고 수율을 계산해 보면 대부분은 이론적인 값이 실제 측정치에 비해 높은 수치를 나타낸다. 이는 발효 중에 일어나는 CO_2 발생량이나 대사산물의 양을 정확히 측정할 수 없기 때문이며, 이를 고려하여 배지 조성을 구할 때 유의할 필요가 있다.

3) 배지의 특성

미생물을 배양하거나 생물학적 반응을 하고 분리하거나 보존하려면 미생물의 생육에 필요한 적절한 영양 조건을 갖춘 물질과 적절한 물리적인 환경 조건이 필요하다. 여기서 미생물의 성장 등에 필요한 성분으로 구성된 조성물을 배지(culture medium)라고 하며, 배지 제조 및 관리는 다음과 같다.

① 배지에는 미생물 생육 및 대사에 필요한 각종 영양소(nutrient), 즉 탄소, 질소원, 비타민류, 무기염류 등이 함유되어 있으나 미생물의 종류, 생리적 특성에 따라 각 영양소의 조성이 다르므로 사전에 조성에 관한 기초적 연구가 필요하다.

② 배양의 효율성을 위하여 특정 아미노산이나 필수 비타민류와 같은 미생물의 종류에 따라 성장에 반드시 필수적인 성분인 생육인자가 필요하다.

③ 배지 제조 후 멸균하여야 하며 열에 약한 영양소가 포함되었으면 가열 살균은 피하고 막여과를 실시하기도 한다.

④ 미생물은 생리적 특성과 이용 목적에 맞는 조건에서 배양하여야 한다. 예를 들면 특이한 일부 균주를 제외하고 일반적으로 곰팡이와 효모용 배지는 pH 4.0~6.0, 세균용 배지는 pH 7.0~8.0으로 조절한다.

⑤ 조제된 배지는 저장 중 건조, 오염 및 화학적 변질의 가능성이 있으므로 냉암소에 보관한다. 특히 고체배지인 경우 장시간 저장으로 건조되기 쉽다.

4) 배지의 종류

미생물 배지는 배지에 들어 있는 성분 배지의 성상 및 사용 목적에 따라 다음과 같이 분류할 수 있다.

(1) 배지 조성에 의한 분류

배지의 조성에서 주원료의 출처에 따라 다음과 같이 분류할 수 있다.

① 천연배지(natural medium)

배지를 구성하는 영양분이 모두 동식물 등 천연물을 추출해서 얻은 것으로 만든 배지로서 고기추출물, 감자나 토마토액 또는 우유 등이 있다. 자연산물을 이용하여 화학적 조성은 명확하지 않은 배지를 일컫는다.

② 합성배지(synthetic medium)

배지를 구성하는 모든 영양분이 화학 조성이 명확하게 알려진 화학물질로 이루어진 것으로 미생물의 영양 요구성 연구나 미생물적 정량에 사용된다. 화학적 한정배지(chemically defined medium), 최소배지(minimal medium)가 그 예이다.

③ 반합성배지

천연배지의 성분과 합성배지의 성분이 혼합된 배지를 일컫는다.

(2) 배지 형태에 의한 분류

① 액체배지

균체 생산, 미생물 생리 실험, 대사산물 생산 등의 목적을 위하여 고형화제가 함유되어 있지 않은 영양배지의 성분으로 구성하여 액상으로 유지시킨 것이다.

② 고체배지

액체배지에 한천, 젤라틴 등 고형화제를 첨가한다. 멸균 시 용해되나 냉각으로 견고하게 응고시킨 것으로 미생물 배양 온도 수준에서는 고체의 상태로 유지된다. 한천의 적정 첨가량은 1~2%(w/v) 정도이며 계절에 따라 다르되 여름철에는 굳기가 어려우므로 겨울철보다 더 높게 설정한다. 미생물의 순수 분리, 보존, 활성화 목적으로 사용하며,

고체 형태에 따라 평판배지(plate agar medium), 사면배지(slant agar medium), 고층배지(stab agar medium) 등이 있다. 평판배지는 집락(colony)을 형성시켜 균을 순수 분리할 때 사용하고, 사면배지는 호기성균의 배양 및 보존할 때 사용하며, 고층배지는 젖산균 등의 미호기성균이나 통성 혐기성균을 배양할 때 사용한다.

③ 반고체배지(semi-solid medium)

미생물의 운동성 등의 생리적 특성을 실험할 때 주로 사용하며, 고형화제는 고체배지를 제조하는 경우보다 적게 사용하여 약간 유동성 있는 반고체 상태로 응고시킨다. 배양 중 운동성 있는 미생물의 이동을 관찰할 때 사용한다.

(3) 배지 목적에 의한 분류

① 일반배지(general purpose medium)

일반적으로 사용되는 배지로서 주로 일반 세균수의 측정에 사용된다.

② 선택배지(selective medium)

특정한 미생물의 성장에 유리한 조성으로 구성된 배지로서 원하는 미생물만 선택적으로 배양할 때 사용한다.

예 Salmonella-Shigella 배지, MacConkey agar

③ 감별배지(differential medium)

배지에 특수한 생화학적 지시약을 넣어줌으로써 다른 균주와 다르게 특정 미생물을 선별할 수 있는 배지를 말한다.

예 Eosine-methylene blue(EMB) 영양 배지, tellurite 첨가 배지, sheep red blood cell 첨가 배지

④ 증식배지(enrichment medium)

너무 소량이거나 여러 미생물이 혼재되어 있을 때 목표로 하는 미생물의 증식을 더욱 도모하기 위해 특정 영양분을 넣어 주는 배지를 말한다.

예 Blood nutrient medium

배지 원료의 선정 조건

미생물 배지는 균체 증식 및 발효 생성물의 생산에 효과적이어야 하며, 발효공정에 가장 적합한 배지 원료를 설정하기 위하여 다음과 같은 조건을 고려하여야 한다.

- 경제성을 고려하여 원료 가격이 저렴해야 할 것
- 원료 소비량에 대하여 최대의 생산물 또는 균체 수율을 얻을 수 있을 것
- 균체 또는 생산물의 생성 속도가 높을 것
- 부산물의 생성이 적을 것
- 원료 품질에 일관성이 있고 항상 구입이 용이해야 할 것
- 배양, 추출, 정제, 폐기물 처리 등 모든 공정에서 어려움이 없어야 할 것

5) 산업적인 배지에 필요한 영양원

(1) 탄소원

발효산업에서 이용되는 대부분의 미생물은 화학합성종속영양미생물(chemoheterotroph)로서 에너지원으로 탄수화물을 이용한다. 일반적으로 탄소원은 미생물 배지에서 가장 중요한 요소로서 연구 목적으로 정확한 발효 공정을 조절해야 할 때 포도당을 비롯한 단당류를 주로 이용한다. 그러나 산업적인 용도에는 경제적으로 비용이 저렴한 녹말 또는 당밀(molasses)을 이용하는 경우가 많다.

화학합성종속영양미생물의 탄소원 대사 경로는 기질 중에 존재하는 탄소원이 세포물질로 전환되는 양을 결정할 때 매우 중요하다. 통성혐기성 미생물이 혐기적 상태에서는 기질 중에 존재하는 탄소의 약 10%가 세포물질로 전환되는 데 비해 충분한 호기적 상태에서는 50~55%가 이용된다.

탄소원으로 많이 이용되는 주정공업에서는 옥수수, 타피오카, 절간고구마, 감자, 보리쌀, 밀가루 등의 전분을 원료로 이용한다. 전분의 이용 시 단당류로의 가수분해가 필요하며 이를 위하여 효소에 의한 당화 공정이 필요하다. 이 외에 기타 발효공업에서는 값싼 원료로서 제당공업의 부산물인 당밀, 낙농산업의 부산물인 유청(whey)에서의 유당, 제지산업에서의 펄프폐액, 농산폐기물인 섬유질 등을 사용하며, 이외에도 맥아추출물, 덱스트린, 식물성 유지, 메탄올, 에탄올, 탄화수소(C_{12}~C_{15}) 등을 사용한다.

(2) 질소원

질소원은 대부분 아미노산 합성의 원료로서 각종 단백질과 핵산 합성에 필요하다. 또한 질소는 비타민류와 기타 유기물의 구성 원소이기도 하다. 무기질소원으로는 암모늄염, 질산염, 아질산염 등이 이용된다. 유기질소원으로는 요소(urea), 아미노산류, 펩톤, 단백질 등이 이용되며, 그 이용 여부는 미생물의 종류에 따라 다르다. 산업화에 있어서는 경제성을 고려하여 비교적 값싼 대두박, 옥수수침지액(corn steep liquor, CSL), 어분(fish meal), 유청(whey), 카세인(casein) 등 천연물을 사용한다. 일부 미생물은 아미노산 요구성이 있어서 한 가지 이상의 특정 아미노산 없이는 생육하지 않거나 생육 속도가 매우 늦어지므로 특정의 아미노산을 인위로 첨가할 수도 있다.

(3) 무기질

미생물의 생육에는 탄소원, 질소원 외에 적은 양의 무기질과 비타민 등이 필요하다. 비교적 다량으로 필요한 무기질로서는 Mg, P, S, Ca, Cl 등이 있으며 이들은 배양액의 pH 및 삼투압 조절, 외부물질의 흡수 등에 중요한 기능을 한다. 이 외에 미량금속 원소로서 Co, Cu, Fe, Mn, Mo, Zn 등이 있어 대사 조절에 조효소(cofactor)로서 중요한 역할을 한다. 대부분 배지 조제에 사용하는 지하수 또는 수돗물, 그리고 다른 원료에 미량 성분으로 함유되어 있는 것으로 여겨지고 있다.

이를 위하여 합성배지에는 KH_2PO_4, K_2HPO_4, $MgSO_4 \cdot 7H_2O$, $CaCl_2 \cdot 2H_2O$, $FeSO_4$ 등의 무기염이 사용된다. 실제 공정에서는 사용 균주의 특성에 따라 무기물의 함량을 결정하여야 하며, 대사 조절에 의한 2차 대사산물의 유도를 위하여서는 유가식(fed-batch) 첨가 방식을 많이 사용한다.

발효공업에 있어서 물속에 들어 있는 무기질은 발효 제품의 품질에 많은 영향을 주는 것으로 알려져 있다. 예를 들어 $CaSO_4$가 다량 함유되어 있는 경수(hard water)는 영국에서 생산되는 비터 맥주(bitter beer)나 필스너식 맥주(Pilsner type lager beer) 등에 영향을 주어 독특한 맥주를 생산하게 되었다. 일반적으로 경수는 미생물 배양에 나쁜 영향을 줄 수도 있다.

(4) 기타

① 대사 조절 물질

탄소원, 질소원 및 무기질 외에 일부의 미생물은 생육을 위해 특정 유기물질이 필요한데 이와 같은 물질들을 생육인자라고 한다. 비타민이 그 대표적 예이며 대부분이 수용성 비타민으로 여러 가지 대사 효소의 조효소 역할을 하고 있다. 각 기능을 [표 4-5]에 나타내었다.

표 4-5 생육인자로서의 수용성 비타민의 생화학적 기능

수용성 비타민	생화학적 기능
티아민(thiamine, 비타민 B_1)	알데하이드기(–CHO) 전달 반응
리보플라빈(riboflavin, 비타민 B_2), 니아신(niacin)	전자 또는 수소 전달
피리독신(pyridoxine, 비타민 B_6)	아미노기 전달
코발아민(cobalamin)	메틸기(–CH_3) 전달
엽산(folic acid)	탄소원자 전달
리포산(lipoic acid)	아실기(acyl) 전달
비오틴(biotin)	CO_2 고정, 탄소원자 전달

미량의 생육인자는 미생물의 증식 촉진 효과뿐만 아니라 생리 활성의 발현에도 큰 영향을 준다. 특정 발효에서 이 생육인자는 여러 가지 발효에 따라 제어인자로 작용하여 목적하는 생산물의 수율에 영향을 주는 경우가 많아 첨가하는 농도를 제어해야 하는 때도 있다. 또한 탄소원 또는 질소원으로서 공업적으로 이용되는 천연물 중에는 미생물 생육에 필요한 특정 비타민들이 결핍되어 있을 수 있어, 때에 따라서 별도로 첨가해야 할 때가 있다. 예를 들어 초산 발효에 사용되는 *Acetobacter*는 판토텐산(pantothenic acid)이 필요하며, 글루탐산 발효나 라이신 발효 등에 사용되는 *Corynebacterium*은 비오틴을 생합성할 수 없어 발효 시에 비오틴을 필요로 한다.

② 전구물질

미생물 발효 또는 생물 전환 시 반응하여 생산하고자 하는 물질의 전단계 물질을 전구물질이라고 하며, 때에 따라서는 전구물질을 첨가하여 생산 효율성을 높이기도 한다.

예를 들면 페닐아세트산(phenylacetic acid)은 페니실린 생산에, 프로피온산(propionic acid)은 리보플라빈 생산에 사용하고, α-아미노부티르산(aminobutyric acid)은 류신(leucine), 글라이신(glycine)은 세린(serine)의 생산에 각각 전구물질로 사용되고 있다.

③ 대사 저해물질 및 유도물질

발효 과정에서 생산성을 저해시키는 인자들을 최소화하거나 경쟁적인 다른 대사 과정 일부를 저해함으로써 생성물의 수율을 높일 수 있는데 이때 이용되는 것을 저해물질(inhibitor)이라고 한다. 예를 들면 글리세롤 생산에서 소듐 비설파이트는 아세트알데하이드의 생성을 억제하며, 항생제인 테트라사이클린 발효에서는 중간 생성물인 클로르테트라사이클린의 생성을 억제하는 브로마이드(bromide)를 사용한다. 또한 글루탐산 발효에서 세포 외의 유출을 증가시키기 위하여 세포벽 합성 저해물질인 페니실린을, 구연산 발효에서 옥살산 생성을 억제하는 알칼리 금속을, 항생제인 리파마이신 B의 발효에서는 이성질체 생성을 억제하기 위하여 다이에틸 바르비투르산(diethyl barbituric acid)을 사용하기도 한다.

또한 미생물 배양을 통하여 효소를 얻고자 할 때, 관련 기질을 인위적으로 첨가함으로써 효소 생산을 증가할 수 있으며, 이때의 기질은 유도물질(inducer)로서 작용한다. 이를테면 α-아밀레이스(amylase)를 얻고자 할 때 전분이나 말토스를, α-만노시데이스(mannosidase)를 얻고자 할 때 만난을, 프로테이스(protease)를 얻고자 할 때 단백질을, 셀룰레이스(cellulase)를 얻고자 할 때는 셀룰로스, 펙티네이스(pectinase)를 얻고자 할 때 펙틴을 배양액은 인위적으로 다량 첨가한다.

4. 미생물의 물리적 생육인자

발효에 있어서 미생물의 생육 및 증식에 미치는 영양적 환경인자 외에도 발효산물의 생성 속도에 미치는 물리적 환경인자를 고려해야 한다. 발효 최적화(optimization)는 목적 생산물을 최대로 생산하는 조건을 설정하는 것이며, 이는 미생물 생육을 위한 최적 조건과 반드시 일치하는 것은 아니다.

예를 들면 *Aspergillus niger*를 사용한 구연산 발효에 있어서 질소원, 인산, 미량 금속 원소를 필요량보다 적게 첨가하여 미생물이 최소의 영양 상태를 유지하고, 당류는 과량으로 첨가함으로써 수율을 높이는 방법을 이용한다. 이때 생산 수율을 증가하기 위하여 배지 중에 존재하는 대사작용에 영향을 미치는 금속 원소인 Cu, Zn, Fe 이온의 농도를 조절하여야 한다. 또한 *Clostridium acetobutylicum*에 의한 아세톤-부탄올 발효에서도 균주의 최적 증식 pH는 7이지만 아세톤과 부탄올의 생산은 매우 떨어진다. *Corynebacterium* 속의 균주에 의한 글루탐산의 발효에서도 균체의 과도한 성장을 억제하기 위하여 영양요구성 인자인 비오틴의 첨가량을 적절히 조절해야 하며, 동시에 소량의 페니실린을 첨가하는 방법을 사용하여 세포벽의 투과성을 증가시켜 최대 생산수율을 얻을 수 있다.

보통 통성 혐기성균이라 할지라도 균체 성장은 혐기적 조건보다는 호기적 조건에서 잘 일어난다. 이러한 통성 혐기성균을 사용하여 회분배양(batch culture)을 할 경우, 대부분 발효 초기에는 호기적 조건으로 하여 우선적으로 균체를 대량 증식시킨 다음에 다음 단계로 혐기적 조건을 조성하면 처음부터 혐기적 조건으로 배양하는 것보다 많은 생성물을 얻을 수 있다. 따라서 생성물을 최대로 얻기 위해서는 미생물의 종류 및 각 생리적 특성을 고려하여 배양 중에 균체 증식과 발효를 위한 환경 조건을 변화시키는 연구가 필요하다. 즉, 미생물의 생육 증식 및 대사 등의 생리적인 성질은 여러 가지 환경 요인에 의해 크게 촉진되거나 저해된다. 미생물 배양에서 중요한 문제는 미생물 반응이 최대가 되도록 환경 요인을 제어하는 일이라고 할 수 있다. 미생물 증식 및 발효에 영향을 주는 인자로는 배양 온도, 배양 pH, 용존산소의 농도, 습도(또는 수분 함량), 삼투압 조절을 위한 염류 농도 또는 당류 농도, 압력, 빛(광선) 등이 있다.

1) 온도

미생물의 증식은 온도에 민감하며, 온도의 조건 설정은 증식이 가능한 최저 온도(minimum temperature), 비증식 속도(specific growth rate)가 최고에 달하는 최적 온도(optimal temperature), 생존이 가능한 최고 온도(maximum temperature)로 나타낼 수 있다. 따라서 미생물은 성장이 가능한 온도의 범위에 따라 저온균(또는 냉온균), 중온균 및 고온균으로 분류된다. 저온균 중에는 -10℃에서도 증식이 가능한 균이 있으며, 고온균에서는 85℃에서도 증식이 가능한 균주가 있다. 미생물의 증식 온도에 따라 다음 [표 4-6]과 같이 나타낼 수 있다.

표 4-6 증식 온도에 따른 미생물의 분류

분류	온도 범위(℃)			대표적 균주
	최저	최적	최고	
호냉성균(psychrophile)	-10~0	10~20	20~30	*Pseudomonas*, *Psychrobacter*
냉온균(psychrotroph)	-10~15	25~40	40~50	*Yersinia*, *Listeria*
중온균(mesophile)	5~15	25~40	40~55	대부분의 세균, 곰팡이, 효모
고온균(thermophile)	25~40	50~60	75~85	일부 *Bacillus*, 고온성 곰팡이

해양미생물은 대부분 냉온균에 속하며, 특히 북극이나 남극의 바다에는 호냉성균이 서식한다. 식품을 저온에서 저장할 때 문제가 되는 부패세균에는 저온균이 많은데 현대인의 식생활의 변화로 냉장식품이 많이 발달함에 따라 새로운 식중독균에 의한 발병과 이에 관한 관심이 높아지고 있다. 고온균은 대부분 내열성 포자를 형성하는 균으로 악조건에서도 생존할 수 있다. 예를 들어 식품의 살균 조건 설정에 있어서 고온균인 *Bacillus stearothermophilus*를 사용하며, 통조림 식품을 살균할 경우 통조림의 살균 정도를 결정하는 데 지표미생물로 사용되고 있다. 일반적으로 발효공업 등에서 산업적으로 사용되는 균주는 대부분 중온균이며, 생육 적온에 해당되는 20~40℃ 범위에서 발효시킨다.

이러한 미생물 생육의 온도 범위는 화학 반응에서 실제로 사용하는 온도 범위에 비하여 좁은 편이며, 특히 고온 부분의 온도가 미생물 사멸의 원인으로 일반적인 화학 반응에 비하여 훨씬 낮다. 미생물의 성장 속도는 세포 내 효소의 반응 속도가 온도에 따라 대수적으로 증가하기 때문에, 생육 속도는 성장 가능한 온도 범위 내에서는 온도 증가에 따라 기하급수적으로 증가한다. 최적 온도 이후는 성장 속도가 급격히 저하되는데 이는 DNA 손상, 세포를 구성하거나 대사에 관여하는 단백질, 기타 세포 구성물질의 열변성(thermal denaturation) 때문이다.

2) pH

미생물의 증식 및 효소적 대사 반응에 대한 pH의 영향은 매우 크며, 생산물의 생성 속도에도 많은 영향을 미친다. 또한 세포 내외의 pH 차이는 세포막의 투과성에도 영향을 미치기도 한다. 미생물의 성장에서의 최적 pH는 미생물의 종류에 따라 다르다. 일반적으로 세균이나 방선균은 pH 5~9, 효모나 곰팡이는 pH 1.5~9에서 생육한다. 그러나 예외적으로 *Thiobacillus thiooxidans*와 같이 pH 0.5~1.0에서 생육하거나 반대로 *Nitrobacter*, *Nitrosomonas*와 같이 pH 13에서 생육할 수 있는 미생물도 존재한다. 일반적인 세균이라도 일부 젖산균(lactic acid bacteria)이나 초산균 등과 같이 유기산을 생산하는 균은 낮은 pH에 대해 저항성이 있다.

3) 산소

산소는 미생물의 에너지 생산에 매우 중요한 역할을 하는데 시험관 내에서의 배양 시 산소 요구도에 [그림 4-1]과 같이 나타나며, 각각의 정의는 다음과 같다.

① 절대 혐기성균(obligate anaerobe)

산소를 이용하지 못할 뿐만 아니라 오히려 산소에 의해 사멸되는 균

예 *Clostridium* 속, *Methanobacterium* 속 등

② 내성 혐기성균(aerotolerant anaerobe)

산소를 이용하지 못하지만, 산소가 있어도 생존할 수 있는 균

예 *Butyribacterium* 속, *Streptococcus* 속 등

③ 통성 혐기성균(facultative anaerobe)

산소의 유무와 관계없이 성장할 수 있는데, 이는 산소가 있든 없든 에너지를 유산소 또는 혐기성으로 대사할 수 있기 때문이다. 호기적인 환경을 선호하며 이는 호기성 호흡이 발효보다 더 많은 ATP를 생성하기 때문이다.

예 대장균, 효모 등

④ **미호기성균**(microaerobe)

대기 산소보다 낮은 농도의 산소가 필요하며, 이보다 높은 산소 농도에서는 증식하지 못하는 균

예 *Campylobacter*, *Helicobacter*, 수소산화균 등

⑤ **절대 호기성균**(obligate aerobe)

반드시 증식에 산소가 있어야 하는 균으로 과산화물 제거에 관여하는 과산화효소(peroxidase)가 결여되어 있다.

예 *Actinomyces*, *Fusobacterium*, *Peptostreptococcus*, *Propionibacterium*, *Clostridium*, *Bacteroides* 등

미생물이 산소를 이용하는 방법으로는 배양액에 용해된 상태인 용존산소를 이용한다. 호기성 미생물에서 산소는 에너지를 얻기 위한 전자전달계의 최종 전자수용체로서 기능을 한다. 산소를 이용하기 위해서는 동시에 대사 과정 중에 발생하는 여러 가지 과산화물 등의 유해 산소 물질들을 생산하게 되는데 이는 대사의 산화작용으로 지질의 산화, DNA과 단백질의 변성 등으로 균의 생육을 저해하거나 사멸시키는 역할을 하기 때문이다. 따라서 이를 제거해 주어야 하며 이에 관여하는 효소로 superoxide dismutase(SOD), catalase 등이 있다. 대부분의 호기성 미생물은 이 효소를 생산하고 혐기성 미생물은 이 효소들의 결여로 축적된 과산화물에 의해 생육에 저해를 받는다.

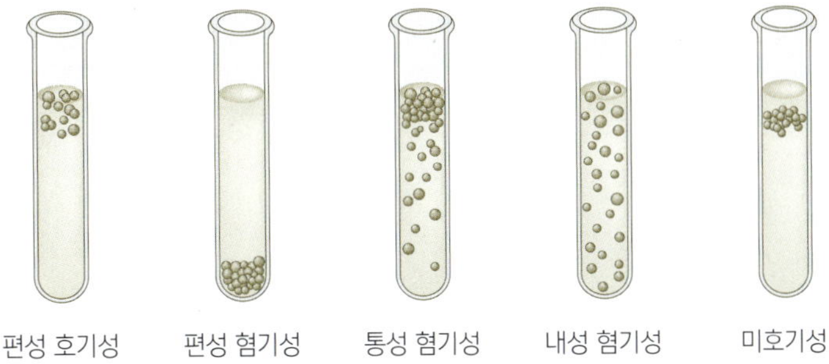

그림 4-1 배양 시 산소 농도에 따르는 균체 분포

4) 수분과 빛

물은 미생물 세포 안팎에서 성장 번식하는 데 매우 중요한 역할을 하며, 일반적으로 배양 중인 배지의 수분 함량의 경우 대부분의 세균은 평형상대습도(equilibrium relative humidity, ERH)가 95% 이상, 곰팡이는 75~95% 이상에서 생육할 수 있다.

식품의 미생물 관련 수분 함량을 나타낼 때는 수분활성도(water activity, Aw)로 표현하며, 이는 식품 중의 수증기압(P)을 같은 온도에서의 순수한 물의 증기압(P_o)으로 나눈 값(P/P_o)으로 정의한다. 미생물의 성장에서 필요한 수분활성도는 일반적인 세균인 경우 0.90 이상이며, 효모가 0.88, 곰팡이가 0.80 이상이어야 생육할 수 있다.

삼투압도 미생물의 생육에 영향을 주는 중요한 요인이기도 하다. 일반적으로 미생물 중 곰팡이나 효모보다 내삼투압성이 높아 30% 이상의 식염 농도에서도 자라는 곰팡이와 70%의 설탕 농도에서도 자라는 효모도 있다. 즉, 고농도의 당 또는 염류가 존재하는 환경에서 잘 자라는 호삼투압성균(osmophiles), 호염균(halophiles), 호당성균(saccharophiles)이 있다. 식품 저장에서 병원성 또는 부패미생물의 오염과 성장을 억제하기 위하여 염류 또는 당류를 첨가하여 수분활성도와 삼투압을 떨어뜨려 미생물의 증식을 억제한다. 여기서 같은 농도에서 삼투압은 용질의 분자량이 작을수록 크다. 즉, 같은 농도인 경우 설탕 용액보다는 소금 용액에서 삼투압이 크다.

광합성 세균 및 녹조류 등은 광합성을 위하여 광선이 필요하지만, 일반적인 미생물은 빛의 존재와는 상관없이 생육이 일어나고 일부 미생물은 햇빛에 취약한 경우도 있다. 이는 햇빛에 존재하는 자외선이 미생물의 산화 촉진과 DNA 손상을 입히기 때문이다.

단원정리

미생물 균체는 수분, 단백질, 탄수화물, 지질, 핵산, 비타민 및 무기물로 구성되어 있다. 일반적으로 대부분의 세균은 80%, 효모는 75%, 곰팡이는 85% 정도의 수분을 갖는다. 미생물 균체의 단백질 함량은 건조 균체의 50% 정도로 가장 많이 차지하며 주로 대사에 관여하는 효소 성분이다. 탄수화물 중 다당류는 단백질 및 지질과 결합한 복합체로서 세포벽의 주성분으로 존재하며, 지질의 함량은 적은 편이고 균체를 구성하고 있는 원소는 미생물 종류뿐만 아니라 동일한 균이라도 배양 성분 조성, 생육 환경 조건 등에 따라서 다양하게 차이가 있을 수 있다. 대표적인 무기물은 인(P)과 칼륨(K)으로 Ca > Mg > S > Na > Cl > Fe > Zn > Si 순으로 구성되며, 이외에 미량원소로 Al, Cu, Mn 등이 있고 철을 이용하는 세균은 Fe와 Mn을 다량 함유한다.

미생물의 생육을 위해서는 에너지원, 탄소원, 질소원, 무기염류 등이 필요하며, 이를 공급하는 배지가 사용된다. 배지는 천연배지, 합성배지, 반합성배지로 나뉘고, 목적에 따라 다양한 형태와 조성이 사용된다.

미생물의 증식과 발효에 영향을 주는 인자로는 온도, pH, 용존산소, 수분, 염류 농도(당류 농도), 압력, 빛 등이 있다. 발효 과정에서는 생육인자, 전구물질, 저해물질 등을 조절하여 최적의 배양 조건을 설정하며, 경제성과 생산성을 높이는 것이 중요하다.

단원평가

1 다음 중 미생물 균체 성분에 대한 설명으로 옳지 않은 것은?

① 미생물 균체의 수분 함량은 약 80%이다.

② 단백질은 구성 요소는 물론 효소 성분이기도 하다.

③ 무기물은 생리적 대사 조절이나 삼투압 조절에 매우 중요하다.

④ 세균의 지질 함량이 가장 크다.

2 미생물 생육에 필요한 영양원을 작성하시오.

3 미생물 생육에 직접적으로 관계하는 요소가 아닌 것은?

① 수분

② 산소

③ pH

④ 탄소

4 산소의 유무와 관계없이 성장할 수 있는 균을 무엇이라고 하는가?

정답 및 해설

1. ④
2. 에너지원, 탄소원, 질소원, 무기염류, 미량원소 또는 비타민류(생육인자)
3. ④
4. 통성 혐기성균(facultative anaerobe)

05 발효 미생물의 생리적 대사

1. 물질대사
2. 해당경로 및 오탄당 인산경로
3. 포스포케톨레이스 경로
4. TCA 회로

1. 물질대사

미생물은 성장 및 번식을 위하여 에너지의 공급이 필요하며 그 에너지는 주변 환경으로부터 얻고 있다. 식물 및 광합성 미생물은 대부분 광합성을 통해 광에너지를 화학에너지로 전환해 독립적으로 당과 그 밖의 생물체를 구성하고 있는 유기화합물을 직접 만들어 내지만 동물 및 비광합성 미생물들은 근본적으로 생명 유지에 필요한 물질을 합성할 수 없으므로 외부로부터 무기 또는 유기화합물을 섭취하고 분해하여 대사에 사용하는 에너지를 얻어 생명 활동을 유지한다. 여기서 빛으로부터 광합성을 통해 에너지를 얻는 생물체를 광영양생물(phototrophs)이라 하고, 유기물의 산화를 통해 에너지를 얻는 생물체를 화학영양생물(chemotrophs), 무기물의 산화를 통해 에너지를 얻는 미생물을 화학독립영양생물(chemoautotrophs)이라 한다.

또한 화학영양생물은 에너지 생산 관련 대사에서 필요한 전자수용체의 종류에 따라 발효(fermentation), 유기호흡(aerobic respiration), 무기호흡(anaerobic respiration)으로 나눌 수 있다. 발효는 혐기적 조건에서 유기분자가 전자공여체와 수용체로 작용하는 에너지 생산 과정으로 최소한의 에너지만을 생산한다. 유기호흡은 산소를 전자수용체로 이용하는 에너지 생산 과정으로 전자전달계가 관여하는데 유기물의 완전 산화가 일어나면서 다량의 에너지가 생산된다. 무기호흡은 NO_3^-, SO_4^{2-} 등의 무기분자를 전자수용체로 이용하며 전자전달계가 관여한다.

일반적으로 미생물의 성장 및 번식에 필요한 주된 영양소는 탄수화물과 단백질이고 이외에 소량의 무기물질, 비타민 등이 있다. 영양소는 거대 분자량일 때 아밀레이스나 프로테이스 등 미생물이 분비하는 효소에 의해 가수분해 과정을 거쳐 세포 내에 쉽게 흡수되고 이용될 수 있는 단순한 화합물로 분해되어야 하며, 이러한 세포 내에서 저분자 물질들은 다시 복잡한 생물학적 반응을 거쳐 필요한 에너지를 생산하거나 세포의 구성 요소들을 합성하는 데 사용된다. 세포 내에서 일어나는 기본적 대사 반응들은 동물, 식물, 균류, 세균 등 생물체의 종류에 상관없이 세포에서 일어나는 모든 과정이 근본적으로 유사하다. 생물의 체내에서 일어나는 이러한 유기화합물의 모든 생물학적 반응과 이에 수반되는 에너지의 변환을 물질대사(metabolism)라고 한다. 물질대사 중 고분자 물질이 저분자 물질로 분해되면서 에너지를 생산하는 과정을 이화작용

(catabolism), 반대로 에너지를 이용해 저분자 물질에서 고분자 물질을 합성하는 과정을 동화작용(anabolism)이라고 한다.

동화작용 및 이화작용의 속도는 세포 내의 에너지 상태인 ATP, ADP, AMP의 상대적인 비율로 알 수 있다. ATP는 생체에서 중요한 에너지원이며 항상성을 유지하기 위하여 합성과 분해가 이루어진다.

생물체에서 영양물질의 이화작용은 크게 3가지 단계로 나누어진다(그림 5-1). 1단계는 에너지를 생성하기 위한 재료를 준비하는 단계로서 원료인 단백질, 탄수화물, 지질 등의 고분자 영양물질들은 먼저 저분자 물질인 아미노산, 단당류, 지질 및 글리세롤로 분해된

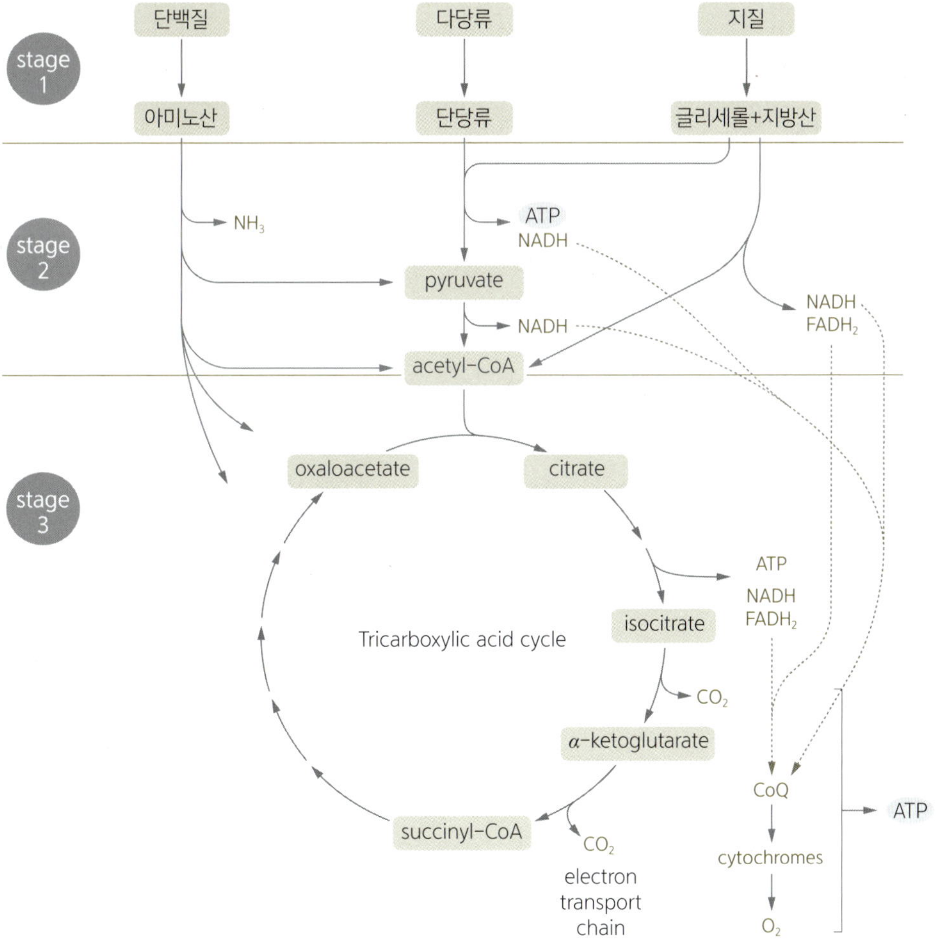

그림 5-1 단백질, 다당류 및 지질의 이화작용
자료 : 고종호 외, 2011

다. 2단계는 1단계에서 생성된 물질들이 중간 대사물질로 분해되는 단계로서 작은 분자량의 단당류, 글리세롤, 지방산, 아미노산 등이 아세틸-CoA(acetyl-CoA), 옥살로아세트산(oxaloacetate), α-케토글루타르산(α-ketoglutarate) 등과 같이 TCA 경로 대사물질들로 분해되는 단계이다. 호기 조건 및 혐기 조건에서 모두 일어날 수 있으며, 산화 환원 반응에 관여하는 보효소인 NADH, $FADH_2$가 필요하며 ATP가 소량 생산된다. 포도당이 혐기적인 조건에서 분해되어 피루브산(pyruvate)으로 만들어지는 해당작용(glycolysis)이 여기에 속한다. 3단계에서는 이들 대사 중간 대사물질들이 완전히 분해되어 에너지원으로 이용되는 단계로서 호기성 조건에서 이루어지며, TCA 회로 및 전자전달계가 여기에 속하고 다량의 에너지가 발생한다.

2. 해당경로 및 오탄당 인산경로

해당과정(glycolysis)은 포도당을 피루브산으로 전환하는 대사경로로, 대부분의 유기체에서 세포의 액체 부분인 세포질에서 발생한다. 이 과정에서 방출된 에너지는 고에너지 분자인 ATP(adenosine triphosphate)와 환원된 NADH를 형성하는 데 사용된다. 해당과정은 효소에 의해 10가지 반응으로 이루어진다.

해당과정은 영양 상태와 환경에 따라 여러 가지 경로가 알려져 있으며, 가장 대표적인 유형은 1930년대에 처음으로 밝힌 EMP(Embden-Meyerhof-Parnas) 경로이다(그림 5-2). 이 경로는 포도당이 분해되어 피루브산이 생성되는 가장 일반적인 경로로, 포도당을 2분자의 피루브산으로 산화시키면서 생명체의 기본 에너지 공급 물질인 ATP와 NADH를 만드는 일련의 과정이다.

$$\text{포도당} + 2ADP + 2P_i + 2NAD^+ \longrightarrow \text{2피루브산} + 2ATP + 2NADH + 2H^+ + 2H_2O$$

이 경로는 두 단계로 구분할 수 있다. 즉, 투자 단계로서 ATP가 소비되는 단계이고, 회수 단계로서 원래 소비된 것보다 더 많은 ATP가 생성된다. 일반적으로 6탄당인 포도당이 2분자의 피루브산으로 바뀌는 과정이며, 호기적인 조건에서 포도당으로부터 형성된 피루브산은 아세틸-CoA, TCA 회로를 거치며 CO_2, NADH, H^+를 생성하고 완전

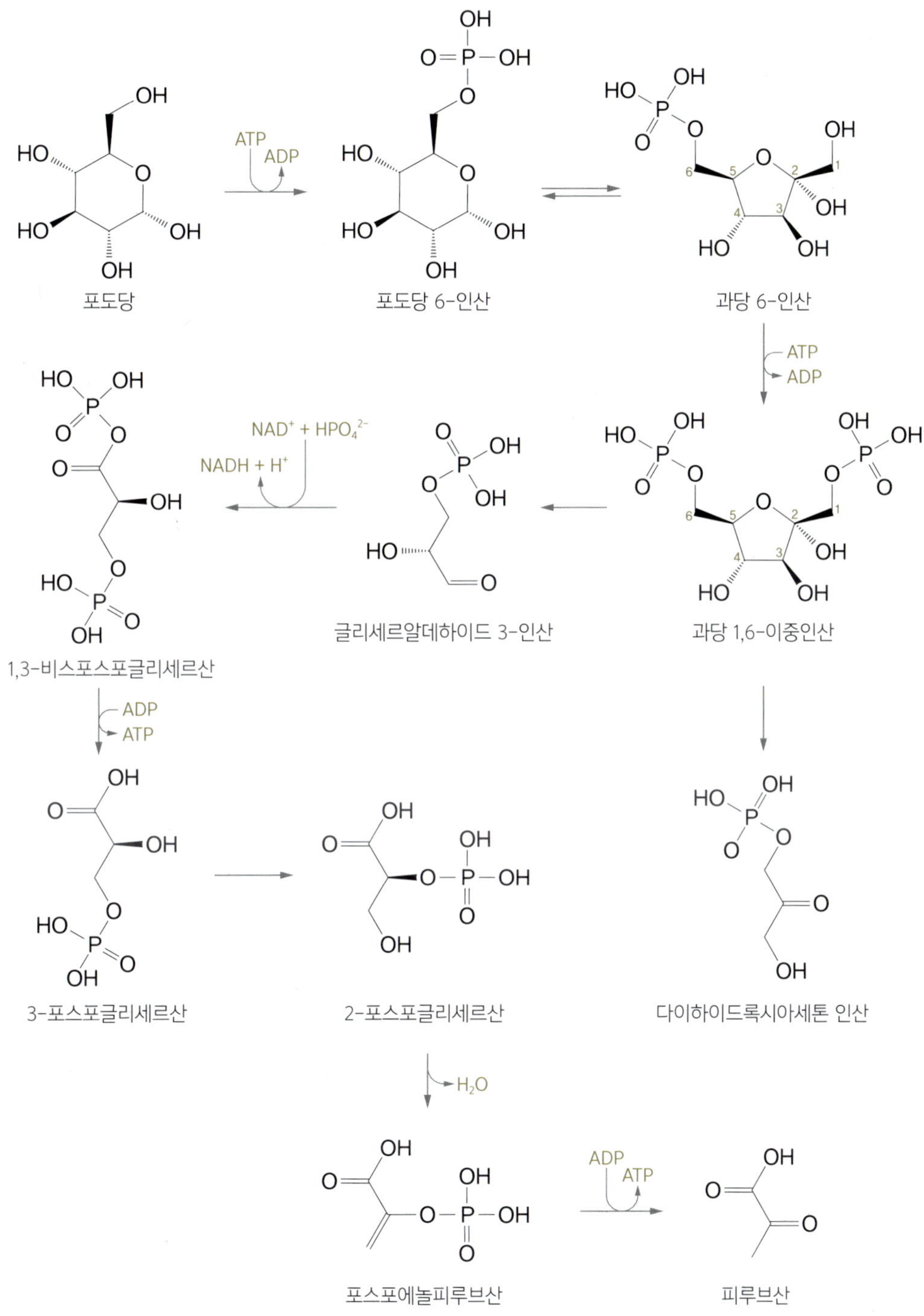

그림 5-2 EMP 해당과정

히 산화되면서 ATP를 생산하게 된다. 혐기적인 조건에서는 발효의 일환으로 피루브산은 미생물의 생리적 특성에 따라 젖산이나 알코올 또는 다른 생성물들로 환원될 수도 있다. 예를 들면 유산균에서는 유산발효가 진행되고, 에탄올 발효를 하는 효모(예 : *Saccharomyces cerevisiae*)와 세균(예 : *Zymomonas mobilis*)에서는 피루브산으로부터 아세트알데하이드(acetaldehyde)로 탈카복실화되면서 최종 산물인 에탄올로 환원된다. 발효 과정에서는 피루브산의 탈카복실 반응(decarboxylation)으로 생긴 아세트알데하이드나 피루브산 등의 이화작용의 중간 대사산물이 수소 원자를 수용체로 작용하지만, TCA 회로에 의한 완전 산화의 경우보다 훨씬 적은 양의 에너지가 발생한다.

이당류가 해당과정에 들어가기 전, 즉 유당(lactose)인 경우는 먼저 갈락토스와 포도

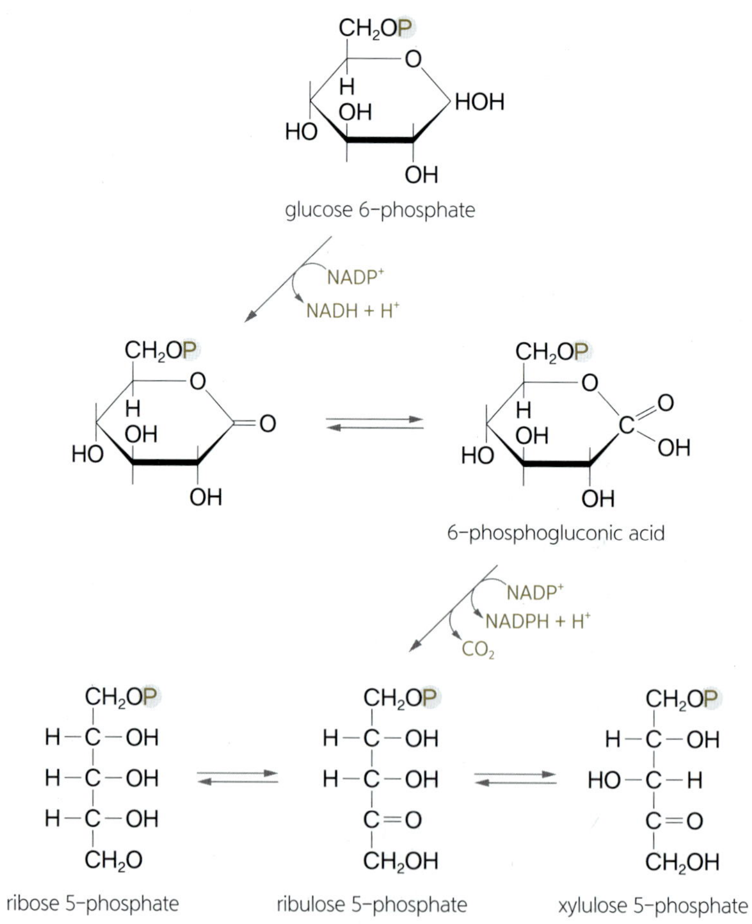

그림 5-3 포도당 6-인산의 산화적 탈카복실화

당으로 가수분해되며, 설탕은 포도당과 과당으로 가수분해되어 이용된다. 갈락토스는 갈락토키네이스에 의해 갈락토스-1-인산으로 활성화된 후 글루코스-1-인산으로 전환된다. 과당은 헥소키네이스 혹은 프락토키네이스에 의해 프룩토스-1-인산이 되고, 이어 알돌레이스(aldolase)에 의해 다시 다이하이드록시아세톤인산(DHAP)과 글리세르알데하이드가 되어 해당과정을 거친다.

한편 해당경로의 글루코스-6-인산은 NADPH를 생성하며 6-포스포글루코네이트(phosphogluconate)를 거쳐 오탄당인 리보스-인산으로 전환되어 오탄당 인산경로(pentose phosphate pathway)를 경유하여 대사된다. 오탄당 인산경로는 세포질에서 측로를 형성하는 또 다른 당분해 경로이며, 혐기적 또는 호기적 조건에서 오탄당을 기질로 사용하는 세균과 효모가 이용한다. 이 오탄당 인산경로는 EMP 경로와는 다르게 ATP를 직접 생산하지 않는 대신에 NADPH를 생산하여 생합성 과정에 필요한 환원력을 제공하며, 핵산의 주요 성분인 리보스-5-인산을 공급하는 역할을 한다(그림 5-3).

3. 포스포케톨레이스 경로

일부 세균은 포도당을 발효시켜 유산을 생산하고 동시에 CO_2, 초산 또는 에탄올과 같은 다른 산물을 생산한다. 유산균의 하나인 *Leuconostoc mesenteroides*는 아래 반응식처럼 포도당을 발효하여 유산과 에탄올을 생산한다.

$$\text{포도당} \longrightarrow \text{유산} + \text{에탄올} + CO_2$$

이 대사에서는 [그림 5-4]와 같이 EMP 경로와는 다르게 포도당 6-인산이 포도당 6-인산 탈수소효소와 6-인산글루코네이트 탈수소효소의 작용에 의하여 탈탄산되어 리불로스 5-인산으로 전환된 후 자일루로스 5-인산이 생성되고, 포스포케톨레이스(phosphoketolase)에 의해 아세틸 인산과 글리세알데하이드 3-인산으로 분해된다.

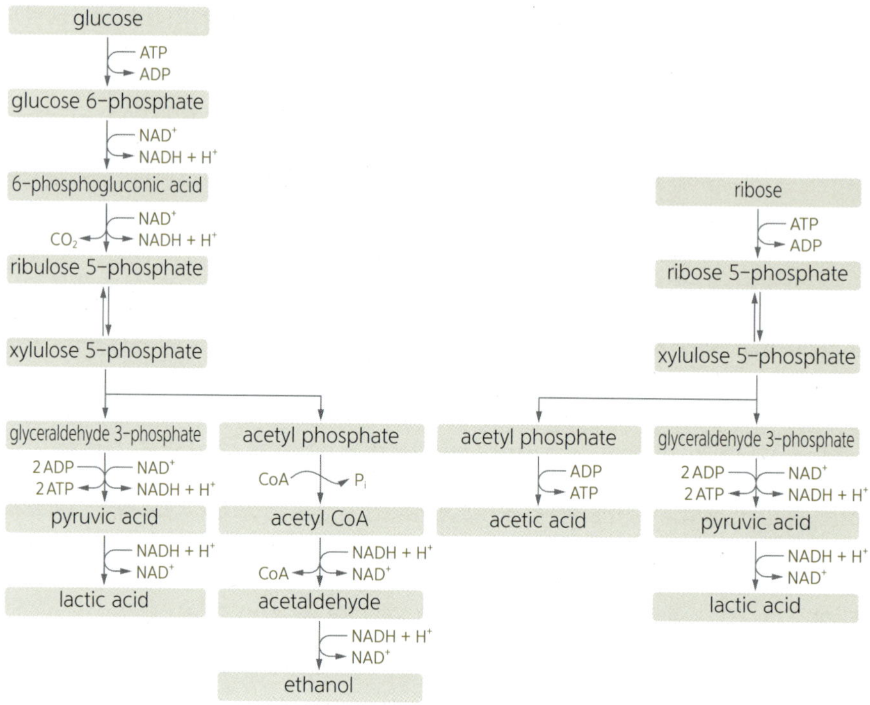

$$\text{glucose} + \text{ADP} + P_i \longrightarrow \text{lactic acid} + \text{ethanol} + CO_2 + \text{ATP}$$
$$\text{ribose} + 2\,\text{ADP} + 2\,P_i \longrightarrow \text{lactic acid} + \text{acetic acid} + 2\,\text{ATP}$$

그림 5-4 포스포케톨레이스 회로

4. TCA 회로

해당경로의 피루브산에서 만들어진 아세틸-CoA는 다음 단계로 TCA(tricarboxylic acid) 회로로 들어간다. 여기서 아세틸-CoA는 아미노산, 지방산 등에서도 만들어질 수 있다.

TCA 회로는 크렙스 회로, 시트르산 회로라고도 하며, 탄수화물, 지방 및 단백질에서 파생된 아세틸-CoA의 산화를 통해 영양소에 저장된 에너지를 방출하는 일련의 생화학 반응이다(그림 5-5). 방출된 화학에너지는 ATP의 형태로 사용할 수 있다. 이 회로는 혐기성 호흡 또는 호기성 호흡에 의해 에너지를 생성하기 위해 사용되기도 하고 특정 아미노산의 전구체와 환원제 NADH를 제공하며, 이는 수많은 다른 반응에 사용되기도 한다.

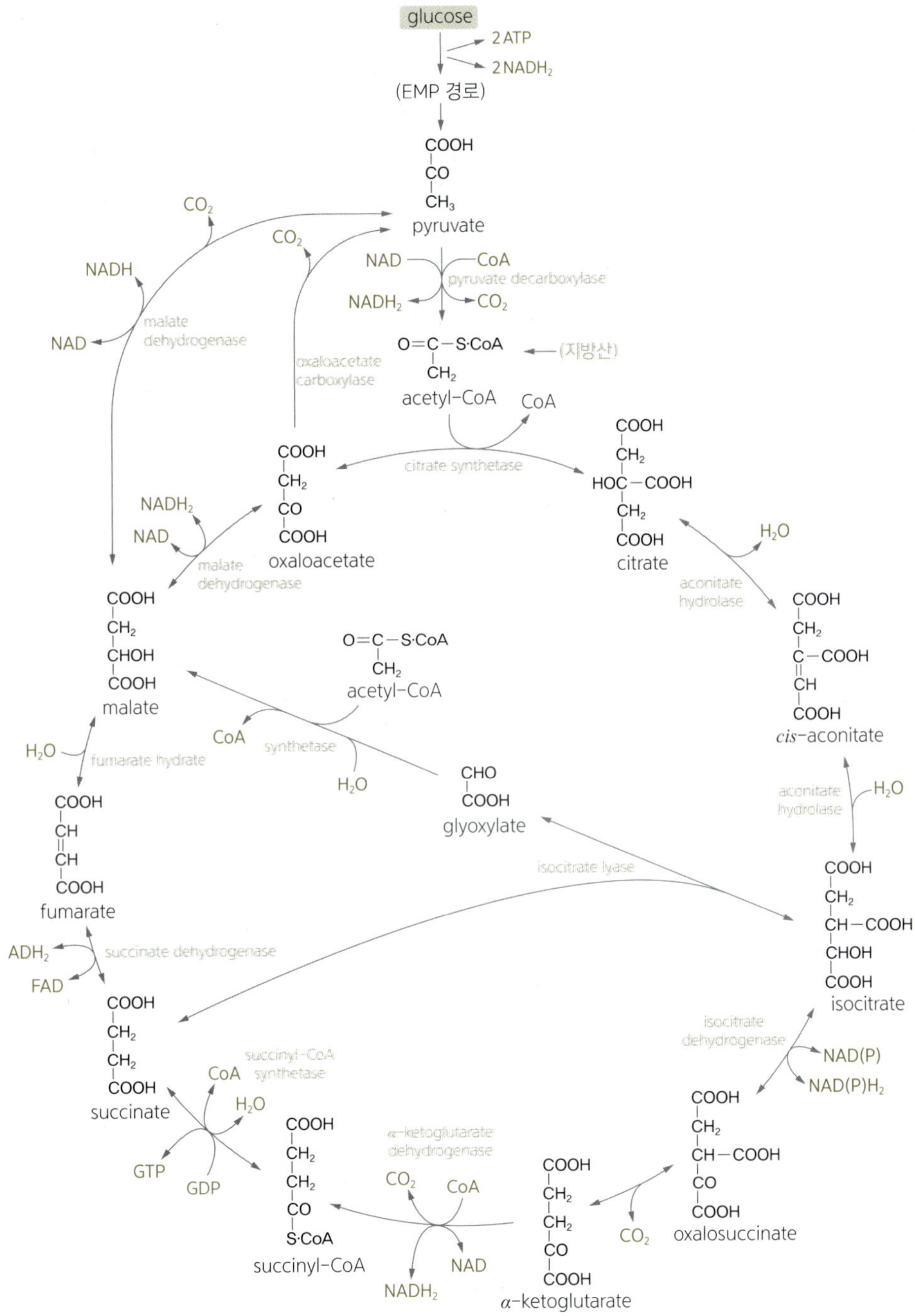
glucose
2 ATP
2 NADH₂
(EMP 경로)
pyruvate
CO₂
NADH
NAD
malate dehydrogenase
oxaloacetate carboxylase
NAD
CoA
pyruvate decarboxylase
NADH₂
acetyl-CoA
(지방산)
CoA
citrate synthetase
oxaloacetate
citrate
H₂O
aconitate hydrolase
cis-aconitate
NADH₂
malate
acetyl-CoA
synthetase
glyoxylate
fumarate hydrate
fumarate
isocitrate lyase
isocitrate
succinate dehydrogenase
ADH₂
FAD
succinate
succinyl-CoA synthetase
GTP
GDP
succinyl-CoA
α-ketoglutarate dehydrogenase
NAD
NADH₂
α-ketoglutarate
oxalosuccinate
isocitrate dehydrogenase
NAD(P)
NAD(P)H₂

그림 5-5 TCA 회로

TCA 회로를 통하여 옥살로아세트산(oxaloacetate), α-케토글루타르산(α-ketoglutarate) 등의 물질들이 산화되면서 NADH가 만들어지고 이어 수소전달계를 거쳐 ATP를 생산하게 되어 많은 에너지를 발생시키는 단계이다. 여기서 탄소 복합물을 완전히 산화시키지 못하는 미생물들에 있어서는 TCA 회로 대신에 발효에 의해 에너지를 방출하기도 한다. 또한 TCA 과정 중 아이소시트르산(isocitric acid)이 아이소시트르산 분해효소(isocitrate lyase)에 의하여 글리옥실산(glyoxylate)가 되고, 다시 합성효소(synthetase)에 의하여 말산염(malate)으로 가는 경로로 탈탄산 반응이 없고 완전 산화계의 대사 과정이 아니며, 에너지 생산보다는 생합성 대사에 관련된다고 보인다.

TCA 회로는 아세틸-CoA가 옥살로아세트산과 결합해 시트르산(citric acid)을 만드는 것에서 시작해 일련의 여러 반응을 거쳐 최종 단계에서 다시 옥살로아세트산이 생성되면서 반응이 계속 순환하는 회로를 말한다. 이 회로는 연쇄적으로 탈수소 반응과 탈카복실 반응을 일으키고 이 과정에 수소와 CO_2를 생성하는데 여기서 수소는 NAD나 FAD로 들어가 전자전달계를 통해 최종적인 전자수용체인 산소에 의해 산화된다. 이것이 다시 인산화 반응을 거치면서 ATP 에너지로 축적된다. TCA 회로의 반응을 요약하면 다음과 같다.

$$\text{acetyl-CoA} + 3NAD^+ + FAD + GDP + P_i + 2H_2O$$
$$\longrightarrow 2CO_2 + 3NADH + H^+ + FADH_2 + GTP + CoA$$

단원정리

성장과 번식을 위해 외부에서 에너지를 얻는 미생물은 광합성을 통해 에너지를 얻는 광영양생물(phototrophs)과 유기물 산화를 통해 에너지를 얻는 화학영양생물(chemotrophs)로 나뉘며, 무기물 산화를 통해 에너지를 얻는 생물체를 화학독립영양생물(chemoautotrophs)이라고 한다.

에너지 생산 관련 대사에서 필요한 전자수용체에 따라서 발효, 유기호흡, 무기호흡으로 구분되며, 생물의 체내에서 일어나는 유기화합물의 생물학적 반응과 수반되는 에너지의 변환을 물질대사(metabolism)라고 한다. 미생물의 대사 과정은 동화작용과 이화작용으로 나뉜다.

해당과정(glycolysis)은 포도당을 피루브산으로 전환하는 대사경로이다. 대표적인 EMP 경로에서 포도당은 2분자의 피루브산으로 산화되며, ATP와 NADH를 생성한다. 이 경로는 두 단계로 구분할 수 있으며, 호기적 조건에서 형성된 피루브산은 TCA 회로를 통해 ATP를 더 많이 생산한다. 반면 혐기적인 조건에서는 피루브산이 젖산이나 알코올 등으로 환원될 수 있다. 해당경로에서 생성된 글루코스-6-인산은 오탄당 인산경로로 전환되어 NADPH와 리보스-5-인산을 생성한다. NADPH는 생합성에 필요한 환원력을 제공하고, 리보스-5-인산은 핵산 합성에 중요한 역할을 한다. 오탄당 인산경로는 혐기적 및 호기적 조건에서 오탄당을 기질로 사용하는 세균과 효모에 의해서 이용된다.

포스포케톨레이스(phosphoketolase) 회로는 EMP 경로나 오탄당 인산경로와 유사하지만, 특정한 효소인 포스포케톨레이스를 사용하여 기질을 처리하는 것이 특징이다. *Leuconostoc mesenteroides*와 같은 일부 세균이 포도당을 발효하여 유산을 생산하고 동시에 CO_2, 초산 또는 에탄올과 같은 다른 산물을 생산한다.

TCA 회로는 크렙스 회로 또는 시트르산 회로라고도 하며, 피루브산에서 만들어진 아세틸-CoA가 옥살로아세트산(oxaloacetate)과 결합해 시트르산(citric acid)을 형성하면서 시작되는 화학 반응이다. 연쇄적으로 탈수소 및 탈카복실 반응을 통해 NADH와 $FADH_2$를 생성하고 CO_2를 방출하며, NADH와 $FADH_2$는 전자전달계를 통해 ATP를 생산하는 데 사용된다. TCA 회로는 에너지 생산은 물론 생합성에 필요한 전구체를 제공한다.

단원평가

1 생물의 체내에서 일어나는 유기화합물의 생물학적 반응과 이에 수반되는 에너지의 변환을 무엇이라고 하는가?

2 다음 중 해당과정(glycolysis)을 바르게 설명한 것은?

① glucose에서 CO_2와 H_2O로 분해

② pyruvic acid에서 CO_2와 H_2O로 분해

③ glucose에서 2분자의 젖산을 생성

④ glucose에서 pyruvic acid까지 분해

3 탄수화물의 호기적 산화 과정은 어떤 회로를 거치는가?

① 요소회로

② EMP 경로

③ 오탄당 인산경로

④ TCA 회로

4 TCA 회로가 시작되는 물질은?

① pyruvic acid

② glucose-6-phosphate

③ lactic acid

④ glucose

5 오탄당 인산경로의 중요한 생리적 의미는 무엇인가?

① 저혈당과 피로 회복에 도움을 준다.

② 핵산대사를 촉진한다.

③ 지방산과 스테로이드 합성에 이용되는 NADPH를 생성한다.

④ 조직 내로의 혈당 침투를 촉진시킨다.

정답 및 해설

1. 물질대사(metabolism)
2. ④
3. ④
4. ①
5. ③

06
균주의 보존 및 관리

1. 균주의 배양법
2. 균주의 보존 방법
3. 보존 균주의 활성 관리를 위한 기준
4. 국내외 균주 보존 기관

1. 균주의 배양법

미생물의 배양은 자연에서 채취되어 발효공정에 사용될 때까지 여러 방법으로 배양되며, 목적에 따라 보존배지(stock culture), 활성화 배지(activation medium), 종균배지(seed medium), 발효배지(fermentation medium) 또는 생산배지(production medium) 등이 사용되고 있다.

활성화 배지는 특정의 조건에서 생육을 억제해 장기간 보존된 균주를 최적의 생육 조건에서 배양시켜 활성화하는 것이고, 종균배지는 본 발효에 사용하기에 앞서 우수한 순수 균주를 확보하기 위하여 소규모 배양에 사용되는 배지이다. 발효배지는 실제 발효공정에 사용하는 배지로 종균을 접종하여 목적하는 생산물을 얻기 위한 배지이다.

순수 분리한 균주는 보관 기간에 따라 달리 보관하는데 보관 균주는 사용하기 전에 활성화하여야 한다. 일반적으로 균주를 단기간 보관하면서 사용하는 경우라면 고체 평판배지(plate agar), 사면배지(slant agar) 및 천자배지(stab agar)에 배양하여 보관한 후 사용할 수 있다. 평판배지는 일반적인 방법으로 페트리 접시에 고체배지를 굳혀서 사용하는 방법이고, 사면배지는 시험관 내에 비스듬히 굳힌 한천배지의 표면에 접종하여 보관한 것이다. 천자배지는 시험관 내에 평평하게 굳힌 한천배지 안에 백금선으로 균을 심는 것을 말하며, 주로 혐기적인 균에 사용한다.

2. 균주의 보존 방법

혼합균주로 배양된 시료로부터 단세포 집락(single colony)을 형성시키고 이 집락을 독립적으로 순수 분리하고 계대배양을 통하여 주기적으로 이식함으로써 순수한 균주의 상태로 유지하여야 한다. 이 과정에서 균주의 생리적 특성 유지와 사멸 없이 보존하는 것 또한 매우 중요하다. 균주의 세포 분열에 필요한 DNA 복제 시 오류가 일어날 확률은 약 10^{-7}~10^{-9} 수준으로 낮지만, 지속적인 계대배양 과정에서 우성인 돌연변이주가 전체 집단을 이루게 될 수도 있는데 이 경우에는 기존 균주와는 개체가 다른 것으로 보아야 한다.

균주의 보존 원리는 미생물의 세포 내의 수분을 조절하는 것이다. 즉, 수분이 관여하는 생체대사를 조절하기 위하여 균체의 수분 함량을 낮추는 것이다. 이에 대한 방법으로는 건조 등을 통해 수분을 한정시켜 대사 반응을 정지시킴으로써 균주를 보존하게 된다. 이때 균주 보존 방법의 선정에 유의하여야 할 사항으로 생존율, 형질 유지, 경제성, 간편성, 안전성을 고려하여야 하며, 이의 구체적인 내용은 다음과 같다.

① 보존 기간 중 생존율이 높게 유지되어야 한다.

② 균주의 형질이 그대로 유지되어야 한다.

③ 보존 방법이 경제적으로 효율적이고 간편하여야 한다.

④ 접종 및 보존 중 오염의 가능성이 없어야 한다.

균주의 보존법은 보존 기간에 따라서 단기 보존법과 장기 보존법으로 나눈다. 단기 보존법은 계대배양법, 유동파라핀(paraffin) 중층 보존법, 광유(mineral oil) 침지 보존법, 동결 보존법, 건조 보존법 등이 있고, 장기 보존법에는 동결건조 보존법, 초저온 냉동 보존법 등이 있다.

1) 계대배양 보존법(subculture)

고체배양으로는 평판배지, 사면배지, 천자배지를 사용하는 방법으로 정기적으로 계대배양한 후 냉장고(4℃)에서 보관하는 단기 보존 방법이다. 이 방법의 결점은 생육하는 고체배지가 건조해지고, 세포의 노폐물에 의해 형질이 불안정해지거나 유전적 변이가 일어나기 쉽고 작업이 번거로우며, 이식 중 오염의 가능성이 크다.

보존용 배지(maintenance medium)로는 균주의 대사율을 낮게 유지함으로써 이식 빈도를 줄여야 하는데 이때 최소배지(minimal medium)를 사용하는 것이 좋다. 때에 따라서는 복합배지(complex medium)를 사용하여 특정한 생리적 특성을 유지하기도 하는데 이때는 증식이 가속화되고 대사산물의 축적이 빨리 일어나므로 배지를 자주 갈아 주어야 한다. 냉장고에 보관하면 대사 속도도 줄어들어 3~5개월 정도까지 보존할 수 있다. 일부 미생물, 즉 *Blakeslea* sp., *Choanephora* sp. 등과 같이 저온에서 사멸되기 쉬운 것은 20℃ 정도에서 보존한다. 유산균이나 초산균 등 쉽게 사멸되는 균주는 일주일 간격으로 계대배양한다.

보존 시 스크류캡(screw cap)이나 실리스토퍼(silistopper) 마개를 사용하여 보관하면 오염도를 낮출 수 있으며, 건조도 줄일 수 있다. 건조를 최소화하기 위하여 최대한 밀봉하여 보관하고, 면전된 시험관에서 보존할 경우 습도가 일정하게 제어되는 저온실(10℃, 상대습도 70%)에 보관하는 것이 안전하다. 습도가 높으면 곰팡이 등이 습기를 흡수한 시험관 내부의 솜마개에서 발육하여 균주가 오염될 수도 있다.

액체배양에서는 접종 후 미생물의 성장 속도가 비교적 빨라 보존 기간이 매우 짧고 오염의 가능성이 높아지므로 5주일 이내의 단시간 보존 시에 사용한다. 이 방법은 잠정적인 보존법으로 산업용 균주의 반복 사용 시에 이용한다.

2) 유동파라핀 중층 보존법

계대배양 보존법을 개선한 방법으로 캡 튜브(cap tube) 중의 사면배지나 천자배지에 배양된 균에 멸균한 파라핀을 중층하여 냉장 또는 실온 보관하여 보존 기간을 연장시키는 방법이다. 이는 산소를 제한하여 대사를 억제하고 수분 증발을 방지하여 다소 장기간 보존이 가능한 보존법이다. 이 방법은 동결건조가 어렵거나 배지상에서 포자를 형성하는 담자균의 배양 등의 보존법으로 적당하다.

방법으로는 순도가 높은 유동파라핀을 121℃에서 60~120분 고압증기 멸균한 후 110~170℃에서 1~2시간 건조하여 멸균 시 혼입된 수분을 제거하고 고체배지 위에 중층 첨가하여 보존한다. 저온 또는 실온에서 보존하며 수년간 보존이 가능하다.

3) 광유(mineral oil) 침지 보존법

광유는 110℃ 건조 오븐에서 약 1~2시간 가온 살균하여 사용한다. 정제한 멸균 광유를 배양한 사면배지에 부어 냉장고에 바로 세워 보관하는 간단한 방법으로 몇 달에서 몇 년 동안 보관할 수 있다.

4) 동결 보존법

세포 내 수분을 동결하여 대사 활동을 정지시켜 세포를 휴지 상태로 하여 장기간 보존하는 방법으로 주로 포자 형성이 어려운 곰팡이나 건조 조건에서 생존율이 현저히 떨어지는 균, 미세조류, 원생동물, 동식물 세포, 적혈구, 암세포 등의 보존에 사용한다. 보존법으로는 사면배양이나 액체배양을 한 후 균주를 분주한 후 급속 동결하여 보존하며, 약 6개월~2년간 보존할 수 있다.

동결 시 냉동 속도(freezing rate)는 미생물의 생존에 중요한 요소로 작용하는데 느린 속도의 동결은 얼음 결정체가 커짐에 따라 세포의 구조가 파괴될 수 있다. 동결된 균주를 해동할 경우 용기를 35~40℃의 수조에 넣고 가볍게 흔들어 녹인 다음 사용한다.

동결 보존법에는 초저온 동결 보존법(ultra-freezing)과 액체질소에 의한 냉동 보존법이 있다.

(1) 초저온 동결 보존법(ultra-freezing)

장기 보존법 중 하나로 초저온 냉동기(-80℃), 액체질소(-196℃), 액체질소 증기(-150℃)에서 얼린 상태로 보존하는 방법이다. 액체질소의 경우 유지비가 많이 드는 단점이 있다. 이때 동결 시 세포의 손상을 최소화하는 동결보호제(cryoprotective agent)가 필요하며, 동결보호제로는 10~20%의 글리세롤(glycerol)과 5%의 다이메틸 설폭사이드(dimethyl sulfoxide, DMSO)가 주로 사용된다. 사용 전 글리세롤은 고압멸균(autoclaving)으로, DMSO는 막 여과기(membrane filter)로 멸균하며 4℃에서 냉장 보존한다. 이 외에도 폴리올(polyol)이 많이 사용되는데 예로는 설탕, 유당, 포도당, 만니톨(mannitol), 소비톨(sorbitol), 덱스트란(dextran), 폴리글리콜(polyglycol) 등이 있다.

(2) 액체질소에 의한 동결 보존법

세포를 분산매에 현탁하거나, 세포배양액 그대로 액체 동결하여 액체질소(-196℃)나 그 기체상에서 보존하는 방법으로 광범위하게 사용되며, 동결건조나 그 밖의 건조 처리를 수반하는 보존법의 적용이 곤란한 미생물의 보존 방법이기도 하다. 특히 *Mycoplasma*, *Leptospira*, 해양 세균 등 일부 세균이나 배지상에서 단단하고 작은 포자를 형성하는 선상균, 미세조류, 원생동물, 박테리오파지의 장기 보존법이기도 하다.

액체질소 용기의 구조는 [그림 6-1]과 같고 동결 시 냉동 강하 속도를 매분 1℃ 전후의 속도로 -30℃가 될 때까지 동결한 다음 시료를 액체질소에 넣어 급격히 온도를 하강시켜 보존한다. 보존 균주를 이용할 때는 급속해동하여 사용한다.

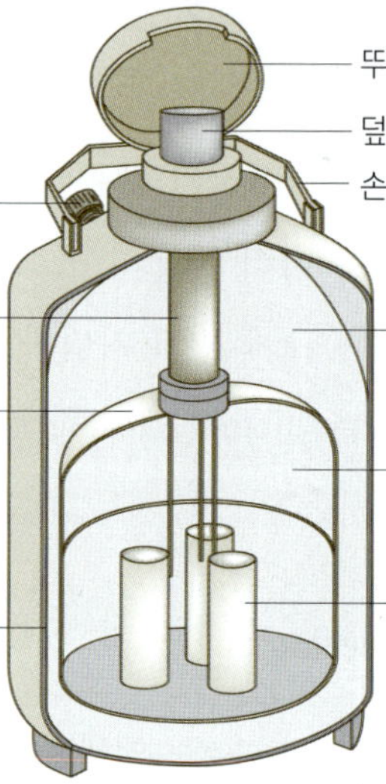

그림 6-1 액체질소 용기의 내부 구조

5) 건조 보존법(drying)

건조에 의한 보존법은 세포 내 수분의 대부분인 자유수를 건조시켜 제거하거나 감소시켜 미생물의 대사 기능을 억제하여 휴면 상태로 보존하는 것이다. 건조 방법에 따라 얼음의 승화에 의한 방법으로 고상으로부터 건조하는 것과 액체인 물로부터 증발하여 건조하는 방법으로 구분할 수 있다. 전자는 동결 건조법이 있고, 후자는 수분을 진공 또는 상압에서 증발시켜 제거하여 보존하는 방법으로 토양 보존법, 모래배양법, 실리카겔(silica gel) 보존법, 자기(porcelain) 또는 비드(bead) 보존법 등이 있다. 방선균인 경우는 토양이나 실리카겔, 비드와 같은 불활성 고형 무기질 표면 위에 포자를 건조시켜 보존할 수 있다. 이때 토양이나 실리카겔은 충분히 세척한 후 스크류 캡(screw cap)에 분주하여 고압 멸균한 후 25℃에서 건조시킨 다음 사용한다.

6) 동결건조 보존법(lyophilization, freeze-drying preservation)

그림 6-2 동결건조기(연구용)

동결건조 보존법은 미생물을 장기간 보관하는 가장 경제적이고 효과적인 방법의 하나로서 동결된 균주를 감압하에서 세포 내 얼음의 승화로 수분을 제거하는 매우 간단한 시스템이다(그림 6-2).

이 방법은 성장기 초기의 세포나 포자를 집균하여 보호물질이 들어 있는 분산매에 현탁시킨 후(10^9~10^{10} 세포/mL) 앰플(ampoule)에 분주한 후 감압 건조한다.

동결건조를 위한 앰플 제작 과정은 [그림 6-3]과 같다.

그림 6-3 동결건조를 위한 앰플 제작 과정

동결건조는 식품가공에서도 많이 쓰이는 건조 방법으로 비용이 높지만 건조된 유기물의 복원성이 좋은 장점을 가지고 있다. 건조 시 승화열의 손실로 점차 건조 속도가 떨어지므로 건조 시 약간의 열 공급이 필요하다. 또한 동결 시 균체는 휴지 상태에 도달할 때까지 저온, 탈수 등의 과정을 거치게 되는데 일부가 사멸하거나 종류에 따라 장해를 받게 된다. 이러한 손실을 최소화하기 위해서는 적당한 동결보호제가 첨가된다.

동결보호제로는 전지유(whole milk), 탈지유(skim milk), 혈청 알부민(serum albumin), 수용성 전분 등의 고분자 물질이나 아미노산류, 당류, 폴리올(글리세롤, 소비톨, 만니톨) 등의 저분자 물질들을 사용한다.

이 방법은 가장 안전한 균주 보존 방법으로 세계의 거의 모든 미생물 보존 기관들이 채택하고 있다. 동결건조된 미생물이나 박테리오파지는 산소, 습기, 빛 등에 노출되지 않는 이상 30년 이상 보존할 수 있으나 냉암소에 보관하는 것이 좋다.

3. 보존 균주의 활성 관리를 위한 기준

산업적으로 중요한 균주는 보존기간 동안에 보존된 균주를 생육시켜 활성화시켰을 경우 특정 활성이 원균주(original culture)와 동일한 활성을 나타내야 한다. 경제협력개발기구(Organisation for Economic Co-operation and Development, OECD)는 2012년도에 보존 균주의 활성 관리를 위한 기준을 다음과 같이 설정하였다.

① 균주는 최소한 2가지 다른 방법으로 보존되어야 하고, 이것이 어려울 경우에는 동결건조된 복제품을 서로 다른 장소에 보관해야 한다.

② 보존 전 계대 수는 최소화해서 균주 특성 변화의 위험성을 줄여야 한다.

③ 동일하게 보존된 마스터 배양은행(master culture bank, MCB)를 구축해야 한다.

④ 산업적 생산을 위해 배양하는 제조용 배양은행(working culture bank, WCB)은 MCB를 이용하여 제조되기 때문에 MCB가 고갈되지 않도록 충분한 양을 구축해야 한다.

⑤ 발효에 필요한 접종원은 WCB로부터 제조되므로 MCB를 사용하는 것을 최소화하기 위하여 충분한 WCB가 구축되어야 한다.

⑥ 배양물이 안정적일 경우 WCB를 이용하여 10개의 고체 배양물을 제조하여 4℃에 보관하면서 발효의 접종원으로 사용한다.

⑦ MCB와 WCB에 대한 문서 작업은 각 발효물의 근원을 추적할 수 있도록 작성되어야 한다.

⑧ 원균주(original culture), MCB, WCB 모두 품질평가(QC)를 해야 한다. 여기에는 배양물의 순도(purity), 발효물의 효능, 배양물의 가변성이 포함되어야 한다.

4. 국내외 균주 보존 기관

미생물 자원의 수집 확보 및 이를 이용한 개발을 위해서는 균주의 보존 및 관리가 매우 중요하며 세계적으로 70여 개국에서 약 608개의 미생물자원센터가 운영되고 있다. 즉, 미국에서는 미국배양물보관소(American Type Culture Collection, ATCC), 영국은 국제농업 및 생명과학센터(Centre for Agriculture and Bioscience International, CABI), 네덜란드는 Centraalbureau voor Schimmelcultures(CBS), 일본은 NITE 생물자원센터(NITE Biological Resource Center, NBRC), 독일에서는 독일생물자원센터(Deutsche Sammlung von Mikroorganismen und Zellkulturen GmbH, DSMZ), 중국에서는 중국종합미생물배양수집센터(The Chinese General Microbiological Culture Collection Center, CGMCC) 등이 그 대표적인 예이다. 특히 미국의 ATCC는 다양한 종류의 조직, 세균, 바이러스 등을 보유하며 과학계에 신뢰할 수 있는 생물학적 제품, 고급 모델 시스템 및 다양한 혁신적인 응용 분야에서 복잡한 연구를 지원하는 고품질 서비스를 제공하여 기초과학, 약물 발견, 중개의학 및 공중보건 분야에서 놀라운 성과를 거두고 있다.

국내에서는 대표적으로 한국미생물보존센터(Korea Culture Center of Microorganisms, KCCM) 및 생물자원센터(Korean Collection for Type Culture, KCTC) 등이 있다. 특히, KCCM은 1967년에 설립된 한국종균협회(Korean Federation of Culture Collection, KFCC)의 부설기관으로, 1981년에 특허청으로부터 특허균주 기탁기관으로 공식적인 승인을 받아 특허균주의 기탁을 받아왔으며, 1989년에 우리나라가 부다페스트조약에 가입한 후 1990년 6월 세계지적재산권기구(World Intellectual Property Organization, WIPO)로부터 부다페스트조약에 의거한 특허 미생물 국제 공인 기탁기관(International depository authority, IDA)으로서의 지위를 획득하였다.

이 외에 국내 자원은행으로는 농업유전자원정보센터(KACC), 한국세포주은행(Korean Cell Line Bank, KCLB) 등이 있고, 국가 지정 특정미생물거점은행으로는 항생제내성균주은행(Culture Collection of Antibiotics Resistant Microbes, CCARM), 버섯균주은행(Culture Collection of Mushrooms, CCM), 희귀유용미생물 추출물은행(Extract Collection of Useful Microorganism, ECUM), 헬리코박터은행(Helicobacter pylori Korean Type Culture Collection, HpKTCC), 병원성바이러스 은행(Bank for Pathogenic Viruses, KBPV), 환경

미생물은행(Korea Environmental Microorganisms Bank, KEMB), (재)연구소재중앙센터 (Korea National Research Resource Centers, KNRRC), 식물바이러스유전자은행(Plant Virus Genbank, PVGB) 등이 있다.

단원정리

균주의 배양은 목적에 따라서 보존배지(stock culture), 활성화 배지(activation medium), 종균배지(seed medium), 발효배지(fermentation medium) 또는 생산배지(production medium)의 등이 사용되고 있다. 보관 균주는 사용하기 전에 활성화하여야 하며, 일반적으로 균주를 단기간 보관하면서 사용하는 경우라면 고체 평판배지(plate agar), 사면배지(slant agar) 및 천자배지(stab agar)에 배양하여 보관한 후 사용할 수 있다.

균주의 보존 원리는 미생물의 세포 내의 수분을 조절하는 것으로 수분이 관여하는 생체대사를 조절하기 위해서 균체의 수분 함량을 낮추는 것에 있다. 즉, 수분을 한정시켜 대사 반응을 정지시킴으로써 균주를 보존하게 되는 것이다. 따라서 균주 보존 방법을 선정할 때 생존율, 형질 유지, 경제성, 간편성, 안전성을 고려해야 한다.

균주 보존법은 보존하는 기간에 따라서 단기 보존법과 장기 보존법으로 나눌 수 있으며, 단기 보존법으로는 계대배양법, 유동파라핀(paraffin) 중층 보존법, 광유(mineral oil) 침지 보존법, 동결 보존법, 건조 보존법 등이 있고 장기 보존법으로는 동결건조 보존법, 초저온 냉동 보존법 등이 있다.

미생물 자원의 수집 확보 및 이를 이용한 개발을 위해서는 균주의 보존 및 관리가 매우 중요하며, 세계적으로 70여 개국에서 608개의 미생물자원센터가 운영되고 있다. 국내에서는 대표적으로 한국미생물보존센터(Korea Culture Center of Microorganisms, KCCM) 및 생물자원센터(Korean Collection for Type Culture, KCTC) 등이 있으며, 이 외에 국내 자원은행으로 농업유전자원정보센터(KACC), 한국세포주은행(Korean cell line bank, KCLB)과 국가 지정 특정미생물거점은행 등이 있다.

단원평가

1 균주의 보존 방법 선정에 유의하여야 할 사항을 5가지를 답하시오.

2 균주의 보존법에 대한 설명으로 옳지 않은 것은?

① 보존 기간에 따라서 단기 보존법과 장기 보존법으로 나눌 수 있다.

② 평판배지, 사면배지, 천자배지를 사용하는 방법으로 상온에서 보관하는 계대배양 보존법이 있다.

③ 세포 내 수분을 동결하여 대사 활동을 정지시켜 세포를 휴지 상태로 만들어 장기 보존하는 방법으로 동결 보존법이 있다.

④ 미생물을 장기간 보관함에 있어서 효과적이고 경제적인 방법으로 동결 균주를 감압 하에서 세포 내의 얼음을 승화의 원리로 수분을 제거하는 동결건조 보존법이 있다.

3 국내 미생물 자원의 보존과 관리를 진행하고 있는 기관 2곳을 답하시오.

정답 및 해설

1. 생존율, 형질 유지, 경제성, 간편성, 안정성
2. ②
3. 한국미생물보존센터(Korea Culture Center of Microorganisms, KCCM)
   생물자원센터(Korean Collection for Type Culture, KCTC)

07
균주의 개량

1. 돌연변이를 이용한 미생물 개량
2. 유전공학적 미생물 개량
3. 미생물 개량을 위한 전략
4. 유전자 발현의 조절
5. 신규 미생물을 이용한 유전자 조작

1. 돌연변이를 이용한 미생물 개량

돌연변이를 유발시켜 미생물을 개량하는 것은 유전공학과 생명공학에서의 기본개념으로, 미생물의 유전물질을 변경하여 그 특성을 향상시키거나 새로운 기능을 도입하는 과정을 포함한다. 이 과정은 자연적으로 발생하거나 실험실 환경에서 의도적으로 유도될 수 있다. 돌연변이는 생물체의 유전체 내 DNA 염기서열의 변화로, DNA 복제 중 오류로 인해 자발적으로 발생하거나 화학물질이나 자외선, 방사선과 같은 외부 요인에 의해 유도될 수 있다(그림 7-1). 미생물에서는 돌연변이가 상대적으로 높은 비율로 발생할 수 있으며, 이는 바람직한 특성을 가진 균주를 개발하는 데 활용될 수 있다.

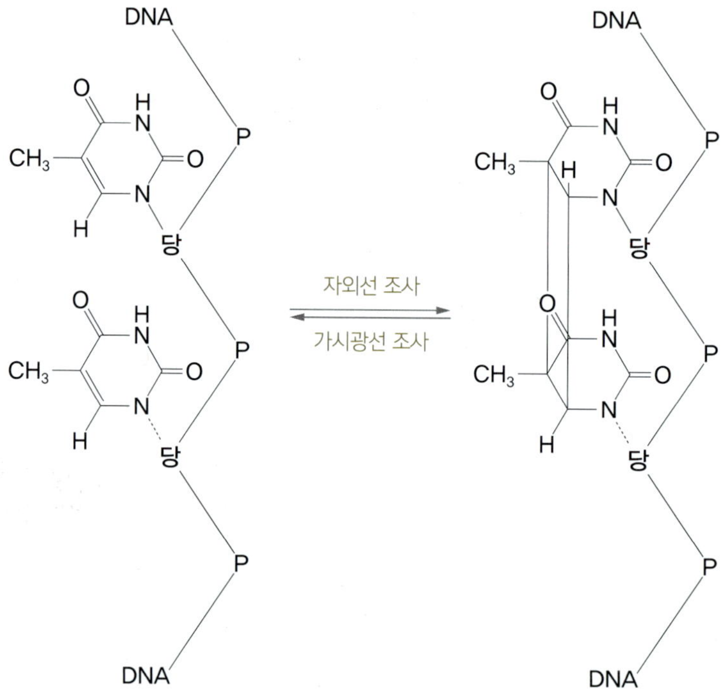

DNA 중에 2개의 thymine이 인접하고 있다.

thymine 이합체

그림 7-1 자외선에 의한 티민(thymine) 이합체 생성

자료 : 유주현 외, 2007

1) 돌연변이의 유형

(1) 점 돌연변이(point mutation)

단일 뉴클레오타이드의 변화를 말하며, 다양한 종류의 효과를 얻을 수 있다(그림 7-2).

- 침묵 돌연변이(silent mutation) : 단백질의 아미노산 서열을 변경하지 않는 점 돌연변이이다.
- 오류 돌연변이(missense mutation) : 단백질의 하나의 아미노산을 변경하여 그 기능이 변경될 수 있는 점 돌연변이이다.
- 무의미 돌연변이(nonsense mutation) : DNA 염기서열 중에 종결 코돈을 도입하여 단백질 합성을 조기에 종료시키는 점 돌연변이이다.

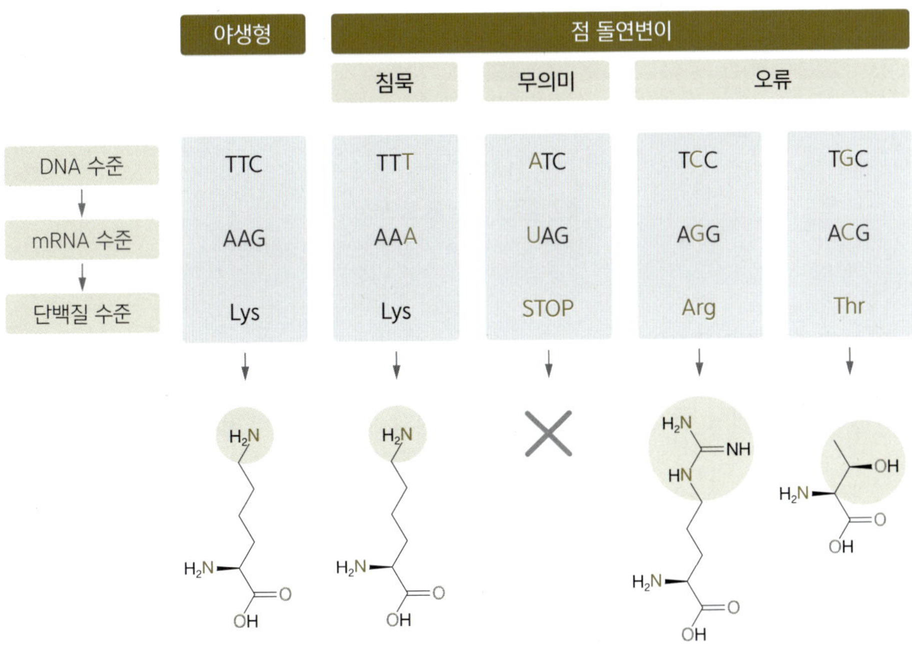

그림 7-2 점 돌연변이의 종류
자료 : https://www.genome.gov/genetics-glossary/Point-Mutation

(2) 해독틀 돌연변이(frame-shift mutation)

DNA 염기서열 내에서 뉴클레오타이드의 삽입 및 결실(indel)은 유전암호의 해독틀(open reading frame)을 변경할 수 있는 틀 이동을 일으킬 수 있으며, 이로 인해 아미노산 염기서열이 크게 변경된 단백질이 생성될 수 있다(그림 7-3).

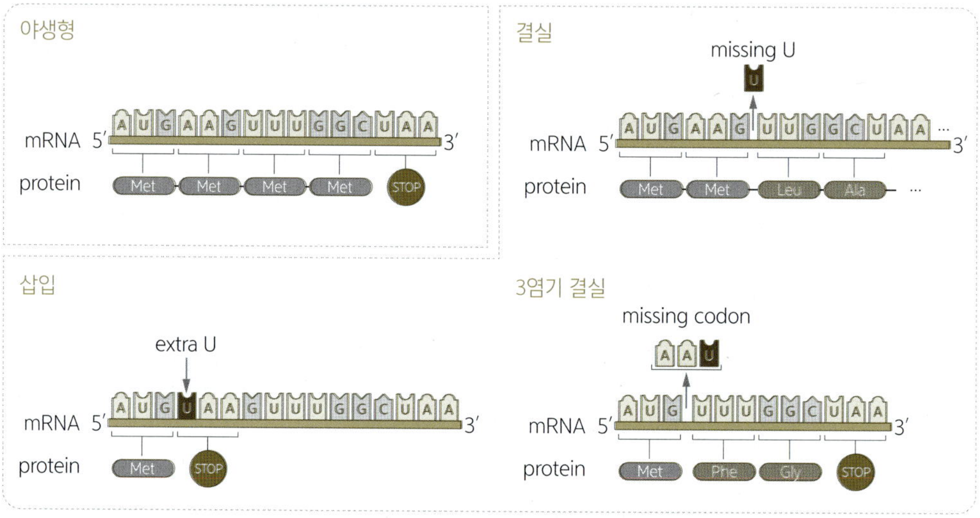

그림 7-3 해독틀 돌연변이

자료 : https://biologydictionary.net/frameshift-mutation/

(3) 대규모 염색체 돌연변이

DNA의 큰 부위에서 중복, 결실, 역위 또는 전좌 현상이 발생되어 생성된다(그림 7-4).

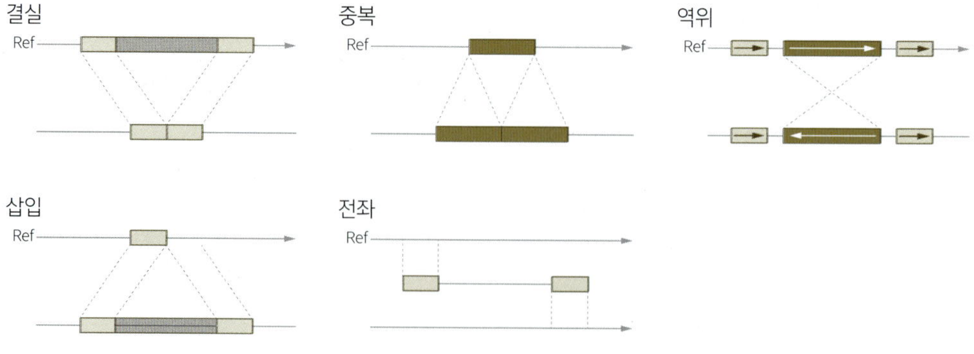

그림 7-4 대규모 염색체 돌연변이

자료 : BioRender, 2019

2) 돌연변이 유도 방법

① 화학적 돌연변이 유발제 : 니트로소구아니딘 또는 에틸메탄설폰산(EMS)은 DNA 염기를 수정하여 점 돌연변이를 유발한다.

② 물리적 돌연변이 유발제 : 자외선(UV)과 X선 등은 교차, 절단 등의 DNA 손상을 유발한다.

③ 적응 진화 : 일반적으로 적응 실험실 진화(adaptive laboratory evolution, ALE)라고 불리는 이 기술은 진화의 원리를 활용하여 개선된 특성이나 새로운 특성을 가진 미생물을 개발하는 데 사용된다.

적응 실험실 진화(ALE) 과정

① 선택 압력 설정 : ALE의 첫 단계는 미생물이 직면하게 될 환경 조건이나 스트레스를 결정하는 것이다. 이 조건들은 원하는 특성을 선택할 수 있는 압력을 시뮬레이션하도록 설계된다. 예를 들어 특정 스트레스 요인(예 : 많은 소금 또는 독성화합물)에 대한 내성 강화, 대사 생성물(예 : 에탄올 또는 기타 화학물질)의 증가, 또는 새로운 환경 조건(예 : 다른 온도 범위)에 적응되도록 설계한다.

② 배양 및 반복 : 미생물을 정의된 스트레스 조건에서 배양시키는데, 시간이 지남에 따라 설정된 환경에 가장 잘 적응할 수 있는 개체가 자연적으로 선택된다. 일반적으로 수천 세대에 걸쳐 배양시키며, 이로써 설정된 환경 아래서 적응하는 돌연변이가 축적된다.

③ 진화적 변화 모니터링 : ALE 과정을 통해, 미생물 개체군에서 주기적으로 샘플을 채취하여 유전적 변화와 성능 개선을 분석한다. 이 모니터링은 유전적 돌연변이를 식별하기 위해 염기서열 분석, 대사 활동과 성장률의 변화 측정 등의 다양한 방법을 이용하여 유전적 변화와 표현형적 적응 등을 분석한다.

④ 분리 및 특성 분석 : 원하는 특성이 관찰되면, 이 특성을 나타내는 균주를 분리한 후 특성 분석을 수행한다.

2. 유전공학적 미생물 개량

유전공학(genetic engineering) 또는 유전자 조작(gene manipulation technique)이라고도 불리는 이 기술은 생명체의 유전적 구성을 인위적으로 수정하는 생명공학의 한 분야로, 이를 통해 생명체의 유전자를 직접 조작하여 자연에서는 존재하지 않는 방식으로 DNA 염기서열을 추가, 제거 또는 변경할 수 있다. 유전공학의 주요 목표는 생명체에 자연적으로 존재하지 않는 새로운 특성이나 능력을 부여하는 것이다. 기본 기술적 기술은 다음과 같다.

1) DNA 재조합 기술

DNA 재조합 기술은 DNA 분자를 절단하고 다시 결합하여 새로운 염기서열을 형성하는 과정이다. 이 과정은 DNA의 특정 염기서열을 절단하는 제한효소와 DNA 단편을 결합하는 DNA 연결효소와 같은 특정 효소를 사용하여 재조합 DNA를 제조한다. DNA 재조합 기술은 의학, 농업 등을 혁명적으로 변화시킨 생명공학의 기본 기술이다.

(1) 형질전환 기술

외래 DNA(또는 plasmid)를 숙주세포에 도입하는 방법이다. 박테리아에서는 열 충격 또는 전기천공을 통해 세균의 세포막을 DNA가 더 침투하기 쉽도록 만든다. 유전자 클로닝은 한 세포의 특정 유전자나 DNA 부분을 숙주세포에 도입하여 복사본을 생성하는 일련의 과정을 말한다.

재조합 DNA를 생성하는 데 사용되는 요소는 다음과 같다.

① 제한효소

DNA 염기서열 중 특정 인식 부위(대개는 회문구조 염기서열)에서 DNA를 절단하는 효소로, DNA 단편의 말단에 접착성 말단이나 비접착성 말단을 생성하여, 호환되는 말단을 가진 다른 DNA 단편과 쉽게 연결될 수 있다(그림 7-5).

② DNA 연결효소

DNA 분자의 인산염 골격과 수산기 사이의 인산 디에스터 결합을 형성함으로써 2개의 DNA 사슬을 함께 결합시키는 데 사용하는 효소이다. 이 효소는 외래 DNA를 벡터 DNA에 연결시키는 과정에서 중요하며, 재조합 DNA 분자가 안정적이고 온전하게 유지되도록 한다.

③ 벡터

외래 유전물질을 다른 세포로 인공적으로 운반하는 데 사용되는 DNA 분자를 말한다. 벡터는 일반적으로 세균이 지니는 염색체 이외의 원형 DNA 분자인 플라스미드

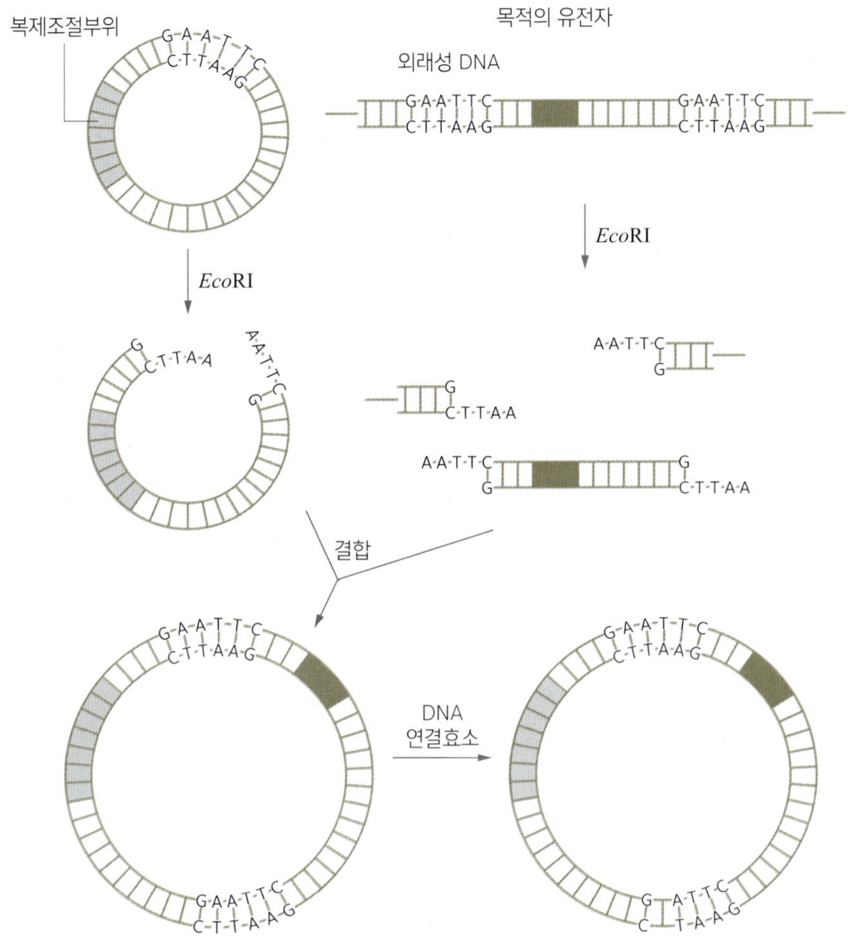

그림 7-5 제한효소에 의한 DNA의 절단과 DNA 연결효소에 의한 재조합
자료 : 유주현 외, 2007

(plasmid), 바이러스, 인공 염색체 등을 이용하여 제조한다. 벡터들은 다중 클로닝 부위(MCS), 선택을 위한 항생제 저항성 유전자, DNA 복제 기점 등이 포함되도록 공학적으로 설계하여 제작한다.

(2) PCR(중합효소 연쇄 반응)

PCR(polymerase chain reaction)은 외래 DNA를 대량으로 얻기 위하여 특정 DNA 부분을 증폭시키기 위해 사용되는 기본적인 기술로, 작은 초기 시료에서 특정 DNA 서열의 수백만에서 수십억 개의 복사본을 생성할 수 있다(그림 7-6). 이 방법으로 만든 특정

DNA는 형질전환 기술에서 숙주세포에 주입하여 사용한다. 이 방법은 유전학 연구, 법의학 분석, 의료 진단 등 광범위한 응용 분야에서 사용되고 있는 생명공학의 핵심기술이다.

PCR의 한 사이클의 단계는 다음과 같다.

① 변성 : 이중가닥 DNA를 약 94~98℃로 가열하여 상보적인 DNA 가닥 간의 수소결합을 끊고 DNA를 단일가닥으로 만든다.

② 결합 : 반응온도를 낮춰서(보통 50~65℃) 프라이머가 단일가닥 DNA 주형의 상보적인 서열에 결합할 수 있도록 한다.

③ 확장 : 온도를 Taq DNA 중합효소에 최적인 약 72℃로 조정하면, *Taq* DNA 중합효소가 결합된 프라이머의 3′ 끝에 뉴클레오타이드를 추가하여 새로운 DNA 가닥을 합성한다.

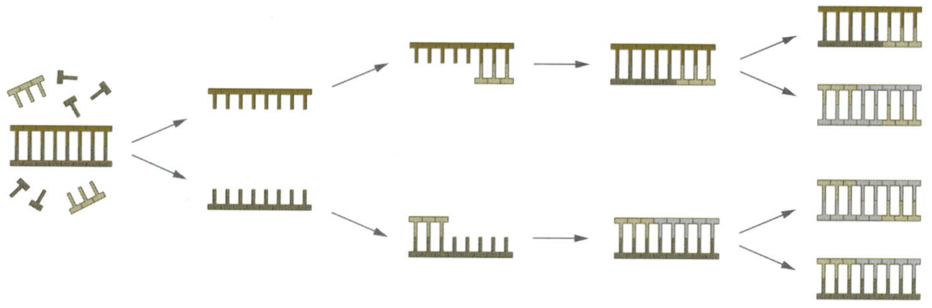

그림 7-6 PCR의 기본 원리
자료 : BioRender, 2019

PCR 사이클의 수(일반적으로 25~35 사이)는 생성된 DNA 분자의 양을 결정한다. 각 사이클은 이론적으로 대상 DNA의 양을 두 배로 늘려 지수적 증폭을 일으킨다.

(3) 유전자 편집

유전자 편집(genome editing)은 생명체의 유전체의 특정 위치에서 염기서열을 정밀하게 삽입, 결실, 치환하는 유전자 조작 기술이다. 이는 DNA에 이중 가닥 절단(double-strand break, DSB)을 생성한 다음, 세포의 자연적인 DNA 회복 메커니즘이 이를 수선하도록 함으로써 달성된다. 이 절단은 비상동 말단 결합, 상동성 유도 수선의 두 가지 주요 경로를 통해 회복될 수 있다.

- 비상동 말단 결합(non-homologous end joining, NHEJ) : 절단 지점에 삽입 또는 삭제가 발생하는 오류가 발생하기 쉬운 수선 과정으로, 유전자의 기능을 방해하는 데 사용될 수 있다.
- 상동성 유도 수선(homology-directed repair, HDR) : DNA 주형이 필요하며, 이 주형은 절단 지점의 염기서열과 상동적인 염기서열를 가지고 있어야 한다. HDR은 유전체에 특정 변경이나 삽입을 도입하는 데 사용된다.

유전자 편집은 다음과 같이 세 종류가 있으며,

- CRISPR-Cas9(clustered regularly interspaced short palindromic repeats, CRISPR-associated protein 9)
- TALENs(transcription activator-like effector nucleases)
- ZFNs(zinc-finger nuclease)

이 중에서 CRISPR-Cas9 시스템이 가장 많이 사용되고 있다(그림 7-7). CRISPR-Cas9 시스템은 박테리아에서 발견되었으며, 침입하는 바이러스에 대항하는 적응 면역 시스템으로 사용된다. 박테리아는 바이러스의 DNA 조각을 포착하여 CRISPR 배열을 생성하는데, 이 배열은 바이러스를 기억하는 데 사용된다. 추후에 바이러스가 다시 공격하면, 박테리아는 CRISPR 배열로부터 RNA 부분을 생산하여 침입한 바이러스의 DNA를 대상으로 하여 결합하고 Cas9 효소가 DNA를 절단하여 바이러스를 무력화시킨다.

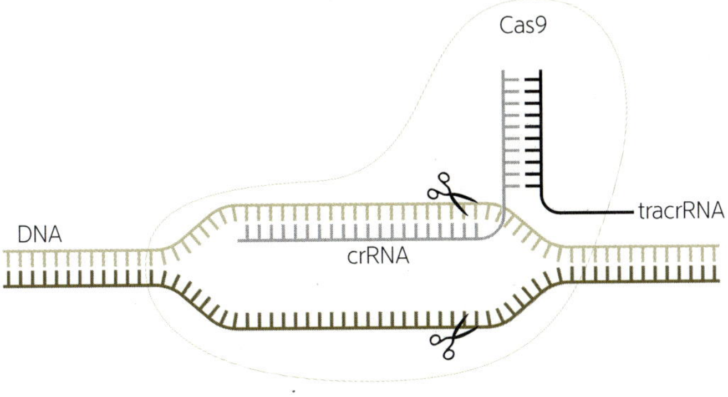

그림 7-7 CRISPR-Cas9 시스템
자료 : BioRender, 2020

① CRISPR-Cas9 시스템의 주요 구성 요소

- 가이드 RNA(gRNA) : Cas9 결합에 필요한 '스캐폴드(scaffold)' 염기서열과 수정하고자 하는 DNA 대상인 약 20개 뉴클레오타이드 '스페이서(spacer)' 염기서열로 구성된 짧은 합성 RNA이다.
- Cas9 효소 : gRNA를 사용하여 지놈 내 특정 위치에서 DNA를 찾아내고 절단하는 DNA 효소이다.

② CRISPR-Cas9 작동 방식

- gRNA 설계 : 편집하고자 하는 DNA 염기서열와 일치하는 gRNA를 설계한다.
- 전달 : gRNA와 Cas9을 세포 내로 전달한다. 전달 방법에는 바이러스, 플라스미드 또는 리보뉴클레오프로틴(RNP) 복합체와 같은 벡터를 이용한다.
- 결합 및 절단 : 세포 내부에서 gRNA는 Cas9을 대상 DNA 염기서열로 안내한다. Cas9은 DNA에 결합하여 목표 위치에서 정밀하게 양쪽 사슬을 절단한다.
- DNA 수선 : Cas9이 DNA를 절단하면, 세포는 NHEJ 또는 HDR 수선 메커니즘에 의해 절단을 수선한다. 이 수선 과정을 통하여 특정 유전물질을 삭제하거나 삽입할 수 있다.

③ CRISPR-Cas9 시스템의 장단점

장점

- 사용의 용이성 : CRISPR-Cas9은 이전의 유전체 편집시스템보다 간단하고 다양하여 DNA를 신속하게 변경할 수 있다.
- 저렴한 비용 : 다른 유전체 편집시스템에 비해 상대적으로 사용 비용이 저렴하다.
- 높은 효율성 : 특정 DNA 서열을 대상으로 하고 수정하는 데 높은 효율성을 제공한다.

단점

- 오프타깃 효과 : CRISPR-Cas9은 의도한 대상 외의 유전체 영역에 영향을 줄 수 있는 가능성이 있으며, 이는 의도하지 않은 유전적 돌연변이를 초래할 수 있다.

3. 미생물 개량을 위한 전략

미생물 개량 전략에서 개량 대상을 선택하는 방법은 생산성 향상, 환경 스트레스에 대한 저항력 증가 또는 새로운 화합물 생산과 같은 특정 목표와 일치하는 신중한 접근 방식을 필요로 한다. 개량을 위한 대상 유전자나 경로를 선택하는 데 관련된 주요 요소와 과정은 다음과 같다.

(1) 원하는 특성 식별

미생물 개량을 위한 대상을 선택하는 첫 단계는 원하는 특성을 명확히 정의하는 것이다. 이러한 특성은 다음과 같은 항목을 포함할 수 있다.

- 대사산물(예 : 항생제, 비타민, 효소)의 생산 증가
- 물리적 스트레스(온도, pH, 염분 등) 또는 생물학적 스트레스(병원균, 경쟁자 등)에 대한 개선된 저항성
- 영양소 흡수 및 동화 효율성 증가
- 환경오염물 분해 또는 변환능력 향상

(2) 미생물 생리학 및 대사 이해

미생물 개량을 위해서는 대상 생명체의 생리학과 대사경로에 대한 철저한 이해가 필수적이며, 이는 다음과 같은 내용을 포함한다.

- 미생물 유전체 내의 유전자의 기능과 상호작용 연구
- 대상물질의 합성 또는 원하는 형질에 기여하는 대사경로의 맵핑
- 이러한 경로를 제어하는 조절 네트워크와 유전자의 식별

(3) 유전체 및 오믹스 분석

유전체, 전사체, 단백체, 대사체 분석의 발전은 유전자 수정을 위한 대상을 식별하는 데 중요하다.

- 유전체 데이터는 생명체 내의 유전적 구성과 가능한 유전적 도구(예 : CRISPR-Cas9 시스템)에 대한 통합적 자료를 제공한다.

• 전사체 및 단백체 분석은 다양한 조건에서 유전자와 단백질이 어떻게 발현되는지, 어떤 것이 원하는 특성에 중요한지에 대한 데이터를 제공한다.
• 대사체 분석은 중요한 경로에 관여하는 주요 대사산물 및 중간체를 확인하는 데 중요하다.

(4) 생물정보학 및 컴퓨터 모델링

생물정보학 도구와 컴퓨터 모델은 유전적 수정의 효과를 예측하는 데 많은 도움을 줄 수 있다.

• 대사경로에 대한 유전적 수정의 영향을 시뮬레이션하여 실제 유전자 조작을 하기 전에 결과를 예측할 수 있다.
• 모델은 잠재적인 오프타깃 효과와 상호작용을 제안할 수도 있어 바람직하지 않은 결과의 위험을 줄일 수 있다.

(5) 프로토타입 테스트 및 반복

잠재적 개량 대상이 선정되면 이론을 테스트하고 대상을 정제하기 위해 소규모 실험을 수행할 수 있으며, RNA 간섭 또는 CRISPR 간섭과 같은 기술을 사용하여 영구적인 변화 없이 잠재적 대상 유전자의 발현을 일시적으로 수정하여 효과를 연구할 수 있다.

4. 유전자 발현의 조절

유전자 발현을 증가시키거나 억제시키는 것은 유전자 조작의 핵심으로, 유전자 발현을 효과적으로 조절하기 위해서는 여러 가지 정교한 기술이 사용된다. 주요 방법으로 CRISPR-Cas 시스템, RNA 간섭(RNAi), 안티센스 올리고뉴클레오타이드(anti-sense oligonucleotides, ASOs), 프로모터, 억제자 및 다른 조절인자의 이용 등이 있다.

5. 신규 미생물을 이용한 유전자 조작

일반적으로 사용되고 있지 않는 미생물을 새로운 용도로 유전자 조작하는 것은 생명공학 분야에서 빠르게 확장되고 있는 분야로, 독특한 미생물 능력을 혁신적인 용도로 활용할 수 있는 잠재력이 있다. 미생물공학에서 전통적으로 주목받은 종은 *Escherichia coli*나 *Saccharomyces cerevisiae*와 같은 잘 알려진 종들이지만, 덜 일반적인 미생물의 다양한 기능을 연구하는 데 대한 관심 또한 증가하고 있다. 이러한 미생물들은 종종 환경 복원부터 새로운 생화학 물질 및 의약품 생산에 이르기까지 다양한 응용 분야에 활용할 수 있는 독특한 대사경로를 가지고 있다. 신규 미생물들을 새로운 응용 분야에 맞게 유전공학적으로 개조하는 방법들은 다음과 같다.

(1) 새로운 미생물의 식별 및 분리

독특하거나 극한 환경, 예를 들어 심해 환기구, 온천 또는 오염된 장소에서 신규 미생물을 식별하고 분리할 수 있다. 이러한 환경은 비정상적인 기질을 대사하거나 극단적인 온도에 견딜 수 있는 능력과 같은 특별한 능력을 갖춘 미생물의 분리원이 된다.

(2) 유전체 및 기능적 특성화

신규 미생물이 분리되면, 그 미생물의 대사경로와 생리적 능력을 이해하기 위해 유전체의 염기서열을 분석한다. 이 유전체 정보는 유전적 조작의 대상이 될 수 있는 잠재적 유전자와 효소를 선별하는 데 도움이 된다.

(3) 유전자 조작 도구 개발

신규 미생물의 개조를 위한 유전자 조작 도구를 개발하는 것은 기존 지식과 확립된 방법이 부족하기 때문에 어려울 수 있는데, 다음과 같은 작업이 필요하다.

- 해당 생물체에 적합한 새로운 벡터와 전달 시스템 개발
- CRISPR-Cas 시스템이나 다른 유전자 편집 기술을 적용하여 해당 생물체 내에서의 유전자 편집 방법 확립

(4) 대사공학

기존 대사경로를 수정하거나 새로운 경로를 도입함으로써 이 미생물들이 가치 있는 화학물질을 생산하거나 오염물질을 분해하거나 다른 유용한 기능을 수행하도록 개량할 수 있다.

- 의약품, 비타민, 바이오 연료의 생합성 경로 도입
- 플라스틱이나 독성 산업 폐기물과 같은 환경 오염 물질을 분해시킬 수 있는 대사경로 도입

(5) 공정 최적화

미생물이 유전자 조작된 후에는 그들의 성장 조건과 생산공정이 최적화되어야 한다. 이는 생물 반응기에서 생육을 증가시키고, 배지 구성을 최적화하며, 생산성을 극대화하기 위해 pH와 온도와 같은 환경 요인을 제어하는 것을 포함한다.

(6) 규제 및 안전 고려 사항

신규 미생물을 유전공학적으로 조작할 때는 생물 안전성과 환경 안전을 신중히 고려해야 한다. 특히 유전자 조작 미생물이 환경에 방출될 예정이라면(예 : 환경 복원 목적), 규제 승인이 필요할 수 있다.

(7) 유전공학적으로 조작된 신규 미생물의 예

- *Thermoanaerobacterium thermosaccharolyticum* : 고온에서 리그노셀룰로스 바이오매스로부터 바이오 연료를 생산하도록 유전공학적으로 조작됨
- *Deinococcus radiodurans* : 방사선에 대한 저항력이 높다고 알려져 있으며, 핵폐기물 정화를 돕기 위해 유전공학적으로 조작됨
- *Mycobacterium vaccae* : 균주의 면역 조절 특성에 관한 연구가 진행 중이며, 인지기능 및 정신 건강을 향상시킬 가능성이 있음

유전자 조작 기술과 유전체에 대한 지식이 계속 발전함에 따라 이러한 신규 미생물의 잠재적 응용 분야는 확장될 것이며, 산업, 환경 및 건강 관련 문제에 대한 혁신적인 해결책을 제공할 것으로 기대된다.

단원정리

돌연변이는 생물체의 유전체 내 DNA 염기서열의 변화로 DNA 복제 중에 오류로 인하여 자발적으로 발생하거나 화학적 물질이나 자외선, 방사선과 같은 물리적 외부 요인에 의해서 유도될 수 있다. 유전자 돌연변이 유형으로는 크게 점 돌연변이(point mutation), 해독틀 돌연변이(frame-shift mutation), 대규모 염색체 돌연변이로 구분할 수 있다. 이런 돌연변이를 유도하여 미생물을 개량하는 것이 유전공학과 생명공학의 기본 개념이다.

유전공학은 생명공학의 한 분야로서 유전자를 직접 조작하고 변형하여 새로운 특성이나 능력을 부여하는 것을 목표로 두고 있다. 기본적인 기술로는 DNA 재조합 기술, PCR(중합효소 연쇄 반응), 유전자 편집(genome editing)이 있다. 특히 유전자 편집 기술에서는 CRISPR-Cas9 시스템이 가장 많이 이용되고 있다. 이는 생명공학, 의학, 농업 분야를 혁명적으로 발전시켰으며, 광범위한 응용 분야에서 사용되고 있는 기술이다.

일반적으로 사용되고 있지 않는 미생물을 새로운 용도로 유전자 조작을 하는 것은 생명공학 분야에서 빠르게 확장되고 있는 분야이다. 유전자 조작 기술과 유전체에 대한 지식이 발전하고 향상됨에 따라서 신규 미생물의 응용 분야는 확장될 것이며, 환경, 산업 및 건강 관련 문제 등 다양한 분야에 혁신적인 해결책을 제공할 것으로 기대된다.

단원평가

1 다음 중에서 돌연변이를 유도하는 방법으로 이용되지 않는 것은?

① 에틸메탄설폰산(EMS)

② 자외선

③ 적외선

④ X선

2 유전자 재조합 기술에서 목적하는 외래 유전물질을 다른 세포로 인공적으로 운반하는 데 사용되는 DNA 분자를 무엇이라고 하는가?

3 미생물이 새로운 응용 분야에 맞게 유전공학적으로 개조되는 방법으로 알맞지 <u>않은</u> 것은?

① 새로운 미생물을 식별하고 분리할 수 있어야 한다.

② 새로운 미생물 유전체의 염기서열을 분석한다.

③ 새로운 미생물의 개조를 위한 유전자 조작 도구를 개발한다.

④ 새로운 미생물을 유전공학적으로 조작할 때는 안전성과 특별한 규제 승인이 필요 없다.

4 돌연변이에 대한 설명으로 옳지 않은 것은?

① DNA 분자 내의 염기서열 변화에 의한 것이다.

② 모든 돌연변이는 세포에 있어서 해로운 것이다.

③ DNA 변화가 있어도 표현형이 바뀌지 않는 침묵 돌연변이(silent mutation)가 있다.

④ 돌연변이는 유전자 자체 변화로 자연적으로 발생할 수도 있다.

정답 및 해설

1. ③
2. 벡터(vector)
3. ④
4. ②

08 발효공정

1. 발효공정의 단계
2. 발효 미생물의 성장곡선
3. 발효조건
4. 발효 미생물의 배양법
5. 미생물 배양의 역학
6. 배양 수율
7. 발효조 및 세부 장치
8. 발효공정의 대형화

1. 발효공정의 단계

발효공정은 크게 상위 공정과 하위 공정으로 나누어 이루어지게 된다(그림 8-1). 특히 발효식품인 경우는 발효의 모든 공정에 사용되는 균주를 포함한 원료 및 성분들은 식품첨가물에서 허용되는 성분들만 사용하여야 한다.

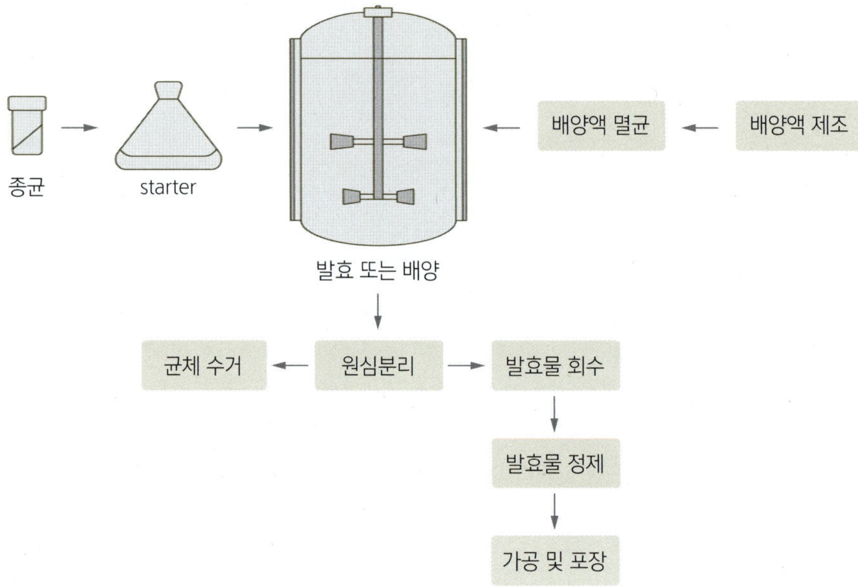

그림 8-1 일반적인 발효공정

상위 공정은 원료부터 발효까지의 공정을 말하며 균주 확보 및 배양기의 제조, 발효 조건의 조절 등을 들 수 있다. 균주 확보는 균주 개량을 포함하여 종균을 얻고 이를 관리하며 발효에 사용할 스타터(starter)를 단계적으로 준비한다. 배양기의 제조에서 배양기는 주발효에 사용하는 것으로 형태에 따라 액체 또는 고체 배양기가 있으며 각각의 최적 발효를 위하여 여러 가지 영양원이나 목적하는 발효물의 생산을 위한 첨가물을 사용하게 된다. 배양기의 주요 원료는 미생물이 직접 이용하는 것으로 산업적인 생산에서는 원료 품질이 안정적이고 경제적이며 대량 확보가 가능한 원료를 사용하며, 주로 농산물이나 산업부산물 등이 사용된다. 발효 조건은 최적 발효 조건을 위하여 pH, 온도, 산소 공급 여부, 혼합 조건 및 방법, 영양원의 공급 방법 등을 관리하게 된다.

하위 공정은 발효 후 제품화가 되기까지의 공정을 말하며 균체 회수, 발효 생산물의 분리 및 정제, 제품화를 위한 가공, 저장 등을 들 수 있다. 발효물을 얻기 위하여 균체를 분리하는 공정이 필요하며, 경우에 따라 효모와 같이 균체 자체가 제품화되기도 한다. 발효물의 분리는 원심분리나 여과를 통하여 이루어지고, 분리액으로부터 목적으로 하는 생산물을 정제한다. 정제 방법은 실험실이나 고도의 순도를 요구하는 의약산업에서는 크로마토그래피(chromatography)나 한외여과 등을 이용하지만, 산업적으로는 대량 생산이나 경제적 타당성을 고려하여 이에 맞는 효율적인 정제 기술을 생각하여야 한다. 정제된 발효물은 제품화를 위하여 적당한 형태로 가공되며 이때는 분말, 액상, 결정화(crystalization) 등을 하게 된다. 특히 분말화를 위하여 여러 가지 기술을 사용하는데 대표적인 것으로 동결건조(freezing drying), 분무건조(spray drying) 등이 있다. 최종 제품에서는 제품의 저장성 및 유효성을 위하여 기타 부형제가 혼합되며, 이후 분말, 캡슐, 정제 등 다양한 형태로 포장되어 유통하게 된다.

2. 발효 미생물의 성장곡선

미생물을 새로운 배양액에 접종하여 배양할 때 시간에 따르는 세포의 성장을 관찰하면 [그림 8-2]와 같이 증식된다. 일반적으로 식물세포는 세포 분열에 걸리는 시간이 미

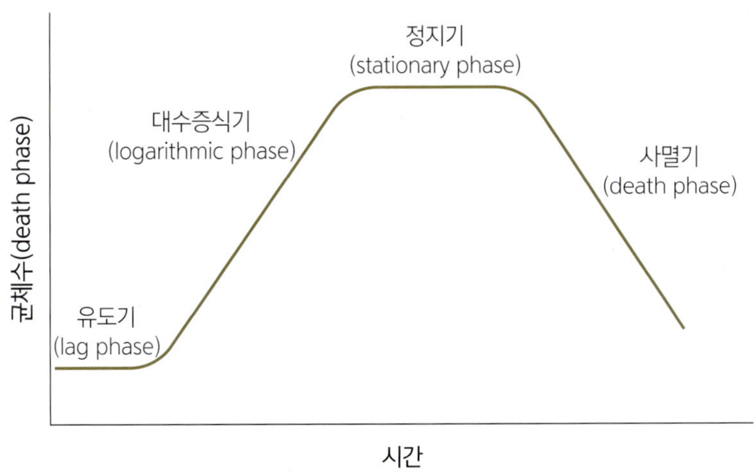

그림 8-2 세균의 생육곡선

자료 : 백현동 외, 2024

생물의 경우보다 매우 느리므로 성장곡선의 단계에 대한 시간 역시 미생물 배양의 경우보다 길다.

1) 유도기(lag phase)

균의 혼입 후 새로운 물리적, 영양적 환경에 적응해야 하는 시기로 탄소원의 농도와 종류 등 영양원의 조건에 따라 이용에 필요한 여러 가지 효소의 생산 시기이다. 따라서 단백질 합성이 왕성하고 RNA가 증가하며 세포 크기가 증가한다. 또한 이 시기에 생합성을 하기 위한 전구물질을 생산하는데 이러한 유도 시기의 정도는 접종하는 균의 상태에도 영향을 받는다.

2) 대수 또는 지수 증식기(logarithmic phase)

지수 증식기(exponential phase)라고도 하며, 이미 새로운 환경에 적응하고 세포가 활성화되어 세포 수와 질량이 지수적으로 증가한다. 이 시기에 세포의 크기는 일정해지며 물리적, 생화학적 처리에 매우 민감하다. 또한 균형성장(balance growth)으로서 세포의 모든 성분이 똑같은 속도로 증가하는 시기이며, 이 증식 속도는 1차 반응 속도이다.

3) 정지기(stationary phase)

균수가 최대인 상태이지만 배지상의 영양소가 고갈되고 대사에서 유래한 독성 산물이 축적되고 균수의 변화가 없는 상태이다. 즉, 균의 성장 속도와 사멸 속도는 동일하다. 산폐물에 의해 배양액의 pH가 매우 낮은 상태가 되며 내인성 대사가 일어나서 세포 내의 저장물질을 분해하여 생체물질 합성이나 유지에너지(maintenance energy)에 사용하기도 한다. 포자형성균은 이 시기에 포자를 형성하기 시작한다. 또한 배양액의 영양 결핍으로 다른 세포의 분해물질을 이용하여 성장이 시작하기도 한다. 이때부터 2차 대사산물이 생산되기 시작한다.

4) 사멸기(death phase)

정지기에서 세포 분열을 멈추고 있던 세포들은 결국 시간이 지남에 따라 죽게 되어 자가소화(autolysis)가 일어나며, 살아있는 세포의 수적 감소세를 보이는 감소기에 이르게 된다. 이러한 세포분열을 멈추는 원인으로는 영양분 고갈, pH 저하, 알코올과 유기산과 같은 발효산물의 축적에 따른다.

균수의 측정

지수성장기에서의 세포의 양적인 증가는 다음과 같은 수식으로 나타낼 수 있다.

$$\frac{dX}{dt} = \mu X$$

적분을 위하여 변형하면 $\frac{dX}{X} = \mu \cdot dt$, t = 0일 때 $X = X_0$

적분을 하면 $\ln\frac{X}{X_0} = \mu t$

$$\ln X - \ln X_0 = \mu t$$

X_0 : 배양 초기의 세포의 양(initial cell mass, g/L)

t : 배양 시간

X : t시간 후의 세포의 양(cell mass after time, g/L)

μ : 단위시간당 단위세포 양의 증가를 나타내는 비례상수,
즉 비성장 속도(specific growth rate)

이 식을 μ에 대하여 정리하면 다음과 같다.

$$\mu = \frac{1}{t} \cdot \ln(\frac{X}{X_0})$$

따라서 지수성장기에 있어서 시간 경과에 따른 세포의 양의 증가를 semi-log 그래프로 그리면 [그림 8-3]과 같은 직선이 된다.

직선이 되는 것은 이 기간의 비성장 속도, 즉 μ의 값이 일정하기 때문이며, μ값은 직선의 기울기가 된다.

발효물의 회수 시기도 [그림 8-4]와 같이 물질의 대사 특성에 따라 다르다. 즉, 미생물의 성장을 관계된 대사에 대한 관련 여부에 따라 생육곡선에서 그 생산 시기가 다르다. 성장 관련 산물은 1차 대사산물이라고 하며 미생물의 성장과 동시에 대사산물이 생산

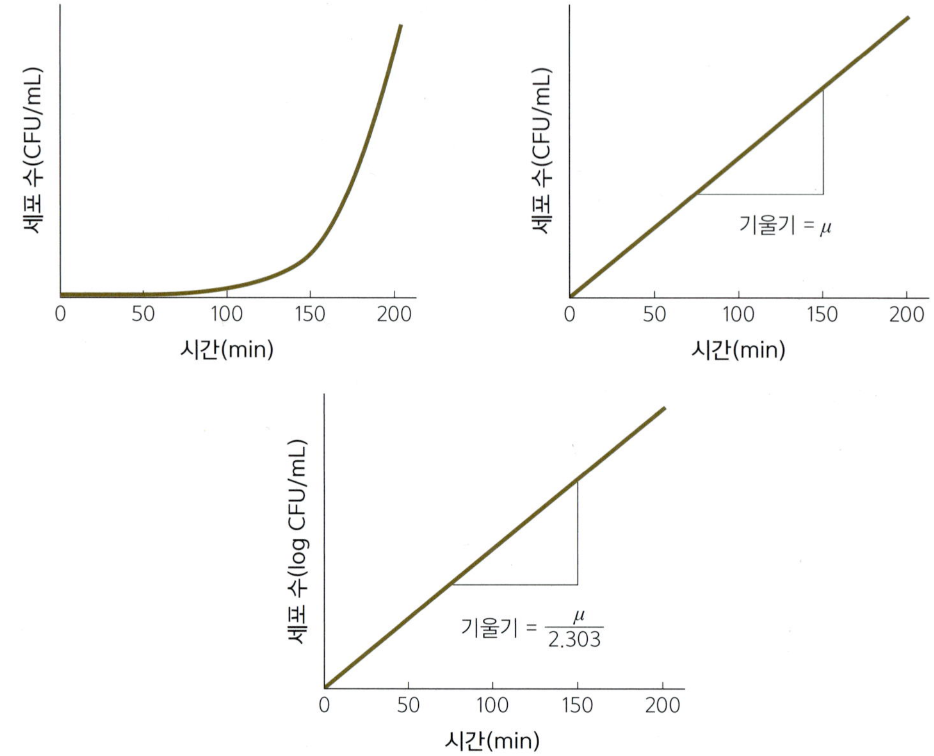

그림 8-3 **균체의 증식도**

자료 : 백현동 외, 2024

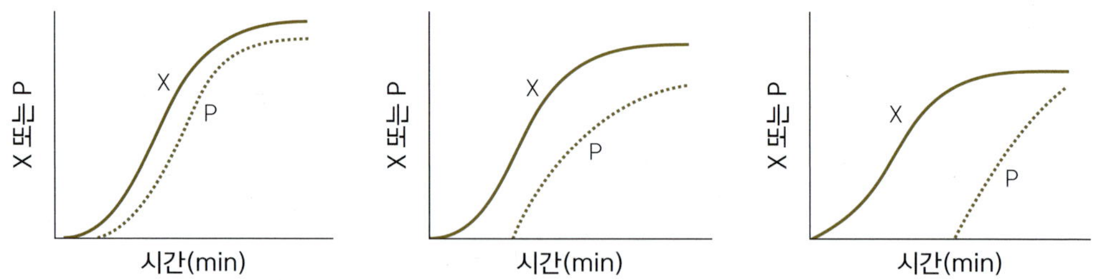

(a) 생장 관련 산물 (b) 혼합생장 관련 산물 (c) 비생장 관련 산물

그림 8-4 **회분식 발효에서 균체 생성(X)에 따르는 발효물의 생산(P) 유형**

자료 : 고종호 외, 2011

되는데, 이때 대사산물의 생산 속도는 미생물의 비성장 속도에 비례한다. 예로는 아미노산, 핵산, 글루콘산 등이 있다. 반면에 비성장 관련 산물은 2차 대사산물이라고 하며 미생물의 정지기에 생산된다. 예로 페니실린, 스트렙토마이신과 같은 항생물질, 비타민류,

면역억제제, 색소 등이 있다. 이 외에 혼합형 산물이 있으며 대수증식기 말부터 정지기에 생산된다. 예로 젖산 및 잔탄검이 있다.

3. 발효 조건

1) 온도

온도는 미생물의 성장과 발효물의 생산에 매우 중요한 물리적 인자이다. 이를 위하여 기본적으로 온도 설정은 배양 시 미생물의 최대 성장속도를 위하여 맞추어 발효 시 경우에 따라 발효수율도 고려하여야 한다. 온도 상승을 위한 직접 가열은 삼가며 물을 매체로 하는 히팅코일(heating coil), 물중탕(water bath), 증기재킷(steam jacket) 등을 이용한다. 발효조의 균일한 온도 분포를 위하여 온화한 교반을 실시하기도 한다. 발효나 배양 중 대사열에 의한 품온이 오르는 경우 온도 조절을 위하여 냉각장치를 같이 설치하는 수도 있다. 고체배양인 경우 인큐베이터나 독립적인 배양실에서 진행되나 호기적인 경우 팬(fan)을 이용해 공기의 대류로 온도가 골고루 분포되도록 한다.

2) pH

미생물의 증식 및 발효에 대한 pH의 영향은 매우 크며 그 조건이 일치하지 않을 수 있다. 따라서 미생물의 생리적 특성과 발효 생산물의 수율에 대한 조건과 가장 근접되는 조건을 찾는 공학적 연구가 필요하다. pH는 일반적으로 발효 또는 배양 시간과 동시에 낮아지므로 이러한 이유로 배지 영양분이 충분하더라도 미생물 성장에 저해를 받을 수 있다. 따라서 최적배양을 위하여 수시로 pH를 확인 및 조절하여야 하며, 유가식 배양이나 연속식 배양에서는 고농도의 수산화나트륨(NaOH)을 이용하여 조절한다.

3) 종배양과 주배양

종배양(seed culture)은 주배양(main culture)을 하기 전에 진행되는 소규모의 배양이다. 이는 주배양의 결과에 가장 큰 영향을 주는 요소이다. 즉, 산업적 대량 배양과 같이 발효조 규모가 큰 경우 종배양의 영향은 더욱 크게 된다. 일반적으로 종배양은 세포의 성장 과정에 대수증식기의 균체를 사용하나 2차 대사물질의 발효와 같은 경우는 정지기 초기 상태의 균체를 사용하기도 한다. 본격적인 발효 전에 종배양을 진행하면서 초기 대수증식기, 중기 대수증식기, 후기 대수증식기, 정지기별로 종배양을 선택하여 주배양으로 접종하며, 종배양 상태가 주배양에 미치는 영향을 조사하여야 한다. 주배양의 규모가 매우 큰 경우 종배양의 규모를 몇 단계 계대하여 배양하여 전 배양을 실시한 다음 주배양으로 옮기게 된다. 일반적으로 증식이 빠른 세균은 주배양 부피의 1~5%를 종배양의 양으로 사용하지만, 성장 속도가 느린 곰팡이 경우는 5~20%를 종배양의 부피로 사용하게 된다. 너무 낮은 농도의 종배양 첨가는 주배양에서 오염의 가능성이 높고 배양 시간도 길어진다. 그리고 배양기의 원가적인 측면이나 미생물의 성장 효율성으로 초기 단계 seed 배지와 중간 이후 seed 배지를 달리하는 경우가 있다. 즉, 첫 단계 seed는 균체의 성장을 양호하게 하려면 효모추출물, 펩톤과 같은 고가의 질소원을 사용하고 두 번째 seed부터는 주배양과 유사한 질소원, 탄소원을 사용하여 균주가 새로운 배지에 적응할 수 있도록 유도한다.

4. 발효 미생물의 배양법

1) 고체배양

미생물은 고체배지 위에서는 집락(colony)을 형성하며 증식한다. 실험실 규모에서는 액체배지에 한천(agar)을 사용하여 고체화한 다음 도말하고 배양하는데 이를 평판도말법(spread plate method)이라고 한다. 혐기적인 미생물 경우는 굳기 바로 전의 온도(약 45℃에서 47℃ 정도)에서 한천배지에 균을 혼합하여 굳혀 내부의 집락이 형성되는 주입평판법(pour plate method)을 사용한다. 일반적으로 평판배양(plate culture)을 많이 사용하는데 이는 형태의 고체배지를 만들어 미생물을 순수분리하거나 균주의 역가를 향상하기 위한 돌연변이를 위하여 사용한다. 혼합 균주에서 순수하게 특정 균을 분리할 때 획선배양법(streak plate method)을 사용한다.

과거 고체배양은 액침배양(submerged culture) 기술이 개발되기 전 주로 많이 사용하였으며, 이를 통해 각종 당화효소, 막걸리 생산을 위한 누룩을 비롯하여 항생제를 생산하기도 하였다. 현재 상업적으로는 발효사료 제조용, 농업미생물을 이용한 퇴비 제조, 버섯 재배용으로 고체배양이 부분적으로 사용되고 있다.

2) 액체배양

미생물의 액체 배양법은 영양원 공급 방법에 따라 회분식(batch culture), 유가식(fed-batch culture), 연속식(continuous culture) 등이 있다(그림 8-5).

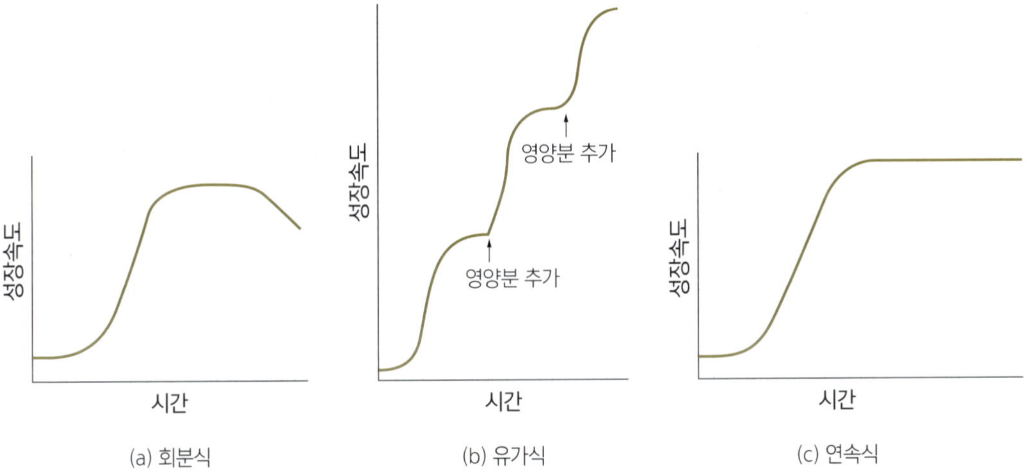

그림 8-5 미생물 배양법
자료 : 백현동 외, 2024

(1) 회분식 배양

회분식 배양(batch culture)이란 초기에 한 번 배지를 채운 후 배양이 끝날 때까지 추가적으로 영양물질을 공급하거나 제거하지 않는 배양기를 말한다. 배양은 가장 기본적으로서 1회용으로 배양하며, 이때는 영양분의 고갈 및 대사산물의 축적 등으로 미생물이 지수적 성장을 지속해서 유지하게 할 수 없다. 회분식 배양 방법은 비교적 단순하므로 실험실과 산업계에서 널리 사용된다. 특히 소규모 발효공업에서 흔히 사용된다.

(2) 유가식 배양

유가식 배양(fed-batch culture)은 회분배양 과정에서 증식에 대하여 제한인자로 되어 있는 기질을 소량씩 계속 공급하면서 일정한 농도를 유지하는 배양법을 말한다. 즉, 유가식 배양은 회분식 배양에서 영양분이 고갈될 때 영양분을 보충하거나 낮아지는 pH를 다시 올려줌으로써 감소되는 증식 속도를 회복시키는 방법으로 주로 고밀도의 균체를 회수하는 데 사용한다. 이 배양에서는 미생물 배양에 가장 필요한 기질(영양분 포함)을 생물반응조에 종료 때까지 계속 공급한다. 유가배양은 산업적으로 글리세롤, 부탄올, 아세톤, 유기산, 아미노산, 효소, 항생물질 생산 등 광범위하게 이용된다. 필요한 영양원을 한꺼번에 투입하는 회분식 배양에 비해 발효가 이루어지는 동안에 필요한 물질을 첨가해야 한다. 예를 들어 메탄올이나 에탄올을 탄소원으로 하는 경우는 고농도로 첨가하면 오히려 미생물의 생육을 저해하며, 반대로 기질 농도를 너무 적게 첨가하면 균체 증식에는 영향을 주지 않지만, 생성물 농도가 낮아 효율성이 없다. 또한 질소원이나 다른 영양원도 마찬가지 결과를 초래한다. 따라서 배양 또는 발효 중 기질 또는 필요한 영양원을 소량씩 공급함으로써 적당한 균체 증식과 더 나아가 2차 대사산물의 대량 생산을 유도할 수 있다. 높은 농도의 탄소원이 자주 유가식 배양에서 급식(feeding) 원료로 사용되지만, 초기에 당의 농도가 너무 높으면 삼투압 증가 등 오히려 균체의 성장에 저해를 받거나 과도한 성장이 이루어져 산소 부족 현상이 빨리 일어나 배양공정을 제어하기 어렵게 된다. 이를 감안하여 균체의 성장과 배양액 내 탄소원의 농도와의 상관관계를 파악하고 이 조건을 바탕으로 적절한 배양 조건을 설정하면 높은 수율의 균체 생산이나 발효산물의 생산성을 높일 수 있다.

(3) 연속배양

연속배양(continuous culture)은 생물반응조에 신선한 배지를 일정 속도로 공급함과 동시에 배양액을 연속적으로 배출시킴으로 발효조의 액량을 일정하게 유지해 주는 배양 방법이다. 장치 구성은 [그림 8-6]과 같다.

발효공학적으로 계속 세포를 생산할 필요가 있거나 세포의 2차 생산물을 얻기 위해서는 세포의 지수적 성장기를 지속해서 유지할 필요가 있으며 이를 위하여 연속배양법

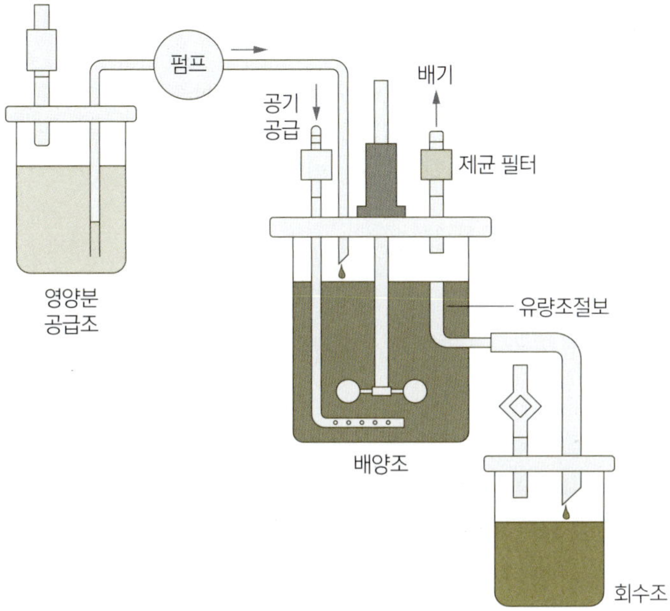

그림 8-6 연속 배양기의 구성
자료 : 백현동 외, 2024

을 사용한다. 이 배양 방법은 영양분을 지속해서 일정량씩 주입하고 생성되는 세포를 지속해서 수확함으로써 배양액의 배지 조성과 세포의 양을 일정하게 유지하는 것으로 세포의 지수성장기를 꾸준히 유지하여야 한다.

회분식 배양에서는 1회용으로 보통 미생물에 주어진 환경이 배양 시간의 경과와 함께 항상 변화하고 배양액 내 기질이 모두 소비된 시점에서 배양이 완료되지만, 연속배양에서는 이론적으로는 배양이 무한으로 계속될 수 있다. 이때 배양에 영향을 주는 환경인자가 일정하게 계속 유지되어야 한다.

기질의 균일성을 위하여 다음과 같이 첨가 농도가 설정된다.

발효조에 유입되는 배지의 유속을 배양액의 단위용적당으로 나타낸 것을 희석률(dilution rate, D)로 정의하면 다음과 같은 식을 얻을 수 있다.

$$D = \frac{F}{V} \text{ (F : 배지의 공급 속도, V : 배양 액량)}$$

균의 농도(x)의 단위시간당 변화는 다음과 같다.

$$\frac{dx}{dt} = \text{생육량} - \text{유출량}$$

$$\frac{dx}{dt} = \mu \cdot \mathrm{x} - \mathrm{D} \cdot \mathrm{x} \ (\mu : \text{균의 비증식 속도})$$

이지만 연속배양의 정상 상태에는 균의 농도의 변화가 일어나지 않으므로 $dx/dt=0$이다. 그러므로

$$\mu \cdot x - \mathrm{D} \cdot x = 0$$

$$\mu \cdot x = \mathrm{D} \cdot x$$

따라서 $\mu = \mathrm{D}$의 관계가 성립한다.

한편 균체의 증식은 [그림 8-7]과 같이 Monod 곡선을 그리며 증식한다.

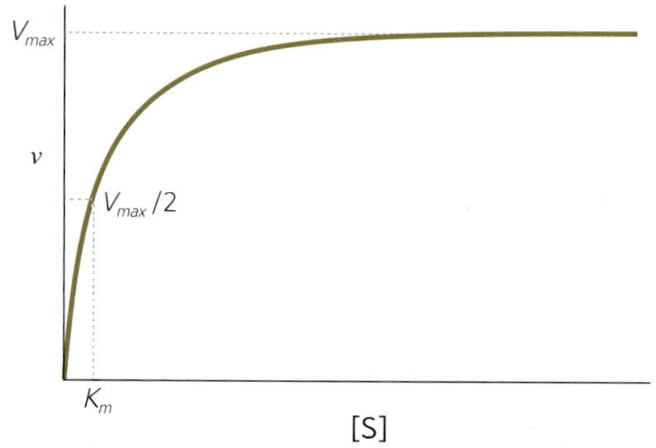

그림 8-7 기질농도에 따르는 균체 증식 속도

이에 대한 Monod식은 다음과 같다.

$$\mathrm{D} = \mu = \mu_{\mathrm{max}} \mathrm{S_r} / (\mathrm{K_s} + \mathrm{S_r})$$

$\mathrm{S_r}$: 일정 희석률로써 정상 상태일 때의 잔류 기질 농도

Ks : 포화상수(saturation constant)

$$\mathrm{D}(\mathrm{K_s} + \mathrm{S_r}) = \mu_{\mathrm{max}} \cdot \mathrm{S_r} \ \text{또는} \ \mathrm{S_r} = \mathrm{D} \cdot \mathrm{K_s} / (\mu_{\mathrm{max}} - \mathrm{D})$$

[그림 8-8]은 연속배양에서 균체 농도, 제한기질 농도와 균체 생산성의 관계를 보여 주는 그림이다. 희석률(D)이 증가함에 따라 배양액의 기질 농도는 처음보다 약간 증가

하지만 D가 μ_{max}로 접근함에 따라 급격히 상승하게 된다. 이때 미생물의 최대 비증식 속도와 같은 희석률을 한계희석률(critical dilution rate, D_{crit})이라 한다. D_{max} 이상으로 희석률이 조절되면 미생물은 모두 배양조에서 유출되어 나오는데 이런 현상을 wash out 이라 한다.

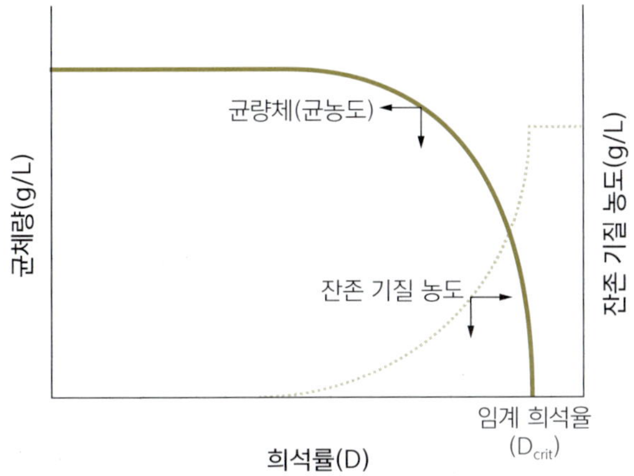

그림 8-8 희석율에 따르는 균체와 기질의 농도
자료 : 백현동 외, 2024

연속배양은 조건이 잘 설정되면 회분식 배양에 비하여 오랜 시간을 계속하여 가동할 수 있다는 장점이 있다고 알려져 있다. 반면에 배양액 중 생산물 농도와 수득률이 낮고 목적물을 분리하는 정제공정이 기본적으로 비연속적이라 배양액을 분리 정제하는 경제적 비용이 많이 든다는 단점을 지니고 있다. 회분배양은 폐쇄적인 공간에서 진행되지만, 연속배양인 경우 개방적으로 새로운 기질(배지)이 계속해서 공급되고 생성물이 일정량씩 나오는 개방적 배양이라서 오염이 되기 쉬운 약점이 있다.

5. 미생물 배양의 역학

미생물 배양에서 역학적 고찰은 다음과 같은 방법이 있다.

1) 균체량에 의한 방법

균체의 양을 중심으로 볼 때 다음과 같이 나타낼 수 있다.

$$\frac{dx}{dt} \propto \times \frac{dx}{dt} = \mu x \quad \cdots\cdots ①$$

$$\mu = \frac{1}{x} \times \frac{dx}{dt}$$

x : 균체 농도(g/L)

μ : 대수증식기에서의 비성장 속도(specific growth rate, h^{-1})라고 하며 상수이다.

t : 배양시간(h)

만약 ①의 식을 0에서 t시간 동안으로 적분하면 다음과 같이 나타낼 수 있다.

$$\ln x_t = \ln x_0 + \mu t \rightarrow \mu = (\ln x_t - \ln x_0)/t$$

$$x_t = x_0 \cdot e^{\mu t} \quad \cdots\cdots ②$$

따라서 위의 식에서 초기 균체량과 비성장 속도를 알면 t시간 후의 균체량을 계산할 수 있다.

2) 균체수에 의한 방법

균체수를 중심으로 증식에 대한 역학적 분석은 다음과 같다.

세대수(n)	0	n = 1	n = 2	n = 3	…	n = n
균수	N_0	$N_0 \times 2$	$N_0 \times 2 \times 2 = N_0 \times 2^2$	$N_0 \times 2^2 \times 2 = N_0 \times 2^3$	…	$N_0 \times 2^n$

$$N_t = N_0 \times 2^n$$

$$\ln N_t = \ln N_0 + n \cdot \ln 2$$

$$n = (\ln N_t - \ln N_0)/\ln 2 = (\ln N_t - \ln N_0)/0.693$$

$$n/t = (\ln N_t - \ln N_0)/t\ln 2$$

여기서 t는 N_0에서 N_t까지 배양시간을 뜻하며, n/t는 시간당 분열되는 평균 횟수, 즉 분열속도상수(division rate constant : average number)이다.

또한 균체수가 2배 되는, 즉 분열되는 데 걸리는 시간(t_d : mean generation time or doubling time)은 다음과 같이 계산한다.

$$t_d = t/n = t \times \ln 2/(\ln N_t - \ln N_0)$$

②식에서, t가 t_d일 때

$$x_t = 2 \times x_0 = x_0 \cdot e^{\mu t_d}$$

양변을 미분하여

$$\ln 2 + \ln x_0 = \ln x_0 + \mu \cdot t_d \rightarrow t_d = \ln 2/\mu = 0.693/\mu$$

따라서 균의 비성장 속도를 알면 분열시간을 계산할 수 있다.

6. 배양 수율

배양에서의 수율은 다음과 같이 정의하고 있다.

$$\text{기질에 대한 균체 수율}(Y_{x/s}) = \frac{\Delta X}{\Delta S} \quad (X : \text{균체량}, S : \text{사용 기질의 양})$$

$$\text{기질에 대한 생산물의 수율}(Y_{p/s}) = \frac{\Delta P}{\Delta S} \quad (P : \text{균체량}, S : \text{사용 기질의 양})$$

7. 발효조 및 세부 장치

발효조(fermenter)는 균체의 생리적 특성이나 발효의 효율적 생산을 위하여 여러 가지 설계가 있으며 기본적으로 원통형 탱크에 교반기(agitator), 방해판(baffle plate), 공기 분산기(sparger), 소포기(foam breaker), 냉각 및 가온 장치를 위한 coil 형태의 관 등이 설치되어 있다(그림 8-9). 이 외에 발효조 내부에는 제어장치(controller)와 연결된 온도계, pH 전극, 자동 소포 센서, 용존산소 측정 센서 등이 장착되었고, 이외의 윗부분에는

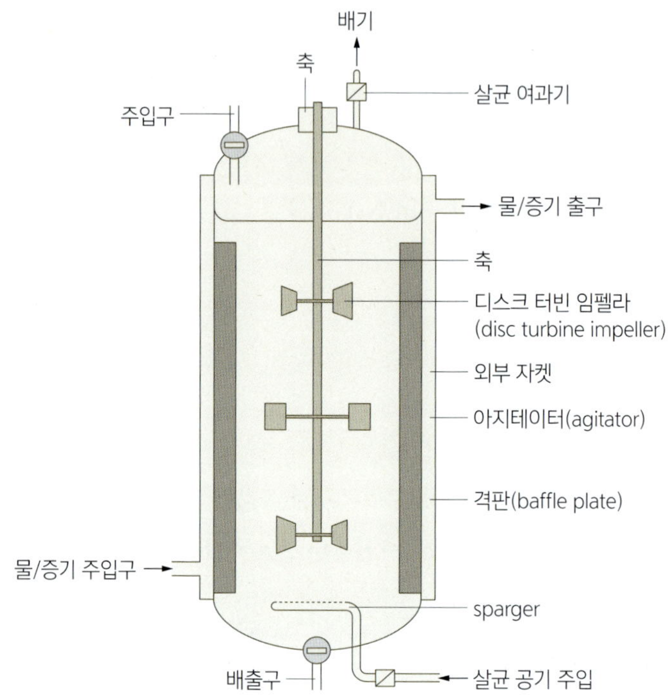

그림 8-9 발효조의 기본 구조

자료 : 백현동 외, 2024

pH 조절을 위한 산이나 알칼리, 소포제 등의 공급장치들이 있다.

배양액의 배양온도 조절은 직접 가열을 하지 않으며, 경우에 따라 배양조 외부에 증기재킷(steam jacket)을 통하거나 내부 coil을 통해 온수로서 간접적으로 조절된다.

방해판은 배양조 내부에 3~6개 정도 설치하며 교반할 때 배양액의 흐름에 와류가 생기게 하여 더욱 효율적으로 균일화할 수 있다.

교반기는 배양액 전체의 혼합이 골고루 잘 되도록 하는 동시에 공급된 기포를 분산시켜 산소의 공급 효율을 높이는 기능을 한다. 따라서 혐기적인 균체배양이나 발효에서는 교반기는 사용하지 않는다. 교반기의 종류는 [그림 8-10]과 같이 패들(paddle)형, 프로펠러(propeller)형, 터빈(turbine)형 등이 있다. 패들 임펠러는 주로 액을 교반기의 회전 원주 방향으로 흐르게 하고 임펠러의 날개 길이가 비교적 커서 저항이 크고 회전 속도가 느리다. 보통 D_i(날개 길이)/D_t(tank 지름)는 약 0.7 정도이다. 프로펠러임펠러는 주로 교반축 방향의 흐름(axial flow)을 일으키고, 날개가 작아 저항이 적어 고속 회전시켜 혼

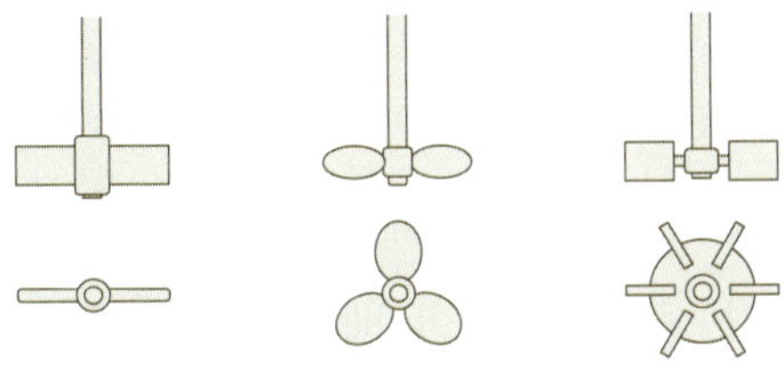

그림 8-10 교반기의 종류
자료 : 유주현 외, 2008

합 효율을 높일 수 있다. 일반적으로 D_i/D_t는 0.3~0.4로 한다. 터빈임펠러는 주로 회전 반경 방향으로의 흐름(radial flow)을 일으켜 패들과 프로펠러임펠러의 장점을 겸하고 있다. 전체 날개의 길이는 프로펠러임펠러와 같이 D_i/D_t가 0.3~0.4가 되도록 한다. 유속에 저항이 적어 고속 회전시킬 수 있으며 통기 효율이 가장 높으므로 일반적으로 가장 많이 사용된다.

공기분산기(air sparger)는 공기를 내부에 공급함으로써 통기와 동시에 액체 내에 균체 및 물질 성분을 분산시킨다. 공기분산기에는 다공질 물질로 이어진 튜브형(porous style), 많은 작은 구멍이 있는 링형(orifice style), 분사하는 방사형(nozzle style) 등이 있는데 이 중에는 링형이 가장 많이 사용되고 있다.

냉각장치에는 재킷형, 코일형, 다관식형 등이 있으며, 냉각수 또는 냉매를 통하여 발효열을 냉각 조절한다.

8. 발효공정의 대형화

생물공학의 최종 목표는 대규모 공정을 성공적으로 개발하는 것이므로 실험실에서의 연구 결과를 대규모 생산공장으로 실용화하는 것은 매우 중요하다. 이때 소규모의 실험실 연구 결과를 공장 규모의 산업적 생산으로 전환시키는 것을 대형화(scale-up)라 하며, 이를 만족스럽게 성취하려면 다양한 문제에 봉착하게 된다. 엄격한 과학적 견지에서 대형화의 목적은 소규모에서 얻어진 결과를 정확히 대규모에서도 재현하는 것이며, 만약 동일 제품의 수율을 양쪽 규모에서 같은 기간 내에 똑같이 얻게 된다면 성공적이라 볼 수 있다. 이때 효율적인 대형화는 실험실의 결과를 생산 규모로 전달하기 위하여 발효장치의 설계도 매우 중요하다. 발효에 대한 장치는 대형화 기술이 완전히 이해되면 적절히 설계되거나 조작될 수 있다. 특히 배양장치의 대형화는 수율을 향상시키는 변이주를 대규모 생산에 도입할 경우나 완전히 새로운 발효공장을 건설할 경우에 필요하다. 대형화는 실험실 및 파일럿플랜트(pilot plant) 규모 연구, 시범공장에서의 운전 등 몇 단계를 거쳐서 수행된다. 특히 발효 기술의 대형화는 미생물학자, 생화학자 및 화학공학자 등 여러 분야의 과학자들 사이의 밀접한 협력이 매우 필수적이다.

대형화에서 대규모 장치를 설계하는 경우 두 개의 장치를 관련시키는 기본적 원리는 유사성(similarity)이다. 유사성에는 기하학적 유사성(geometrical similarity), 동적 유사성(dynamic similarity), 열적 유사성(thermal similarity), 생화학적 유사성(biochemical similarity) 등이 있다. 이 중 기하학적 유사성은 최초의 장치를 원형(prototype)으로 하여 이보다 작은 장치를 모형(model)이라고 하는데 두 장치의 크기, 형태 등 크기의 비(dimension ratio)가 같은 것을 뜻한다. 동적 유사성이란 두 개 장치에서 흐름의 형태(flow pattern)가 기하학적으로 유사하게 되는 것을 말한다. 열적 유사성은 대응하는 시간에 있어서 온도의 분포도가, 또 생화학적 유사성은 대응하는 시간에서의 각종 기질, 생산물, 균체 등의 농도 분포도가 각각 유사하게 되는 것을 말한다.

미생물 배양(또는 발효)에서는 열, 물질 및 생화학적 반응이 동시에 진행되므로 장치의 기하학적 유사성과 더불어 동적 유사성, 열적 유사성 및 생화학적 유사성 모두가 중요하다. 그러나 이 반응에서 허용되는 온도 및 농도 범위가 대단히 좁으므로 대형화의 실제에 있어서는 두 장치의 대응하는 부분에서 같은 온도 및 농도를 얻는 것이 가장 중요하다. 만약 기하학적으로 대응하는 두 점 간의 온도 차 및 농도 차의 비를 각각 온도 scale ratio 및 농도 scale ratio라고 한다면, 배양계의 대형화는 이들 scale ratio가 1이 되도록 하는 것이 바람직하다.

하지만 개개의 배양계에 대해서 목적하는 결과를 얻기 위하여서는 영향력이 큰 요인을 면밀히 조사하고, 이 요인에 대해서 scale ratio가 1의 유사성이 성립하도록 하여 scale-up을 행하지 않으면 안 된다. 즉 모든 규모의 미생물 공정에 대한 최적 환경 조건을 유지할 수 있도록 대형화하여야 한다. 일반적으로 환경 조건이란 화학적 인자(기질, 생산물 및 전구체 농도 등)와 물리적 인자(물질 전달 능력, 교반 능력 및 전단력 등) 모두를 포함한다. 일반적으로 화학적 인자는 조절 또는 제어를 통해 일정하게 유지하는 것이 가능하지만, 물리적 인자는 크기에 매우 의존하여 규모가 변함에 따라 변하므로 이를 기초로 대형화를 행하는 경우가 대부분이다.

규모에 따라 변하는 물리적 환경인자가 주어질 때 대형화의 기준으로서 단위부피당의 교반 소비동력, 일정한 부피산소 전달계수 등이 있으며 이 중 용존산소가 중요한 제어인자인 경우는 후자를 많이 이용한다.

단원정리

발효공정은 상위 공정과 하위 공정으로 나뉜다. 상위 공정은 원료 준비, 균주 확보, 배양기 제조, 발효 조건 조절 등 원료부터 발효까지의 공정을 말하며, 하위 공정은 발효 후 균체 회수, 생산물 분리 및 정제, 제품화 과정 등 발효 후 제품화가 되기까지의 공정을 말한다. 발효 조건에 따라서 최적의 환경을 조성하여 발효를 진행하며, 원심분리나 여과 후에 정제된 발효물은 분말, 액상, 결정화 등의 형태로 가공되고 저장성과 유효성을 고려하여 부형제를 혼합하여 다양한 형태의 제품으로 포장된다. 특히 발효식품의 경우, 사용되는 모든 성분은 식품첨가물 규정을 준수해야 한다.

미생물 배양 후 성장곡선은 유도기(lag phase), 대수 또는 지수 증식기(logarithmic phase), 정지기(stationary phase), 사멸기(death phase)로 나뉜다. 유도기는 새로운 환경에 적응하는 데 필요한 시간이며, 지수 증식기에서는 새로운 환경에 적응을 끝내고 세포가 활성화되어 수와 질량이 빠르게 증가한다. 정지기는 영양소 고갈로 세포 성장이 멈추고 균수의 변화가 없는 상태이며 2차 대사산물이 생성된다. 사멸기에서는 세포가 죽어 자가소화가 일어나고 세포의 수적 감소세를 보인다.

발효 과정에서 온도와 pH는 미생물 성장과 발효물 생산에 중요한 영향을 미치므로, 적절한 온도 조절과 pH 관리가 필요하다. 종배양은 주배양에 앞서 소규모로 진행되며, 발효에 따라서 종배양은 대수 증식기의 균체를 사용하거나 초기 상태의 균체를 사용할 수 있다. 산업적으로 대량 배양의 경우에는 종배양의 영향이 크다. 주배양의 규모가 큰 경우 종배양의 규모를 몇 단계 계대하여 배양하고 전배양을 실시한 다음 주배양을 진행하게 된다.

발효 미생물 배양법에는 크게 고체배양과 액체배양이 있다. 고체배양은 일반적으로 평판배양(plate culture)을 사용하고 이외에도 특정 균을 분리하는 획선배양법이 있다. 액체배양법은 영양원 공급 방법에 따라서 회분식(batch culture), 유가식 (fed-batch culture), 연속식(continuous culture)이 있다. 회분식 배양(batch culture)란 배양이 완전히 끝난 후 다시 배지를 교체하는 방식으로 소규모 발효공업에서 흔히 사용되며, 유가식 배양은 회분 배양 과정에서 증식에 대하여 제한인자로 되어 있는 기질을 소량씩 계속 공급하면서 일정한 농도를 유지하는 배양법이다. 마지막으로 연속배양은 생물 반응조에 신선한 배지를 일정 속도로 공급함과 동시에 배양액을 연속적으로 배출시킴으로 발효조의 액량을 일정하게 유지해 주는 배양 방법으로 발효공학적으로 계속적으로 세포를 생산할 필요가 있거나 세포의 2차 생산물을 얻기 위해서는 세포의 지수적 성장기를 지속해서 유지할 필요가 있을 경우에 사용한다. 연속배양은 회분식 배양에 비하여 오랜 시간을 가동할 수 있는 장점과 함께 경제적으로 비용이 많이 든다는 단점을 지니고 있다.

발효조(fermenter)는 원통형 탱크에 교반기, 방해판, 공기 분산기, 냉각 및 가온 장치 등이 설치되어 있으며, 내부에는 제어장치와 연결된 온도계, pH 전극, 용존산소 센서 등이 장착되어 있다. 교반기는 배양액 혼합과 산소 공급 효율을 높이며, 패들형, 프로펠러형, 터빈형 등이 사용되며, 공기분산기는 공기를 공급해 통기와 균체 분산을 돕고, 냉각장치는 발효열을 조절하는 역할을 한다.

발효장치의 대형화는 실험실 결과를 대규모 생산으로 전환하는 과정으로, 대형화의 목표는 소규모와 대규모에서 동일한 수율을 얻는 것이다. 이를 위해서 기하학적, 동적, 열적, 생화학적 유사성을 고려하여 설계하게 되며 최적 환경 조건인 물리적 인자(물질 전달 능력, 교반 능력 및 전단력 등)와 화학적 인자(기질, 생산물 및 전구체 농도 등)를 최적화하는 것이 중요하다.

단원평가

1 발효공정은 크게 상위 공정과 하위 공정으로 나누어 이루어진다. 상위 공정과 하위 공정에 대한 특징을 간략하게 설명하시오.

2 다음 설명 중에서 옳지 않은 것을 고르시오.

① 미생물의 발효에 온도와 pH는 매우 중요한 요인이다.

② 혼합 균주에서 순수하게 특정 균을 분리할 때 평판도말법(spread plate method)을 사용한다.

③ 액체배양법에는 영양원 공급 방법에 따라서 회분식(batch culture)과 유가식(fed-batch culture), 연속식(continuous culture)이 있다.

④ 발효장치 대형화는 화학적 인자와 물리적 인자 모두를 포함하여 환경 조건을 유지할 수 있도록 진행해야 한다.

3 미생물 성장곡선에 대해서 간략하게 설명하시오.

4 미생물 발효조에서 교반과 통기가 필요하다. 발효조의 필수장치 3가지를 답하시오.

5 회분배양법의 특징이 아닌 것은?

① 소규모 발효공업에 적합하다.

② 작업 시간을 단축할 수 있다.

③ 잡균의 오염에 대처하기가 용이하다.

④ 운전 조건의 변동 시 쉽게 대처 가능하다.

정답 및 해설

1. • 상위 공정 : 원료부터 발효까지의 공정을 말하며, 균주 확보 및 배양기의 제조, 발효 조건의 조절
   • 하위 공정 : 발효 후 제품화가 되기까지의 공정을 말하며, 균체 회수, 발효 생산물의 분리 및 정제, 제품화를 위한 가공, 저장
2. ②
3. • 유도기 : 새로운 환경에 적응하는 기간으로 영양원의 조건에 따라 필요한 여러 가지 효소의 생산 시기이다. 단백질 합성이 왕성하고 세포 크기가 증가하는 반면, 균수의 증가가 거의 없다.
   • 대수 증식기(지수 증식기) : 새로운 환경에 적응하여 세포가 활성화되어 세포수와 질량이 대수적으로 증가하는 기간이다.
   • 정지기 : 균수가 최대인 상태이지만 영양소가 고갈되고 대사에서 유래한 독성물이 축적되어 균수의 변화가 거의 없는 상태이다.
   • 사멸기 : 자기소화로 인해서 사멸되는 세포수가 증가하며, 살아 있는 세포의 수적 감소세를 보이는 기간이다.
4. 교반기(agitator), 방해판(baffle plate), 공기분산기(air sparger)
5. ②

09
발효물의 분리 및 정제

1. 배양액의 정제 단계
2. 정제 원리 및 설비

1. 배양액의 정제 단계

발효가 끝난 후 균체 또는 미생물이 만든 최종 발효물은 제품화를 위하여 회수 하는 과정이 필요하며, 이때 효율적으로 분리·정제하는 것이 매우 중요하다. 제조원가를 따져볼 때 일반적으로 원료와 발효 부분의 비용이 30~40%, 분리 및 정제 부분의 비용이 60~70%를 각각 차지한다. 따라서 산업화를 위하여 발효 단계에서 높은 수율(생산성)을 얻는 것이 주요 목표이지만, 제조원가를 감안하면 제품 품질규격에 적합하면서 저비용으로 높은 수율을 달성할 수 있는 정제공정을 개발하는 것도 매우 중요하다고 볼 수 있다.

발효 후 목적하는 물질을 분리하는 단계로는 배양액 또는 발효액으로부터 배양액과 균체를 분리하는 단계, 분리된 물질에서 목적의 물질을 대략적으로 분리하는 단계, 분리된 물질로부터 더 높은 순도의 생성물을 분리하는 단계로 되고, 정밀화학 물질이나 의약품 등 고순도 제품을 요구하는 경우 더욱 정밀한 분리를 하게 된다.

2. 정제 원리 및 설비

1) 발효 배양액으로부터 균체의 분리

발효가 끝난 후 생성물의 존재는 발효액(또는 배양액)에도 있을 수 있고 균체의 내부에 있을 수도 있다. 어떤 경우에도 발효액으로부터 균체를 분리해야 한다. 발효액으로부터 균체를 분리하기 위하여 일반적으로 막여과(membrane filtration), 원심분리기를 사용한다.

이후, 균체 내에서 생산물을 취할 경우는 세포를 파괴하는 공정이 필요하며, 방법은 다음과 같다.

- 기계적 방법 : 혼합기(blender), ball miller, 균질기(homogenizer) 등을 사용함
- 자가소화(autolysis) : ethyl acetate, toluene, acetone, Triton X-100, Na-lauryl sulfate 등을 사용함
- 리소자임(lysozyme) 사용 : 세포벽을 가수분해시킴
- 삼투압 : 세포벽을 물리적으로 파괴함

- 동결하여 얼음 결정체로 파괴함
- 초음파(ultra-sonication) : 10～60 kHz의 주파수로 사용하며 세포벽에 천공이 생김
- 고압 : 70～1,000 kg/cm²의 압력으로 분무하여 파괴

2) 여과액의 농축

균체를 분리한 여액에서 생성물의 농도가 매우 낮을 경우 다음 단계 정제공정에서 경제적으로 효율적이지 못하다. 이를 위하여 정제 전에 한외여과법(ultra filtration, UF), 역삼투압법(reverse osmosis, RO), 황산암모늄(ammonium sulfate) 또는 에탄올을 이용한 침전법 등으로 여과액을 농축하고 원심분리하여 회수한 후 다음 단계로 들어간다.

3) 크로마토그래피를 이용한 정제

크로마토그래피(chromatography)는 혼합물을 성분으로 분리하는 기술이다. 여기서 혼합물은 이동상(mobile phase)이라고 하는 유체용매(기체 또는 액체)에 용해되며, 이동상은 고정상(stationary phase)이라고 하는 물질이 고정된 시스템(컬럼, 모세관, 플레이트 또는 시트)을 통해 이동된다. 혼합물의 서로 다른 성분은 고정상에 대해 서로 다른 친화력을 갖는 경향이 있고 고정상의 표면 부위와의 상호작용에 따라 성분마다 서로 다른 시간 동안 유지되기 때문에 여러 가지 혼합 성분들은 이동유체에서 서로 다른 겉보기 속도로 이동하여 분리된다. 또한 여러 성분의 고정상과 이동상의 용해도에 따른 분배계수의 미묘한 차이는 고정상에서 차등 머무름을 초래하여 분리에 영향을 미친다. 크로마토그래피 방법에는 분리되는 원리에 따라 여러 가지가 있으며 성분들의 이온성 및 전하량 차이를 이용하여 분리하는 이온교환 크로마토그래피(ion-exchange chromatography), 고분자 성분들의 분자량의 크기에 따라 분리되는 젤 크로마토그래피(gel chromatography), 수지와의 흡착성을 이용한 흡착 크로마토그래피(adsorption chromatography), 생물학적 친화성을 이용한 친화 크로마토그래피(affinity chromatography), 분리할 성분 간의 고정상과 유동상에서의 용해도 차이에 의해 분리되는 분배 크로마토그래피(partition chromatography) 등이 있다.

크로마토그래피는 분석용(analytical chromatography)으로 주로 쓰이나 성분의 정밀한 순수분리에도 적용할 수 있다. 이를 조제형 크로마토그래피(preparative chromatography)라고 한다.

4) 건조 및 결정화

분리된 성분은 제품의 저장성과 편의성을 감안하여 건조시켜 분말화한다. 건조 방법에는 대표적으로 진공건조(vacuum drying), 분무건조(spray drying), 열풍건조(hot air drying) 등이 있는데 이때 가열에 따른 갈변이나 산화작용으로 성분의 특성을 잃지 않도록 주의하여야 한다. 성분이 열에 의해 쉽게 변화가 일어날 경우는 이를 최소화하기 위해 동결건조법(freeze drying)이 있다(그림 9-1).

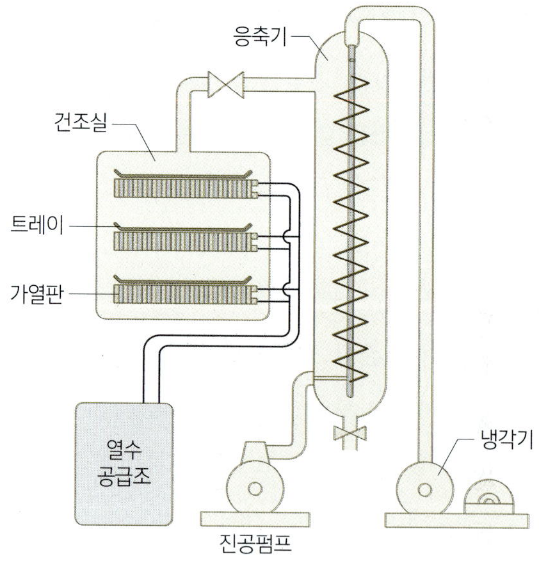

그림 9-1 동결건조기
자료 : 백현동 외, 2024

또한 정밀화학용이나 의약용의 발효 성분의 불순물 존재는 많은 문제가 야기된다. 이러한 고순도의 제품을 위하여 농축시킨 다음 과포화 상태에서 서서히 침전시켜 결정화(crystallization)시킨다.

단원정리

발효가 끝난 후에 균체나 미생물이 만든 최종 발효물은 제품화를 위하여 회수하는 과정이 필요하다. 제품화 과정에서 분리·정제는 제조원가의 60~70%를 차지할 만큼 중요하다. 따라서 높은 수율과 저비용을 동시에 달성할 수 있는 정제공정 개발이 필수적이다. 분리 단계는 배양액과 균체 분리, 대략적 분리, 고순도 분리의 세 단계로 이루어지며, 특히 정밀한 분리가 요구되는 경우 더욱 세밀한 과정이 필요하다.

발효배양액으로부터 균체를 분리하기 위해 막여과, 원심분리기를 사용하며, 균체 내부의 생성물은 기계적 방법, 자가소화, 리소자임, 삼투압, 동결, 초음파, 고압 등으로 세포를 파괴하여 추출한다. 여과액의 농축은 한외여과, 역삼투압, 침전법 등을 사용하며, 크로마토그래피는 성분을 분리하는 주요 기술로 다양한 방법이 있다. 분리된 성분은 진공건조, 분무건조 등으로 건조하며, 고순도 제품의 경우 결정화를 통해 불순물을 제거한다.

단원평가

1 정제하는 기술 중 하나로 이 기술은 혼합물을 성분으로 분리하는 기술이다. 고정상과 이동상에 대해 서로 다른 친화력에 의해서 혼합물을 분리시키는 기술을 무엇이라고 하는가?

① 한외여과법

② 역삼투압법

③ 크로마토그래피법

④ 원심분리법

2 분리된 성분은 저장성과 편의성을 고려하여 건조시켜 분말화하고 있다. 가열 시에 갈변이나 성분의 특성이 변화하기도 하는데 이때에 성분이 열에 의해서 쉽게 변화되는 것을 최소화하기 위해서 사용하는 건조법을 무엇이라고 하는가?

정답 및 해설

1. ③
2. 동결진공건조법(freeze vacuum drying)

10 프로바이오틱스

1. 유산균과 프로바이오틱스
2. 유산균의 발효 및 대사
3. 프로바이오틱스의 건강 기능성
4. 프로바이오틱스의 진보
5. 차세대 프로바이오틱스

1. 유산균과 프로바이오틱스

유산균(또는 젖산균)은 글루코스와 같은 당류를 분해하여 젖산을 생성하는 비포자성 세균을 말하며, 그람양성균이다. 산소요구성으로 볼 때, 통성혐기성 또는 절대혐기성으로 운동성은 없고 대부분이 과산화수소를 분해하여 물과 산소를 만드는 효소인 카탈레이스(catalase)가 결여되고, 생육인자로서 비타민, 아미노산, 몇 종류의 펩타이드 등을 추가적으로 요구한다.

유산균에는 미생물의 분류학상으로는 유박테리알레스(Eubacteriales, 진정세균) 목(order)에 속하며, 락토바실레아에(Lactobacilleae) 과(family)와 스트렙토코카세아에(Streptococcaceae) 과로 구분되는데 전자에서는 락토바실루스(*Lactobacillus*) 속, 페디오코쿠스(*Pediococcus*) 속, 류코노스톡(*Leuconostoc*) 속, 와이셀라(*Weissella*) 속이 포함되며, 후자에서는 스트렙토코쿠스(*Streptococcus*) 속, 락토코쿠스(*Lactococcus*) 속이 있다. 형태학상으로는 간균(예 : 락토바실루스 속)과 구균이 있으며, 간균에는 락토바실루스 등이 있고, 구균에는 스트렙토코쿠스 속, 락토코쿠스 속, 페디오코쿠스 속, 류코노스톡 속 등이 있다. 생성된 젖산은 광회전성 등에 의한 이성질체가 존재할 수 있다.

프로바이오틱스는 인체 내에 들어가서 건강에 유익한 효과를 주는 살아 있는 균을 의미하며, 현재 알려진 균으로는 *Saccharomyces cerevisiae*와 같은 효모, *Bacillus subtilis*와 *Bacillus polyfermenticus* 등과 같은 포자형성균, 그리고 대부분의 유산균이 여기에 속한다.

프로바이오틱스는 일반적으로 섭취하기에 안전한 것으로 간주되지만 드물게 박테리아-숙주 상호작용 및 원치 않는 부작용을 일으킬 수 있다.

유산균은 예로부터 우리나라의 각종 김치류, 외국의 치즈, 요구르트, 피클 등 식품 발효에 전 세계적으로 널리 사용되어 온 균이며, 처음 발견된 프로바이오틱스는 불가리아 요구르트에 함유된 락토바실루스 불가리쿠스(*Lactobacillus bulgaricus*)라는 특정 바실루스 균주였다. 이는 1905년 불가리아의 의사이자 미생물학자인 스테멘 그리고로프(Stamen Grigorov)가 발견하였고, 이어 1907년 러시아의 과학자 엘리 메치니코프(Élie Metchnikoff)가 '불가리아 사람들이 장수를 누리는 이유가 *Lactobacillus*로 발효된 발효유를 섭취하기 때문이다.'라는 것을 과학적으로 밝혀 노벨상을 받은 이래로 유산균에 대한 건강에 대한 효과를 오랫동안 연구해 오고 있다.

유산균을 비롯한 세균들이 프로바이오틱스로 인정받기 위해서는 위산과 담즙산에서 생존하여 소장까지 도달하여 장에서 증식하고 정착하여야 하며, 장관 내에서 유용한 효과를 나타내어야 하고, 독성이 없으며 비병원성이어야 한다. 전통적으로 프로바이오틱스 제품들은 치즈나 요구르트 등과 같이 *Lactobacillus* 등의 유산균을 이용하여 만들어진 발효유제품으로 판매되어 왔으나 최근에는 *Lactobacillus* 이외에 *Bifidobacterium*, *Enterococcus* 일부 균주 등이 안전성이 확인되고 균주 종류가 더욱 다양하게 되어 발효유뿐 아니라 분말 및 정제 등의 다양한 제형 형태로 판매되고 있다. 국내 건강기능식품에 프로바이오틱스로 허용된 유산균으로는 다음 [표 10-1]과 같다.

표 10-1 국내에서 식품 원료로 허용된 유산균 (2023.11.28 개정)

속(Genus)	종(Species)
Lactobacillus	*L. acidophilus*, *L. brevis*, *L. bulgaricus*, *L. casei*, *L. caucasius*, *L. crispatus*, *L. curvatus*, *L. delbrueckii*, *L. delbrueckii* subsp. *lactis*, *L. fermentum*, *L. gasseri*, *L. helveticus*, *L. johnsonii*, *L. kefiranofaciens* subsp. *kefiranofaciens*, *L. kefiranofaciens* subsp. *kefirgranum*, *L. kefiri*, *L. leichmannii*, *L. paracasei*, *L. paraplantarum*, *L. pensosus*, *L. perolens*, *L. plantarum*, *L. reuteri*, *L. rhamnosus*, *L. sakei*, *L. salivarius*
Lactococcus	*L. lactis* subsp. *cremoris*, *L. lactis* subsp. *lactis*
Leuconostoc	*L. kimchii*, *L. mensenteroides*, *L. paramensenteroides*, *L. citreum*
Bifidobacterium	*B. adolescentis*, *B. animalis*, *B. bifidum*, *B. breve*, *B. infantis*, *B. lactis*, *B. longum*, *B. pseudolongum*
Streptococcus	*S. diacetylactis*, *S. salivarius*, *S. thermophilus*
Pediococcus	*P. acidilactici*, *P. halophilus*, *P. parvulus*, *P. pentosaceus*
Propionibacterium	*P. freudenreichii*, *P. petersonii*
Weissella	*W. cibaria*, *W. confusa*, *W. koreensis*

이들 중 장내 유해균의 생육을 저해하여 정장작용을 함으로써 장 건강에 도움을 주는 일부 프로바이오틱스는 현재 식품의약품안전처에 고시형 프로바이오틱스로 등록되어 있으며, [표 10-2]와 같다.

표 10-2 식약처 고시형 프로바이오틱스 종류

속(Genus)	종(Species)
Lactobacillus	*L. acidophilus*, *L. casei*, *L. gasseri*, *L. helveticus*, *L. delbrueckii* subsp. *bulgaricus*, *L. fermentum*, *L. paracasei*, *L. plantarum*, *L. reuteri*, *L. rhamnosus*, *L. salivarius*
Lactococcus	*L. lactis* subsp. *lactis*
Enterococcus	*E. faecalis*, *E. faecium*
Bifidobacterium	*B. bifidum*, *B. breve*, *B. longum*, *B. animalis* subsp. *lactis*
Streptococcus	*S. thermophilus*

프로바이오틱스는 섭취되어 장에 도달하였을 때 장내 환경에 유익한 작용을 하여야 한다. 즉, 장에 도달하여 생육하며 젖산을 생성하여 장내 환경을 산성으로 만든다. 산성에 민감한 유해균들은 성장이 억제되고 그 수가 감소하게 되며, 상대적으로 내산성 유익균들은 더욱 증식하게 되어 장내 환경을 건강하게 만들어 준다. 그러나 연령에 따라 프로바이오틱스의 장내 분포는 다르며, 모유를 먹는 건강한 아기의 경우 분변 균 중 90% 이상이 *Bifidobacterium*으로 이루어져 있으나 나이가 들면서 점차 *Bifidobacterium*은 감소하고 장내 유해균은 증가하게 된다. 이러한 정상적인 노화 과정에서 장내 균총의 분포를 건강한 상태로 유지하도록 도와주는 것이 프로바이오틱스의 기능 중 하나이다.

장에 프로바이오틱스가 도달하여 유익한 유산균 증식하여 유해균을 억제하고 장운동을 촉진하여 원활한 배변 활동의 기능을 나타내기 위하여 하루당 10^8~10^{10} CFU의 유산균을 섭취하여야 하며, 제안된 섭취량 이상으로 섭취하더라도 기능성이 더 좋아지는 것은 아니다. 오히려 과량으로 섭취하면, 이형젖산발효(hetero-fermentation)를 하는 균주의 경우에는 가스를 발생시켜 설사 등을 유발할 수 있으므로 주의하여야 한다. 또한 항생제 복용 시에는 프로바이오틱스의 기능이 저해될 수 있으므로 주의하여야 한다.

2. 유산균의 발효 및 대사

1) 유산균의 분류

현재 무수히 많은 유산균이 알려져 있으나 그중 20여 종류가 주로 발효유 제조 및 유산균 산업에 응용되고 있다. 유산균은 속(species)에 따라 크게 5개 군으로 분류할 수 있다.

(1) *Lactobacillus* 속

형태는 간균으로 *L. bulgaricus*, *L. acidophilus*, *L. casei*, *L. helveticus*가 있다. 발효식품으로는 요구르트, 발효유, 치즈 생산에 활용되고 있다. *L. sakei*와 *L. plantarum*은 김치와 같은 발효 침채류에서 발견되는 대표 종이다. 최근 들어 *Lactobacillus* 속은 23개의 새로운 속으로 재분류되었으며, 새로운 속에 대한 정보는 http://www.lactobacillus.ualberta.ca/를 통해 알아볼 수 있다.

(2) *Bifidobacterium* 속

간균으로 유산과 초산을 생산하는 이상발효를 하며, 모유를 섭취하는 영아의 장내에 우세하고 면역력 증가와 정장제에 사용한다. 특히 모유에 존재하는 난분해성 올리고당을 시키기도 한다. *B. longum*, *B. bifidum*, *B. breve* 등이 있다.

(3) *Streptococcus* 속

연쇄상 구균으로 *S. diacetylactis*는 치즈, *S. thermophilus*는 요구르트 제조에 사용된다.

(4) *Leuconostoc* 속

Lactobacillaceae 계열에 속하는 그람양성균의 속이다. 일반적으로 난형 구균이며 종종 사슬을 형성한다. *Leuconostoc* 속 미생물은 카탈레이스 음성(포도상구균과 구별됨)이며, 본질적으로 반코마이신에 내성을 나타내나 이는 이들이 반코마이신 내성 유전자를 보유하는 것 때문이 아니라 반코마이신 작용기전 구조를 세포 내에 가지고 있지 않기 때문이다. 이 속의 모든 종은 이종 발효성이며 자당에서 덱스트란을 생산하여 점액을 형성한다. *L. mesenteroides*, *L. citreum* 등은 김치의 발효 초기에 발견되며, 이들은 김치 종균으로 사용되고 있다. 이 외에도 발효 버터 제조에 응용된다.

(5) *Pediococcus* 속

Lactobacillaceae 계통에 속하는 그람양성균이다. 일반적으로 쌍구균 또는 사구균이다. 프로바이오틱스로 사용되며, 소시지, 치즈 및 요구르트를 만들 때 유익한 미생물로 첨가되고, 간장 숙성, 정장제, 채소류 발효 등에도 사용한다.

2) 유산균 발효 형식

젖산발효에는 생산되는 산물에 따라 젖산을 주로 생산하는 동종젖산발효(homo lactic fermentation)와 젖산 이외에 초산 혹은 에탄올 등을 일정한 비율로 생산하는 이종젖산발효(hetero lactic fermentation)가 있다. 대부분의 젖산균은 동종젖산발효 균주이지만 김치 유산균인 *Leuconostoc* 속 미생물과 *Levilactobacillus brevis*, *Lactobacillus kefir*, *Lactobacillus pentaaceticus* 등은 에탄올을 부산물로 생산하며, *Bifidobacterium* 속의 미생물들은 초산을 부산물로 생산하는 이종젖산발효 균주이다. 이에 대한 대사경로는 [그림 10-1]과 같이 요약할 수 있고, 각각의 해당 균주는 [표 10-3]에 나타내었다.

(1) **동종젖산발효**(또는 정상발효, homo fermentation)

발효 후 최종 산물로서 유산(lactic acid)인 동일한 유기산을 분비하는 젖산발효이다. 혐기적인 조건에서 포도당을 두 분자의 젖산염으로 전환하고 이 반응을 사용하여 기질 수준의 인산화를 수행하여 두 개의 ATP 분자를 생산한다.

$$\text{포도당} + 2ADP + 2P_i \rightarrow 2\text{젖산염} + 2ATP$$

(2) **이종젖산발효**(또는 이상발효, hetro fermentation)

발효 후 최종 산물로서 유산과 초산 등 다른 유기산, 이산화탄소와 알코올 등을 생성하는 젖산발효이다. 이 발효에 관여하는 유산균은 젖산과 ATP가 생산이 정상발효보다 적다.

$$포도당 + ADP + P_i \rightarrow 젖산 + 에탄올 + CO_2 + ATP$$

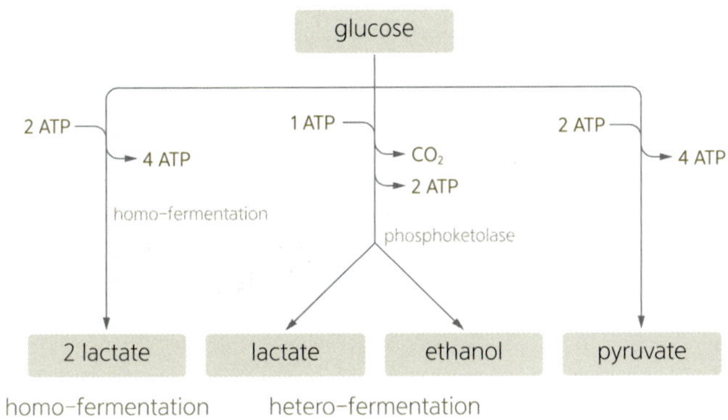

그림 10-1 유산의 정상발효와 이상발효
자료 : 백현동 외, 2024

표 10-3 발효대사에 따르는 대표적인 유산균의 종류

정상발효유산균	이상발효유산균
• *Lactobacillus* 속 : *L. acetotolerans*, *L. acidipiscis*, *L. acidophilus*, *L. casei*, *L. delbrueckii*, *L. helveticus*, *L. plantarum*, *L. salivarius* • *Lactococcus* 속 : *L. lactis*, *L. garvieae*, *L. plantarum*, *L. raffinolactis* • *Paralactobacillus* 속 : *P. selangorensis* • *Pediococcus* 속 : *P. acidilactici*, *P. claussenii*, *P. pentosaceus*, *P. damnosus*, *P. dextrinicus* • *Streptococcus* 속 : *S. bovis*, *S. salivarius* • *Tetragenococcus* 속 : *T. halophilus*, *T. muriaticus* • *Vagococcus* 속 : *V. fluvialis*, *V. salmoninarum*	• *Lactobacillus* 속 : *L. brevis*, *L. buchneri*, *L. cellobiosus*, *L. fermentum*, *L. kimchii*, *L. panis*, *L. sakei* • *Leuconostoc* 속 : *L. argentinum*, *L. citreum*, *L. fallax*, *L. kimchii*, *L. lactis*, *L. mesenterioides* • *Carnobacterium* 속 : *C. divergens*, *C. gallinarum*, *C. mobile*, *C. piscicola*, *C. viridans* • *Oenococcus* 속 : *O. oeni* • *Weissella* 속 : *W. cibaria*, *W. confusa*, *W. hellenica*, *W. minor*, *W. paramesenteroides*, *W. viridescens*, *W. koreensis*

3. 프로바이오틱스의 건강 기능성

1) 항산화력

프로바이오틱스는 세포벽에 존재하는 세포외 다당류(exopolysaccharide, EPS), 글루타치온(glutathione), 토코페롤(tocopherol), 아스코브산(ascorbic acid) 등과 같은 환원성 물질 생산 및 슈퍼옥사이드 디스뮤테이스(superoxide dismutase, SOD), 카탈레이스(catalase) 등의 환원효소의 생산으로 항산화력을 가지고 있으나 항산화력은 기작 또는 균주에 따라 그 역가가 다르게 나타난다(Han et al., 2020; Yu et al., 2019).

2) 항균작용

장내유해균은 여러 가지 기작으로 인체에 질병의 원인이기도 하다. 즉, 유해균은 인체 내에서 장내독소(enterotoxin)를 생산하거나 장 점막세포에 침투하여 장에 염증을 유발하고 구토, 복통, 고열 등 여러 가지 질병을 일으키며, 용혈 현상이나 뇌신경세포에 영향을 주어 면역력이 약한 환자나 노약자에게 치명적일 수도 있다. 또한 유해세균은 간에서 분비되는 1차 담즙산을 콜산(cholic acid)나 리소콜산(lithocholic acid) 등의 2차 담즙산으로 변화시키는데 이 물질은 암을 유발할 수 있다. 또한 장내유해균에 의하여 아미노산을 부패시켜 히스타민(histamine), 카다베린(cadaverine), 아그마틴(agmatine)과 같은 유해 아민(amine)이 형성되고 이 물질들은 대장암의 원인이 되기도 한다. 또한 장내세균의 이상발효를 통하여 이산화탄소 등에 의한 복부 팽창을 일으켜 과민성 대장증후군을 유발하기도 한다. 특히 장내세균은 채소에 존재하는 질산을 질산환원효소에 의하여 아질산으로 변화시키고 다시 아민류와 결합하여 니트로사민(nitrosamine)과 같은 발암물질이 만들어지기도 한다. 특히 식품으로부터 유래되는 식중독균은 장내에서 세균성 침투나 장내독소로 인해 여러 가지 고열, 복통, 설사 등의 질병을 초래한다.

유산균은 인체 내에서 소화기, 구강 및 질 등에 정착하며 젖산이나 과산화수소 등을 생산하여 장내에서 위의 여러 가지 유해균에 대한 항균작용을 갖고, 균총의 균형을 유지시켜 정장작용에 의한 건강 유지에 도움을 준다. 또한 유해균은 위생적인 측면에서 치아, 식기 및 식자재 표면에 생물막(biofilm)을 형성하여 화학적 살균 처리에 저항력을 가지며, 이때 일부 유산균은 생물막 형성에도 저해작용을 하는 것으로 알려져 있다(Liu et al., 2023).

3) 쾌변 유도

발효산물인 젖산 및 초산은 장의 연동 운동을 촉진시켜 주는 작용을 하며 이로써 변비를 예방할 수 있다. 특히 노인은 적은 양의 음식 섭취와 소화흡수율이 높은 가공식의 편식 및 운동력 저하로 변비가 자주 일어나고 이로 인한 혈압 상승이 있을 수 있으며, 숙변에 존재하는 부패물질은 질병을 야기하기도 한다. 유산균은 식이섬유나 유산균의 성장인자(prebiotics)인 올리고당을 함께 섭취함으로써 유산균의 활성화로 변비 개선에 도움을 줄 수 있다.

4) 대장암 발생 요인 감소

유산균이 항암 효과를 갖는 이유는 유산균의 세포벽 또는 세포질 물질에 의한 면역증강, 유산균체에 의한 발암물질의 흡착, 발암성 물질의 무독화, 인체의 발암 효소작용의 억제 등에 있는 것으로 알려져 있다. *Bifidobacterium*에 의한 항암 효과도 암세포의 직접적인 저지 효과보다는 발암물질을 감소시키거나 인체 면역력을 증가시킴으로 인한 것으로 알려져 있으나 최근에는 일부 유산균은 직접적으로 암세포 증식을 저해한다는 보고도 있다. 여기서 실험동물에서 대장암 발생을 줄였던 *Bifidobacterium bifidum* 균주에서 항암에 대한 활성물질로서 카이로이노시톨(chiroinositol)이 함유하는 다당류를 보고하였다.

5) 항염증 작용

Yang 등은 프로바이오틱스의 기능성 중 항산화뿐만 아니라 더 나아가 항염증 작용도 있음을 밝혔다(Yang et al., 2019). 항염증 연구에서는 마크로파지(macrophage) 세포주인 RAW 264.7 세포가 많이 사용되며, RAW 264.7 세포에서 산화질소(nitric oxide, NO)의 증가는 염증 유발을 의미한다. RAW 264.7 세포를 염증 유발인자인 지질다당류

(lipopolysaccharide, LPS)로 염증을 일으킨 후 프로바이오틱스를 처리한 시험군은 대조군보다 NO의 생성량이 적은 결과로 항염 효과가 있는 것으로 나타났다(그림 10-2). 뿐만 아니라 프로바이오틱스는 마크로파지에서 생산되는 염증성 사이토카인(cytokine)인 TNF-α, IL-1β 및 IL-6의 분비를 억제한다.

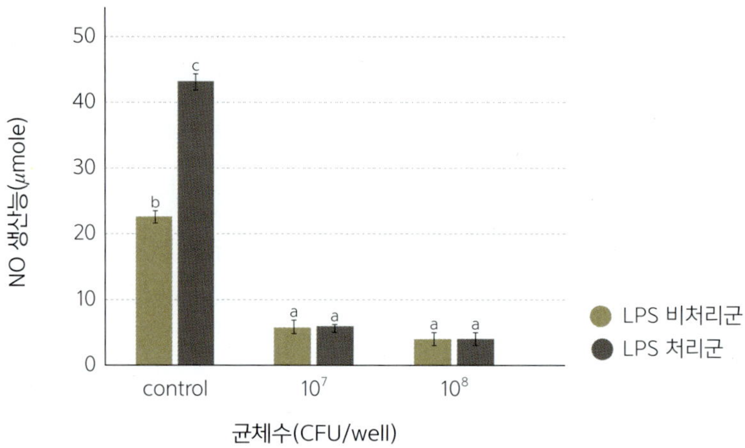

그림 10-2 RAW 264.7 cells에 대한 *Lactococcus lactis* KC24의 NO 생성능 저해 효과

■ : LPS 비처리군 □ : LPS 처리군

자료 : Lee et al., 2019

또한 프로바이오틱스가 요로의 감염이나 염증 관리에 도움이 된다는 증거는 제한적이며, 한 연구에 따르면 락토바실러스 프로바이오틱스 보충제는 질내유산균 수치를 증가시켜 건강한 성인여성의 질 감염발생률을 줄이는 것으로 나타났다(Khalesi & Saman, 2019).

6) 항알레르기 및 면역 기능 강화 작용

최근의 연구 결과 유산균이 아토피성 습진, 천식, 알레르기 등의 예방과 치료에도 효과가 있음이 밝혀지고 있다. Lim 등은 김치에서 분리한 프로바이오틱스인 *W. cibaria*를 아토피 피부염을 일으킨 생쥐에 투여했을 때, 아토피 피부염 지수가 현저히 낮아지고, 알레르기 지표인 혈중 IgE의 농도가 40% 이상 감소되었다(Lim et al., 2017). 섭취된 프로바이오틱스는 장에서 수지상세포(dendritic cell)와 반응하여 관용수지상세포

(tolerogenic dendritic cell)를 유도하며, 이들 관용수지상세포는 미성숙 T세포를 조절 T세포(regulatory T cell)의 분화를 촉진시켜 알레르기 면역 반응을 억제하는 작용기전을 갖는 것으로 보고되었다(그림 10-3).

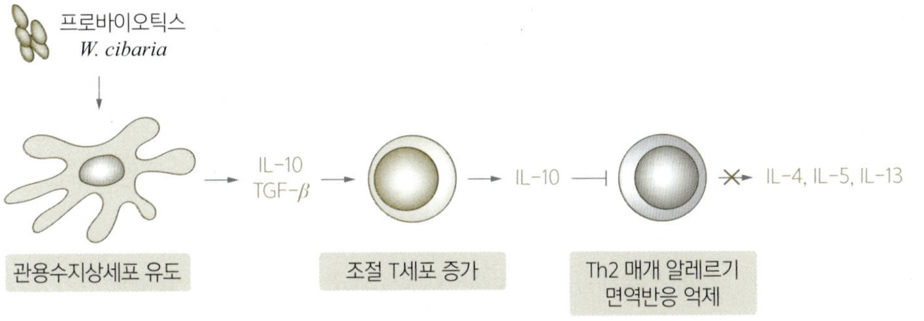

그림 10-3 *Weissella cibaria* 섭취에 의한 알레르기 면역 반응 억제 메커니즘

자료 : Lim et al., 2017

유산균의 일부 균주는 경쟁적 억제(즉, 성장 경쟁)를 통해 병원체에 영향을 미칠 수 있으며, 일부 증거에 따르면 IgA 생성 형질세포의 수를 증가시키고 식균작용을 증가 또는 개선하며, T림프구 및 자연살해세포의 비율을 증가시킴으로써 면역 기능을 향상시킬 수 있다고 알려져 있다. 이러한 유산균 제품은 급성설사 치료에 도움이 될 수 있다.

7) 영양소 공급

유산균은 리보플라빈(riboflavin), 나이아신(niacin), 엽산(folic acid), 피리독신(pyridoxine) 등의 비타민을 생산하여 인체에 제공하기도 한다. 또한 대장(colon) 건강에 도움을 주는 초산, 부티르산, 프로피온산 등의 단쇄지방산(short chain fatty acid, SCFA)을 생산하기도 한다. 이들 단쇄지방산은 장세포 및 장내 면역세포에 발현하는 G-protein-coupled receptor(GPCR)의 리간드로 작용하여 장누수증후군(leaky gut syndrome)을 예방하며, 장내 이상면역을 억제하여 장 건강에 도움을 준다.

8) 항비만 및 콜레스테롤 저하

항비만은 프로바이오틱스의 건강 기능성 중 가장 잘 알려진 효능 중 하나로, 최근 들어 항비만 프로바이오틱스 발굴 및 산업화 연구가 활발히 진행 중이다. 프로바이오틱스를 비만 마우스에 섭취하였을 때, 간에서 지방 생합성은 저해하면서 지방대사를 증가시켜 체내 지방량을 낮추는 효과를 나타내며, 인슐린 저항성을 낮춰 비만 억제뿐만 아니라 당뇨병, 고혈압, 이상지질혈증 등의 대사증후군을 예방할 수 있다. 또한 프로바이오틱스의 섭취는 비만으로 인한 장내미생물 군집 불균형을 정상으로 복원시키는 연구도 보고되었다.

2002년에 발표된 메타분석에서는 프로바이오틱스 균주가 함유된 요구르트가 혈청 콜레스테롤 수치에 미치는 2~8주의 단기 효과를 조사한 임상시험에서 총 콜레스테롤 농도는 4% 감소, 혈청 LDL 농도는 5% 감소하였다고 한다(Agerholm-Larsen et al., 2002).

9) 우울증과 불안 개선

최근 연구에 의하면 장내미생물 군집의 불균형은 우울증의 발병과 양의 상관관계를 나타내며, 프로바이오틱스 섭취가 우울증을 개선시킬 수 있음을 보고하였다. 이들 프로바이오틱스는 GABA, 세로토닌과 같은 신경전달물질의 생산을 직간접적으로 촉진시키며, 이상면역 억제, 장내미생물 군집의 변화를 일으켜 우울증과 불안증을 개선시킬 수 있다고 하였다(Jach et al., 2023). 이러한 우울증을 포함한 신경계 증상을 개선시키는 프로바이오틱스를 싸이코바이오틱스(psychobiotics)라고 명명하기도 한다. 하지만 프로바이오틱스의 우울증 개선 효과에 대한 연구는 아직 시작 단계로 더 많은 연구가 필요하다(Agerholm-Larson, 2020).

10) 장염

과민성 대장증후군에서의 프로바이오틱스가 영향을 미칠 수 있는 잠재력에 대한 연구가 있지만, 어떤 유형의 프로바이오틱스가 가장 효과가 좋은지, 그리고 가능한 효과의 크기에 대해서는 아직도 불확실하다. 또한 괴사성 장염에 대한 임상연구에서 프로바이오틱스가 괴사성 장염의 위험과 미숙아의 사망률을 낮출 수 있다는 증거를 제시하고 있다. 한 메타 분석에 따르면 프로바이오틱스는 대조군에 비해 이러한 위험을 50% 이상 감소시킨다고 하나, 정책과 진료에 대한 정보를 제공하기 위해서는 더욱 많은 규모의 고품질 임상시험이 필요하다(Sharif et al., 2020). 궤양성 대장염의 경우, 프로바이오틱스를 섭취한 사람들이 위약을 섭취한 사람들에 비해 질병 완화를 경험할 가능성이 73% 더 높았고 증상이 개선될 가능성이 2배 이상 높았으며, 경미하거나 심각한 부작용에 대해서는 뚜렷한 차이가 없었다(Kaur et al., 2020).

11) 위염 억제

위염의 원인인 헬리코박터 파일로리(*Helicobacter pylori*)균에 대하여 일부 유산균 균주는 표준 의학적 치료와 병용할 경우 성인의 헬리코박터 파일로리 감염(소화성 궤양을 유발할 수 있음)에 영향을 미칠 수 있지만, 이러한 치료에 대한 의료 행위 또는 규제 승인의 표준은 아직은 존재하지 않는다.

12) 혈당 조절

무작위 대조 임상시험의 메타분석에 대한 포괄적인 검토에 따르면, 프로바이오틱스 보충제는 포도당 항상성을 감소시킨다고 하였다(Xu et al., 2022).

4. 프리바이오틱스의 진보

1) 프리바이오틱스

프리바이오틱스(prebiotics)는 선택적으로 프로바이오틱스의 성장을 위한 영양원으로서 섭취 시 인체에서 소화효소에 의해 분해되지 않으며, 대장 내에서 병원성 미생물의 생육을 억제하면서 유익한 균만의 성장 및 번식을 촉진시켜 주는 성분을 말한다. 가장 대표적인 것은 천연식품에서 가공된 프락토올리고당(fructooligosaccharide, FOS)이며, 천연물로는 치커리 뿌리를 물 추출하여 얻는 이눌린(inulin)을 들 수 있다. 특히 프리바이오틱스는 유산균의 생육을 도와 유산균의 항균 효과 등 생리 기능성을 증가시키며, Kariyawasam 등(2020)은 FOS와 유산균을 혼합하여 병원성균인 *Listeria* 균과 대장균의 장세포에 대한 장 부착능이 감소하였음을 보고하기도 하였다.

프리바이오틱스의 2세대 프로바이오틱스라고도 하며 유산균이 프리바이오틱스를 섭취하면 자체적으로 생존력이 올라가고, 개체 수를 늘리고 유산균이 증식할 수 있는 환경을 조성해 주어 배변 활동에 도움이 될 수 있다.

프리바이오틱스는 첨가물이나 가공제품으로 섭취해야 한다고 알고 있다. 그러나 자연식품으로도 섭취가 가능하며 프리바이오틱스로서 섭취할 수 있는 식품 성분으로는 이눌린이 있다. 이눌린은 소화가 되지 않고 거의 완전한 형태로 대장까지 도달해 유산균의 활동에 도움을 준다. 또한 펙틴도 주요 공급원이다. 펙틴은 식이섬유 중 하나로써, 지방질을 흡수해 변을 통해 몸 밖으로 배출하는 기능을 한다.

2) 신바이오틱스

신바이오틱스(synbiotics)를 3세대 프로바이오틱스라고 하여, 이는 신바이오틱스는 프리바이오틱스와 프로바이오틱스를 배합한 하나의 개념으로 본 것이다. 프로바이오틱스가 미생물이기 때문에 그 먹이인 프리바이오틱스를 함께 섭취해야 미생물이 증식하고 프로바이오틱스가 장까지 잘 도달할 수 있다. 프리바이오틱스가 있을 때와 없을 때의 프로바이오틱스의 성장률이 여섯 배 가까이 차이가 나기도 하기 때문에 신바이오틱스를 섭취하는 것이 장내 환경 개선에 더욱더 효과적이라 할 수 있겠다.

3) 포스트바이오틱스

포스트바이오틱스(postbiotics)는 배양 후 프로바이오틱스에 의해 생산되는 물질들을 말하며(Aguilar-Toalá et al., 2018) 4세대 프로바이오틱스로 떠오르고 있다. 포스트바이오틱스는 프리바이오틱스를 먹고 장에 형성하는 유익한 대사물을 일컫는다. 한마디로 신바이오틱스(프리바이오틱스+프로바이오틱스)에 유산균 배양물을 더 한 것이다.

배양물로는 항균성 펩타이드나 단쇄지방산을 들 수 있으며 이는 유해균에 대한 항균효과가 있고 인체 소화기에서 균형을 유지하고 소화를 도와주는 데 중요한 역할을 한다. 이 외에도 포스트바이오틱스는 암 예방에도 도움을 준다고 하며, 최근 연구에 따르면 이 유산균이 대장 내 세포의 이상 성장을 억제하여 대장암의 발생 가능성을 줄이는 효과를 가지고 있다고 한다.

이러한 포스트바이오틱스는 유익균 증식과 면역 조절 등 장내 환경 개선에 더욱 근본적인 도움을 준다.

4) 파라프로바이오틱스

불활성화(inactivated)된 상태의 프로바이오틱스를 의미한다. 다른 이름으로는 유산균 사균체, 열처리 유산균, 틴달화 유산균, 고스트 프로바이오틱스 또는 비활성 프로바이오틱스라고도 한다. 접두어인 'para-'는 '~와 유사한'이라는 의미가 있으며, 따라서 용어는 프로바이오틱스와 유사한 인체 유익균으로 생각할 수 있는데 일반적으로 포스트바이오틱스의 개념에 파라프로바이오틱스(paraprobiotics)가 포함된다고 할 수 있다. 다시 말해 포스트바이오틱스가 불활성화 상태의 균체와 함께 균체가 생성한 대사물질을 모두 포함해 좀 더 넓은 개념으로 사용되지만, 통상적으로 파라프로바이오틱스는 순수한 균체만을 지칭하는 개념으로 사용되고 있다. 또한 파라프로바이오틱스는 생균에서와 같이 면역 활성을 높이거나 항종양이나 항암 효과 등 기능성을 유지하고 있다.

파라프로바이오틱스는 프리바이오틱스와 비교하면 다음과 같은 이점이 있다.

(1) 생균에 비해 안전하다

생균을 사용하는 것은 때에 따라 그 자체로 병리적인 위험성을 항상 가질 수 있다. 예를 들면 면역결핍 환자의 경우 생균을 활용한 치료가 위험할 수 있으며, 따라서 사균을 대신 사용하는 것이 더 안전하다고 볼 수 있다.

(2) 생균보다 안정하다

파라프로바이오틱스는 환경에서도 크게 영향을 받지 않으므로 오랜 시간 보관이 수월하고 더 긴 유통기한을 갖는 다양한 프로바이오틱 제품의 생산이 가능하다.

(3) 고농도 섭취도 가능하다

안전성과 안정성이 뛰어나기 때문에 생균보다 고농도 섭취가 가능하며, 이를 통해 유산균 등 미생물의 건강 증진 효과를 더욱 증진시키는 것이 가능하다.

5) 메타바이오틱스

5세대 프로바이오틱스인 메타바이오틱스(metabiotics)는 대사산물(metabolites)이라는 단어에서 파생되었다. 메타바이오틱스는 유산균인 프로바이오틱스와 유산균의 먹이가 되는 프리바이오틱스, 그리고 유산균으로부터 음식물 섭취 및 소화 과정에서 생성되는 좋은 대사산물을 함유한 차세대 유산균이라고 할 수 있다. 현재까지 출시된 유산균의 장점만을 모아 장내유익균의 건강한 영양 공급에 빠르고 능동적으로 기여하는 유산균이다.

대사 조절 효과가 존재하고 비만, 당뇨병 등 대사성 질환을 일으킨 쥐를 대상으로 한 실험한 결과, 장내 호르몬을 조절해 인슐린 저항성을 높이고 에너지 소비 효율을 높임으로써 비만과 대사성 질환을 개선할 수 있었다고 한다. 궤양성 대장염과 크론병, 항생제로 인한 설사, 내장지방 감소 및 면역력을 높이는 데에도 효과가 있는 것으로 나타났다.

또한 메타바이오틱스는 콜레스테롤 수치를 33% 낮추고 후천성 당뇨병을 줄이며, 비만과 헬리코박터 파일로리 장염을 줄이는 데 효과적이라고 알려져 있다. 캐나다에서 실시한 연구에 따르면 메타바이오틱스를 섭취하면 장내 미생물이 증가하고 우울증 완화에도 도움이 된다고 밝혔다.

부티르산은 장 상피세포의 중요한 에너지원이며 장내 유익한 박테리아가 생육할 수 있는 환경을 조성한다. 메타바이오틱스의 부티르산은 뇌 건강과 밀접한 관련이 있으며, 장 건강이 좋지 않으면 신경전달물질의 비정상적인 분비로 인해 감정 영역에 문제가 발생한다. 이때 부티르산이 우리 몸의 수용체에 결합하여 몸의 에너지 대사 조절을 돕고 뇌의 신경 장애에 유용하다는 연구도 존재한다.

1일 권장섭취량은 분말 형태로 4 g이며, 식물의 유산발효 과정에서 생성되는 유산균의 대사산물이 포함된 대사산물을 선택하는 것이 좋다.

5. 차세대 프로바이오틱스

차세대 프로바이오틱스(next-generation probiotics, NGP)는 최근 도입된 개념으로 미생물 치료제를 말한다. 기존에 미국 FDA에서는 이와 같은 미생물 치료제를 live biotherapeutic products(LBP)로 정의하고 있어 NGP와 매우 유사하나, NGP는 마이크로바이옴과 프로바이오틱스 연구에 기반한 미생물 치료제를 뜻한다. NGP는 식품 또는 건강기능식품에 사용되는 기존 프로바이오틱스 제제와는 다르게 의약품 수준의 개발 과정, 즉 전임상시험, 독성시험, 약물역학, 3단계의 임상시험이 요구된다. 대표적인 NGP로는 polysaccharide A(PSA)를 생산함으로써 장내 조절 T세포의 분화를 촉진하여 장면역을 조절하는 장내 공생미생물인 *Bacteroides fragilis*가 있으며, 비만치료제로 현재 임상시험이 진행 중인 장내 공생미생물 *Akkermansia muciniphila*의 사균체가 있다.

이들 외에도 암치료 NGP로서 *Bifidobacterium breve* 및 *Bifidobacterium longum*, *Faecalibacterium prausnitzii*, *Akkermansia muciniphila* 균주들과 면역관문억제제(immune-checkpoint inhibitor)의 병용 처리로 항암 치료 효능을 높이는 임상시험이 진행 중이다.

단원정리

유산균(또는 젖산균)은 글루코스와 같은 당류를 분해하여 젖산을 생성하는 비포자성 세균으로, 통성혐기성 또는 절대혐기성, 비운동성, 그람양성균이다. 이러한 유산균은 발효 방식에 따라서 젖산을 주로 생산하는 동종젖산발효(homo lactic fermentation)와 젖산 외에 초산이나 에탄올 등을 생산하는 이종젖산발효(hetero lactic fermentation) 대사를 따르는 유산균으로 분류할 수 있다. 유산균은 현재 GRAS(generally recoginzed as safe)로 인정되어 있으며, 예로부터 김치류, 치즈, 요구르트, 피클 등 식품발효에 널리 사용되어 오던 균으로 처음 발견된 프로바이오틱스는 요구르트에 함유되어 있던 락토바실루스 불가리쿠스(*Lactobacillus bulgaricus*)이다. 프로바이오틱스는 인체 내에서 건강에 유익한 효과를 주는 살아 있는 균으로 대부분의 유산균이 여기에 속한다. 프로바이오틱스로 인정받기 위해서는 독성이 없고 비병원성으로 위산과 담즙산에서 생존하여 장에 정착하고 증식하여 장관 내에서 유익한 효과를 나타내어야 하며, 현재 식품의약품안전처에 고시형 프로바이오틱스 19종이 등록되어 있다. 최근에는 장내에 정착하여 장내 환경에 유익한 작용을 하는 기능성 외에도 항산화 효능, 항균 효능, 항염 효능, 항알레르기 및 면역 기능 강화 효능, 항비만 및 콜레스테롤 저하 효능, 우울증과 불안감 개선 및 혈당 조절 기능 등 프로바이오틱스의 다양한 건강 기능성에 대한 연구가 활발히 진행되고 있다.

프로바이오틱스의 연구가 진행되면서 다음 세대의 프로바이오틱스라는 표현으로써 프리바이오틱스(2세대, 프로바이오틱스 먹이), 신바이오틱스(3세대, 프로바이오틱스 + 프리바이오틱스), 포스트바이오틱스(4세대, 프로바이오틱스 + 프리바이오틱스 + 유산균 배양물), 파라프로바이오틱스(불활성화 프로바이오틱스), 메타바이오틱스(5세대, 대사산물)와 같은 다양한 용어가 출현하기 시작하였다. 또한 최근에 도입된 개념으로 차세대 프로바이오틱스(next-generation probiotics, NGP)는 마이크로바이옴과 프로바이오틱스 연구에 기반한 미생물 치료제로서 의약품 수준의 개발 과정, 즉 전임상시험, 독성시험, 약물역학, 3단계의 임상시험이 요구된다. 대표적인 NGP로는 장 면역을 조절하는 장내 공생미생물인 *Bacteroides fragilis*가 있으며, 현재 비만치료제 및 항암치료제로서 임상시험이 진행 중에 있다.

단원평가

1 당류를 분해하여 젖산을 생성하는 비포자성 세균으로, 통성혐기성 또는 절대혐기성, 비운동성, 그람 양성균의 특성을 가지고 있는 세균은 무엇인가?

2 인체 내에서 건강에 유익한 효과를 주는 살아 있는 균으로 독성이 없는 비병원성, 위산과 담즙산에서 생존하여 장에 정착하고 증식하여 장관 내에서 유익한 효과를 내는 특징을 가지고 있는 것은 무엇인가?

① 프로바이오틱스
② 프리바이오틱스
③ 파라프로바이오틱스
④ 메타바이오틱스

3 최근 도입된 개념으로 마이크로바이옴과 프로바이오틱스 연구에 기반한 미생물 치료제로서 의약품 수준의 개발 과정이 요구되는 프로바이오틱스를 무엇이라고 하는가?

4 프로바이오틱스의 대표적인 건강 기능성 5가지를 답하시오.

정답 및 해설

1. 젖산균(유산균)
2. ①
3. 차세대 프로바이오틱스(next-generation probiotics, NGP)
4. 항산화 효능, 항균작용, 항염작용, 항알레르기 및 면역 기능 강화 작용, 항비만 및 콜레스테롤 저하 작용, 우울증과 불안감 개선 및 혈당 조절 기능 등

11
마이크로바이옴

1. 마이크로바이옴의 정의
2. 장내 마이크로바이옴에 영향을 미치는 요인
3. 장내 마이크로바이옴과 건강
4. 장내 마이크로바이옴의 조절 및 건강 개선

1. 마이크로바이옴의 정의

생명공학은 DNA, 단백질, 세포 등 바이오 기술을 바탕으로 생물체의 기능 및 정보를 활용하여 유용물질을 생산하고, 이를 활용한 제품 및 서비스 등 다양한 부가가치를 생산한다. 생명공학의 발전에는 차세대 염기서열분석(next-generation sequencing, NGS) 기술의 발전이 크게 기여하였는데, 이를 통해 생물체의 유전체 정보를 아주 빠른 속도로 확보할 수 있었으며, 얻어진 정보를 바탕으로 실물인 단백체(proteome), 대사체(metabolome), 연결체(connectome) 정보들이 축적됨으로써 빅데이터(big data)화 되고 있다.

이러한 생명공학 기술의 비약적 발전으로 인해, '마이크로바이옴(microbiome)'이라고 하는 연구 분야가 활발히 이루어지고 있다. 마이크로바이옴이란 특정환경에 존재하는 미생물군집인 마이크로바이오타(microbiota)와 단일 생명체의 유전정보 전체를 의미하는 지놈(genome)의 합성어이다. 특히, 인체 마이크로바이옴(human microbiome)은 인체에 서식, 공생하는 모든 미생물군집과 그 유전정보 전체를 일컬으며 '제2의 지놈(second genome)'이라고도 한다. 우리 몸에 사는 마이크로바이옴의 총 무게만 2~3 kg에 이르며, 인체 마이크로바이옴의 유전자 수는 인간유전자 수의 수백배에 달한다. 마이크로바이옴 연구의 발전은 특정환경에 존재하는 세균 16S rRNA 유전자의 특정서열을 단시간에 효율적으로 분석하는 것이 가능하게 됨으로써 촉진되었다.

최근 4차 산업혁명이 화두로 떠오른 가운데, 마이크로바이옴이 면역기능을 조절하고 각종 대사물질을 생성하는 것은 물론, 비만과 당뇨병, 아토피, 암, 자가면역질환, 우울증 등에도 연관이 있다는 사실이 밝혀지면서, 바이오, 식품, 제약 등 다양한 분야에서 마이크로바이옴에 기반한 연구개발이 활발히 진행되고 있다. 전 세계적으로 빠르게 진행되고 있는 인구 고령화로 인해 치매, 중풍, 파킨슨병 등 노인성 질환과 함께 고혈압, 당뇨, 관절염 등 만성질환의 비중이 지속적으로 증가하고 있고, 소득증가에 따라 건강관리에 관한 관심과 이에 관련된 제품의 소비가 증가하므로 바이오산업의 시장규모는 지속해서 확대될 것으로 예상된다.

인체 마이크로바이옴은 인체의 모든 부위에 존재하는 마이크로바이옴을 포함하는데, 그중에서도 특히 소화기관에 가장 많이 분포되어 있다(그림 11-1). 소화기관 중에서

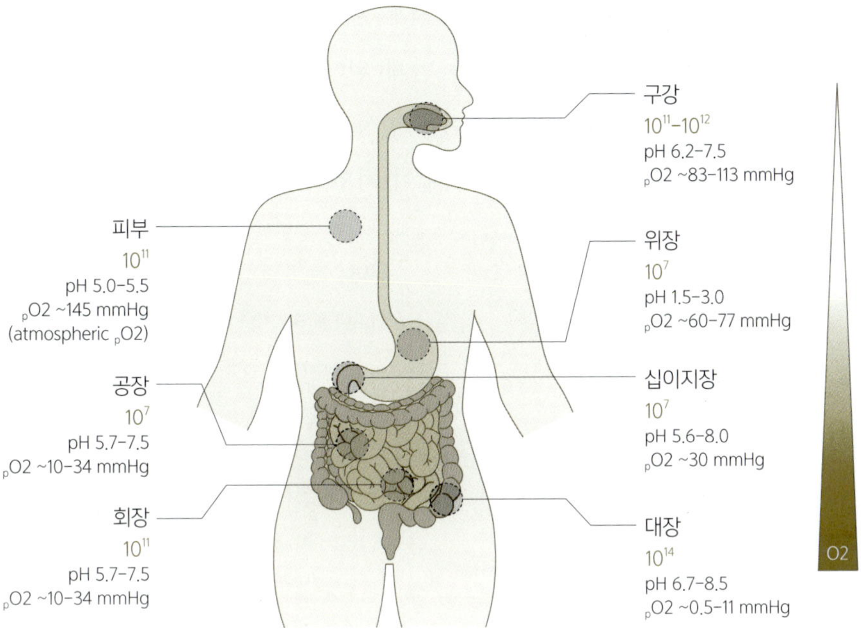

그림 11-1 신체 각 부위에 존재하는 미생물 수의 비교
자료 : de Vos et al., 2021

도 대장 말단에 가까워질수록 산소 농도가 희박해지면서 균 밀도는 증가한다. 특히, 장내 마이크로바이옴은 건강과 밀접하게 연관되어 있으므로, 마이크로바이옴을 건강하게 유지하는 다양한 방법이 연구되고 있다.

2. 장내 마이크로바이옴에 영향을 미치는 요인

1) 연령

(1) 신생아 마이크로바이옴

신생아의 장내 마이크로바이옴 구성은 다양한 요인에 의해 영향을 받고 있다.

임산부의 장내 마이크로바이옴은 건강 상태(식습관, 항생제 사용, 감염, 스트레스 등), 유전적인 요인 등에 의해 영향을 받는데, 분만 중에 산모의 장내 마이크로바이옴이 신생아에게 수직으로 전달된다(그림 11-2). 이외에도 신생아의 장내 마이크로바이옴 구성은 조기출산 여부, 출산방법(자연분만 또는 제왕절개 분만), 수유방식(모유 수유 여부), 산모 식이, 가족 생활양식 등에 의해서도 영향을 받게 된다(그림 11-2). 이러한 연구들을 기반으로, 신생아의 건강한 장내 마이크로바이옴 형성에 도움을 줄 수 있는 신생아 영양식, 임산부 대상식품 등과 같은 다양한 제품개발이 이루어지고 있다.

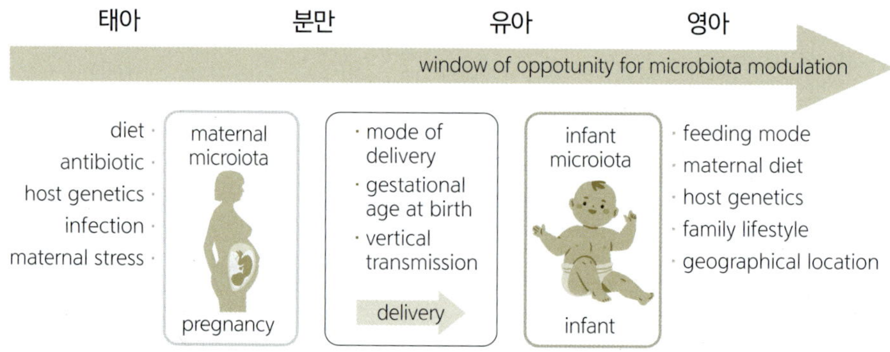

그림 11-2 신생아의 장관 마이크로바이옴 구성에 미치는 인자
자료 : Yao et al., 2021

(2) 노화와 마이크로바이옴

연령에 따른 장내 마이크로바이옴 비교한 결과, 연령별 장내 마이크로바이옴 구성에 차이가 있음이 확인되었다(그림 11-3). 장관 마이크로바이옴의 대표적인 문(phylum)인 Firmicutes, Bacteroidetes 및 Proteobacteria의 풍부도와 상대적인 비율이 변한다. 즉, 연령이 증가할수록 Proteobacteria 문이 증가하게 되고 Bacteroidetes 문의 비율은 점진적으로 감소하면서, 미생물 다양성도 함께 감소하게 된다. 이러한 다양성의 감소는 대장균군 수준의 증가와 관련이 있는데, Proteobacteria 문에 속하는 엔테로박테리아과, 특히 *Escherichia* 속과 *Klebsiella* 속의 증가에 의한 것이다. 결론적으로, 고령자 그룹의 장내 마이크로바이옴은 다양성이 상대적으로 감소하고 염증 발생과 상관관계가 높은 미생물이 증가하게 된다.

노화에 따른 장관 마이크로바이옴 변화의 원인과 영향을 이해하게 되면 장내 마이크로바이옴의 조절을 통해 노인의 건강 유지를 도울 수 있으며, 나아가 연령별 장내 마이크로바이옴 특성을 파악하고 이를 기반으로 건강수명 연장에 도움이 되는 식습관 가

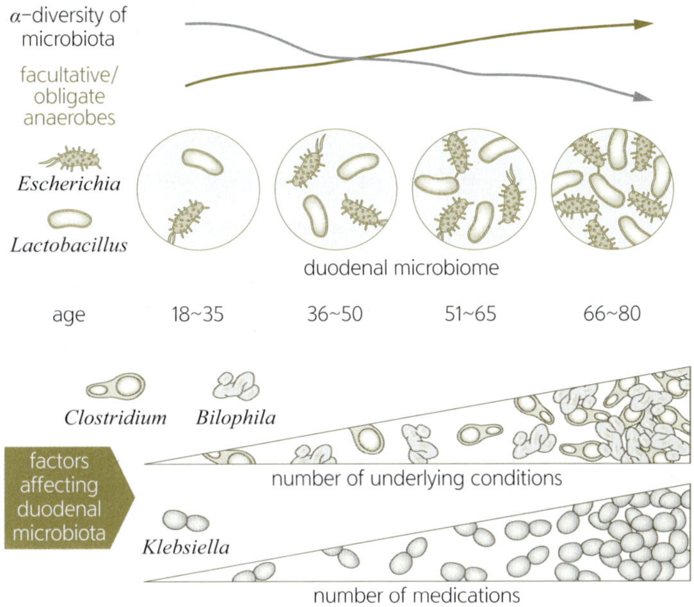

그림 11-3 노화에 따른 장관 마이크로바이옴의 변화
자료 : Leite et al., 2021

이드라인의 개발도 가능하다는 것을 의미하고 있다.

(3) 식습관과 장관 마이크로바이옴

유아기부터 형성되는 장내 마이크로바이옴의 구성은 여러 요인들에 의해 바뀔 수 있는데, 그중에서도 식이는 장내 마이크로바이옴 구성을 결정하는 핵심적인 요인 중의 하나이다. 단백질, 지방, 탄수화물, 프로바이오틱스 및 폴리페놀 등은 모두 장내 마이크로바이옴의 변화를 유도하는데, 단시간이라도 식사법이 크게 변한 경우에 장내 마이크로바이옴의 구성이 변하게 된다. 예를 들어, 소화 및 비소화성 탄수화물 섭취는 *Bifidobacterium* 속을 풍부하게 하고 *Clostridium* 속이 감소하게 되며, 식이섬유 섭취가 감소하면 단쇄지방산을 생성하면서 면역력을 증진하는 *Faecalibacterium prausnitzii*의 및 부티르산의 수치가 감소한다고 알려져 있다. 한편, 고지방 식단은 *Lactobacillus* 속 및 *Akkermansia muciniphila*를 감소시키고, 동물성 단백질 섭취는 담즙산 내성이 높은 *Bacteroides*, *Alistipes* 및 *Bilophila* 속을 증가시키는 것으로 보고된 바 있다.

생체 일주기(circadian)에 따른 식이패턴 또는 간헐적 단식 또한 장내 마이크로바이옴 및 숙주의 생리에 영향을 줄 수 있다. 식이 섭취의 조절은 이러한 미생물총의 생체 일주기 리듬성을 조절할 수 있으며, 결과적으로 숙주의 생리를 조절할 수 있다는 것을 보여준다. 간헐적 단식요법 또한 동물실험에서 장내미생물 총에 영향을 주어 숙주의 건강을 증진하는 것으로 알려지고 있다. 즉, 장내 마이크로바이옴의 조성을 변화시키고 아세트산과 젖산을 증가시킨다. 마이크로바이옴을 통해 지방조직에 영향을 미쳐 비만을 억제하며, 다발성 경화증으로부터 보호한다고 알려져 있다(Singer-Englar et al., 2019). 이와 같이 식단이 숙주의 면역력 및 건강과 밀접한 관계가 있다고 알려져 있기 때문에, 건강한 삶을 유지하기 위해서는 식습관이 매우 중요하다고 할 수 있다.

2) 기타

상기와 같은 요인 이외에도 항생물질과 같은 약물복용, 생활 습관, 정신적 스트레스, 인종 등의 다양한 요인들이 장내 마이크로바이옴의 구성에 영향을 주는 것으로 알려져 있다.

3. 장내 마이크로바이옴과 건강

1) 장 유형별 식습관 및 질병

OECD 국가 주도로 진행한 '식습관-마이크로바이옴-건강'의 상관관계에 대한 연구 프로젝트를 통해, 장내 마이크로바이옴이 인간의 건강과 영양 증진에 미치는 잠재적 역할에 대해서 보고된 바 있다. 즉, 특정 미생물 속의 증가 양상에 따라 세 가지 장 유형으로 구분할 수 있는데, 이는 식습관에 영향을 받으며 특정 질환과 상관관계가 존재하는 것이 밝혀졌다. 예를 들면, 장 유형별로 비타민과 필수아미노산 생성을 위한 효소공급 양상이 다르며, 특정 장 유형이 비만, 당뇨, 암, 신경학적 질환 등과 관련된 것으로 보고된 바 있다. 또한, 단기적인 식습관 변화가 장내 미생물 구성에 영향을 미치는 데다가 장기적인 식습관 패턴 변화에 따라 장 유형이 변화될 수 있기 때문에, 개인 맞춤식 식습관 설계를 통해 장 유형 조절 및 특정 질환의 예방 및 치료법 개발이 가능함을 밝혔다. 물론 이를 위해서는 건강한 마이크로바이옴이 무엇인지, 균형적 마이크로바이옴의 유지 방법, 숙주의 기능 및 상호작용 기전 등에 대한 명확한 규명이 선행될 필요가 있다.

2) 건강한 장내 마이크로바이옴

건강상태와 식습관에 따른 장내 마이크로바이옴 구성 변화는 인체 내 약물효능에 영향을 미칠 수 있는 것으로 보고된 바 있다. 벨기에 루벤대학 VIB 질병생물학센터에서 건강한 장 마이크로바이오타, 식생활 습관 등에 대한 설문 및 임상 데이터를 분석한 결과, 규칙적 배변, 초콜릿, 맥주과 같은 음식 섭취 등 다양한 요소가 장내 마이크로바이옴의 구성에 영향을 주는 것으로 확인되었다. 이외에도 인체 내 약물의 활성화 여부가 장내 미생물로 인해 결정된다는 연구 결과가 발표되는 등 장내 마이크로바이옴이 약물-약물 간 상호작용 혹은 약물-숙주 간 상호작용에 직접 영향을 미칠 수 있는 것으로 확인되었다. 식이가 장내 마이크로바이옴 구성에 영향을 준다는 연구 결과(Dahl et al., 2020)는 신약의 안전성 및 효능을 테스트하기 위한 임상시험에서 식습관이 중요하게 고려되어야 한다는 것을 의미하며, 나아가 장내 마이크로바이옴 불균형의 조절도 가능하다는 것을 시사하고 있다.

3) 장내 마이크로바이옴의 불균형과 질병

장내에서 또는 장조직에 붙어서 공생하는 마이크로바이옴은 사람이 섭취한 음식과 인체 유래의 대사산물 등을 먹고 소화하는 과정에서 다양한 대사물질을 생성하며, 이것은 다른 미생물들과의 상호작용을 통해 인체의 면역체계, 대사, 신경계, 뇌 행동발달 조절 등 다양한 부분에 작용함으로써 건강에 영향을 끼친다(그림 11-4). 놀랍게도, 많은 연구논문들이 이러한 모든 질병이 대부분 단쇄지방산를 생성하는 박테리아의 감소와도 관련이 있다고 지적하고 있다. 신생아에 있어서도 장내 마이크로바이옴에 의해 생성된 대사산물이 신생아의 올바른 면역 체계 발달, 병원균 차단 등에 필수적이라고 알려졌다.

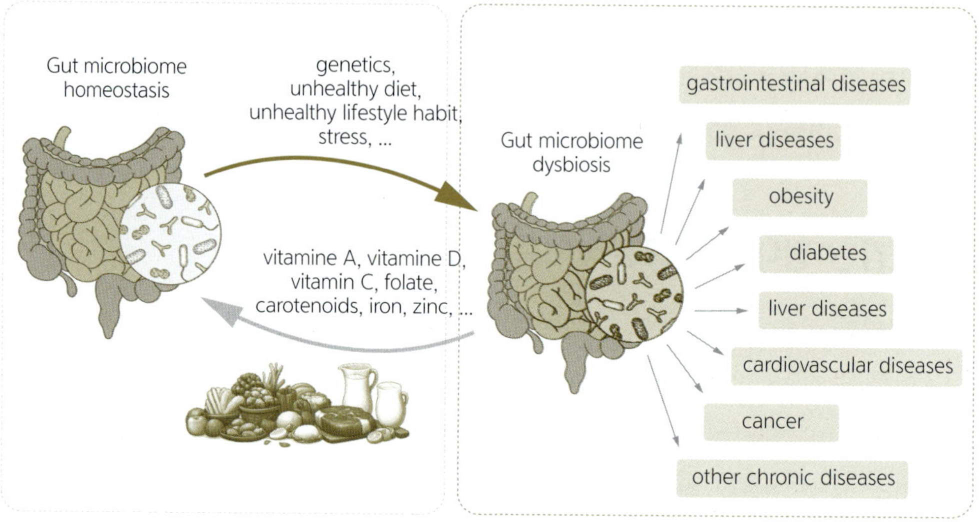

그림 11-4 음식이 장내 마이크로바이옴 불균형 및 질병에 미치는 영향
자료 : Lin et al., 2023

장내 마이크로바이옴은 사람마다 차이가 있는데, 보통 개인마다의 장내 마이크로바이옴은 안정적인 균형을 유지하고 있지만, 어떠한 요인에 의해 이 균형이 깨지면 질병이 발생한다(그림 11-5). 예를 들어, 식단 변화와 항생제, 병원균 감염 등은 장내 마이크로바이옴의 불균형(dysbiosis)을 유발시키는 주요 요인이다. 장내 마이크로바이옴의 불균형으로 인해 미생물의 다양성이 감소하게 되며, 이 상태에 도달하면 기회 감염병원체가 잠재적으로 증가할 수 있다. 장내 마이크로바이옴의 불균형은 장내 방어벽 기능을 약화시키고 장관점막의 손상을 유발함으로써 장에 존재하던 병원균과 독소, 항원 등이 혈류로 유입되며, 이러한 현상이 숙주의 면역체계를 자극함으로써 위장 감염, 염증성 장질환(IBD), 비만, 제2형 당뇨병, 신경 퇴행성 질환, 암 등을 초래할 수 있다.

인체의 정상적인 면역상태를 유지하기 위해서는 안정적인 미생물 상태(eubiosis)가 필요하다. 이를 증명하는 대표적인 예로 백신접종이 있다. 다양한 마이크로바이옴을 보유한 신생아에게 여러 종류의 백신을 주사하였을 때 후천성 면역반응이 향상되는 현상을 확인할 수 있었는데, 이는 특정 마이크로바이오타의 구성이 자연적인 백신보조제로 작용함으로써 TLR(toll-like receptor) 신호전달체계를 활성화했기 때문이라고 알려져 있다.

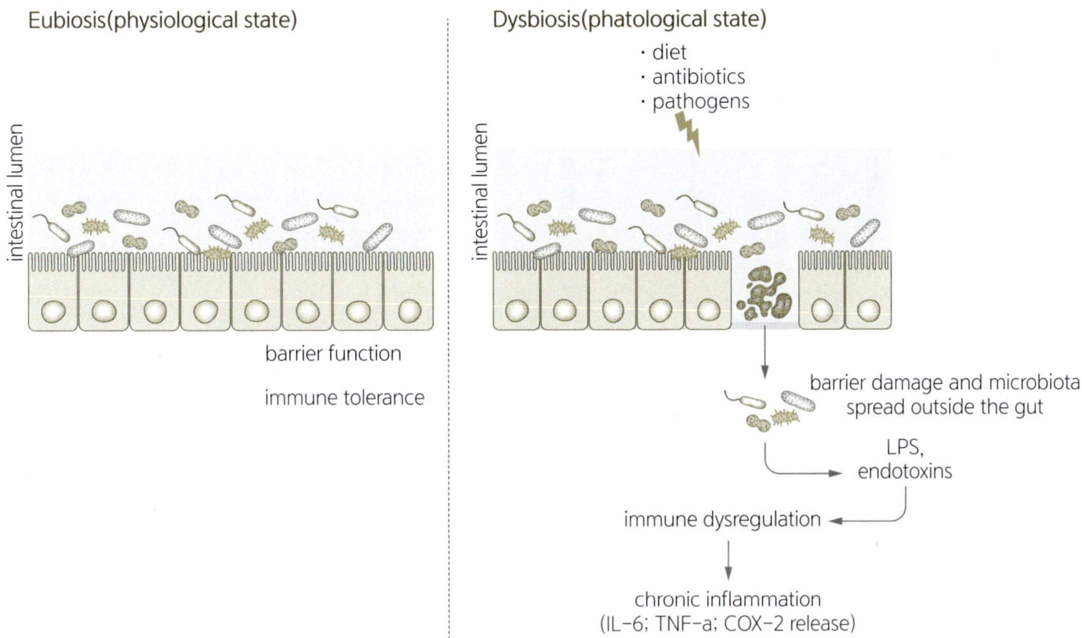

그림 11-5 식이, 항생제, 유해균 등에 의한 장내 마이크로바이옴 불균형 유발

자료 : Cuomo et al., 2019

4) 장내 마이크로바이옴과 숙주 면역

면역체계는 위험한 병원체로부터 몸을 보호하기 위해 고안된 복잡하고 다양한 시스템이라고 할 수 있다. 사람의 경우, 300 m^2 이상의 넓이를 가진 장 표면은 영양소 흡수에 중요한 역할을 하는 융모라고 알려진 손가락 모양의 돌기로 덮여 있다. 이 융모와 기저 조직은 또한 신체에서 가장 많은 면역세포를 가지고 있다. 장 점막은 또한 파이어판(Peyer's patch)이라고 불리는 돔과 같은 구조물로서, 점막을 통해 몸으로 들어오는 독성 물질로부터 보호하기 위해 점막면역체계(mucosal immune system)가 발달되었다. 돔 구조물은 림프 조직으로 채워져 있어 음식과 공생세균에 대한 내성을 유지할 뿐만 아니라 병원성 미생물에 대한 면역반응을 조절하는 핵심적인 장소이다.

장 상피세포(intestinal epithelial cell)와 그 위에 있는 두꺼운 점액층(mucus layer)은 장내 미생물의 침입에 대한 보호막을 형성한다(그림 11-6).

점막 표면에는 수많은 미생물이 서식하면서 점막세포와 장내 마이크로바이옴 사이의 상호작용이 활발히 이루어진다. 장의 융모(villi)에는 영양소를 운반하는 혈관조직이 있

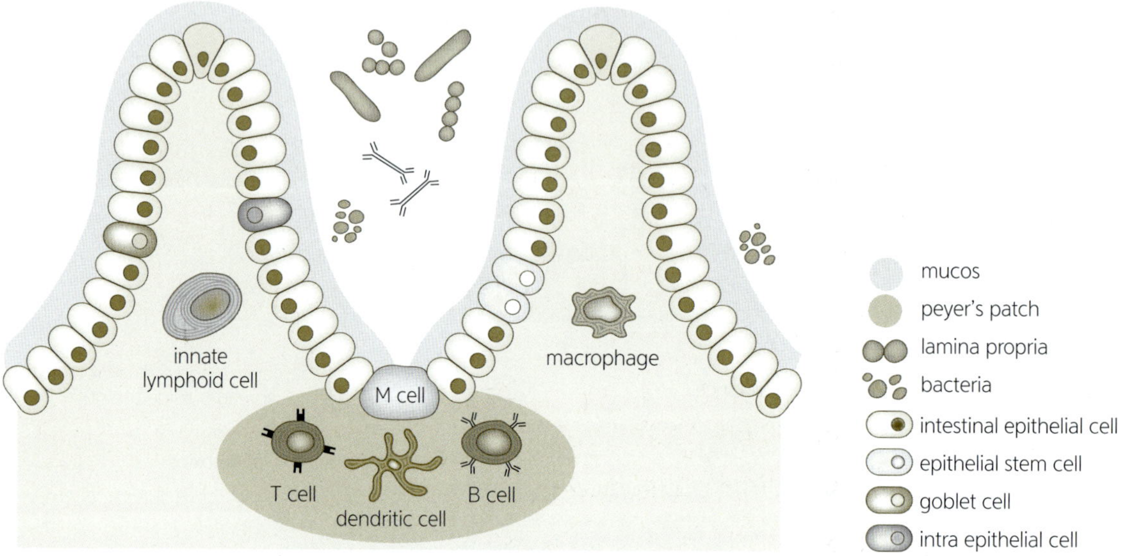

그림 11-6 장내 마이크로바이옴과 면역과의 상호관계
자료 : Bio-Rad 자료, 2016

고, 융모와 파이어판의 림프구는 장간막 림프절로 흐르며, 융모의 하층부에는 상피조직을 재생할 수 있는 줄기세포가 존재한다. 파이어판의 매트릭스 내부에는 T 세포와 B 세포, 대식세포 및 수지상 세포(DC) 등과 같은 면역세포들이 존재하고 있다. 파이어판은 M 세포로 알려진 특수 식세포도 포함하고 있는데, M 세포는 장내의 거대분자를 트랜스사이토시스(transcytosis)라고 불리는 과정을 통해 수지상세포(dendritic cell)로 전달한다. 수지상세포는 항원물질을 처리하여 이를 T 세포에 제시하는 항원제시세포이다.

이와 같이, 소장과 대장의 점막 고유층 내에 많이 존재하는 이 세포들은 박테리아와 곰팡이의 감염을 막고, 사이토카인을 분비하여 IECs(intestinal epithelial cells)의 밀착 연접(tight junction) 및 항미생물 단백질 생산을 유도함으로써 점막 면역(mucosal immunity) 형성에 기여한다. 즉, 장내 마이크로바이옴과 면역체계 사이에 일어나는 상호작용은 선천성 면역과 후천성 면역 즉, 전체적인 면에서 숙주의 면역체계 형성에 영향을 준다. 장내 마이크로바이옴과 면역체계 사이의 정상적인 상호작용으로 인해 공생균이 체내에 서식할 수 있으며, 식품 유래의 항원 및 기회주의적 박테리아가 제거되기도 한다. 만약, 장에 미생물이 없으면 숙주의 면역체계 형성에 부정적인 영향을 주게 된다.

4. 장내 마이크로바이옴 조절 및 건강 개선

1) 프로바이오틱 균주에 의한 장내 마이크로바이옴 변화

사람과 동물의 건강에 중요한 영향을 미치는 장내 마이크로바이옴을 조절하기 위해 다양한 소재들이 연구되고 있다(그림 11-7). 수많은 연구를 통하여, 프로바이오틱스(probiotics), 프리바이오틱스(prebiotics), 포스트바이오틱스(postbiotics) 투여 및 분변미생물군집 이식(fecal microbiota transplantation, FMT) 등을 통하여 장내 마이크로바이옴의 조성을 조절할 수 있는 것으로 알려지고 있다.

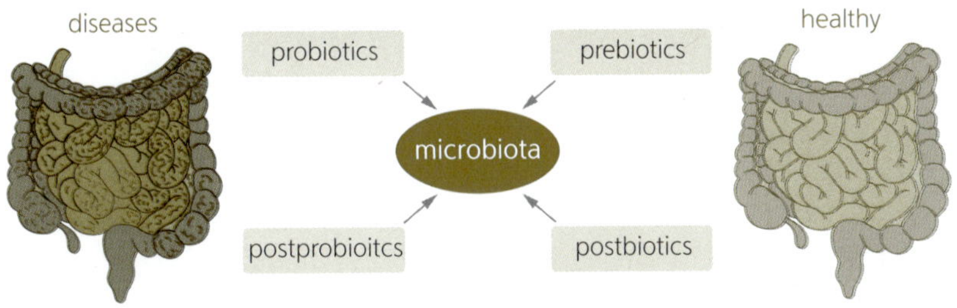

그림 11-7 다양한 소재에 의한 장내 마이크로바이옴의 조절
자료 : Vernocchi et al., 2020

그중에서도, 유산균으로 대표되는 프로바이오틱스는 장내 마이크로바이옴 조절에 있어서 커다란 잠재력을 지니고 있다(표 11-1). 현재 상업화된 주요 프로바이오틱스는 *Lactobacillus* 속과 *Bifidobacteria* 속 중심이지만 효모, 바실러스와 같은 다른 미생물도 널리 사용되고 있다.

표 11-1 프로바이오틱 미생물에 의한 장내 마이크로바이옴 조절 및 건강 개선 효과

Probiotic species/strains	Quantity/ microbial loads ingested	Participants	Placebo control group	Study design	Participant characteristics	Length of intervention	Wash out	Gut microbiome analysis method	Variation in gut microbiome detected	Health outcome targeted	Health outcome achieved*	Reference
Lb. rhamnosus GG	1 serving/day, 6×10^9 CFU/ serving	10	Yes	Double-blind, randomized, placebo-controlled trial	Male(59%), children(7± 2), BMI not reported	4 weeks	No	DGGE and FISH for specific targets	Increase in *Bacteroides*	Inflammatory status in cystic fibrosis children	Yes	Bruzzese et al., 2014
Lb. rhamnosus GG	4.5×10^7–8.5 ×10/g,day amount not reported	12	Yes	Double-blind, randomized, placebo-controlled trial	Male(75%), infants(1-12 months)	24 weeks	No	16S rRNA gene sequencing	Increase in *Blautia Roseburia*, *Coprococcus*	Oral tolerance in cow's milk allergic children	Yes	Berni Canani et al., 2016
Lb. rhamnosus IMC 501, Lb. paracasei IMC 502	1 serving/day, 1×10^9 CFU/ serving	25	Yes	Double-blind, randomized, placebo-controlled trial	Adults; sex, age and BMI not reported	12 weeks	Yes, 2 weeks	Microbial counts	Increase in lactobacilli and bifidobacteria	Bowel habits	Yes	Verdenelli et al., 2011
Lb. salivarius CECT5713	2 capsules/ day, 1×10^8 CFU/capsule	20	Yes	Double-blind, randomized, placebo-controlled trial	Male(50%), adults(33 ± 8), BMI not reported	4 weeks	No	Microbial counts	Increase in lactobacilli	Immune response	Yes	Sierra et al., 2010
VSL#3@-see above	2 sachets/ day, 9× 10^{11} CFU/ sachets	10	No	Open-label	Male(20%), adults(46± 10), BMI not reported	4 weeks	No	16S rRNA gene sequencing	Decrease in *Bacteroides*	IBS symptoms	Yes	Ng et al., 2013
Zircombi-*B. longum* BB536, *Lb. rhamnosus* HN001	1 sachet/ day, 4×10^9 CFU/sachet	23	Yes	Double-blind, cross-over, randomized, placebo-controlled trial	Male(17%), adults(48± 3), normal-weight	4 weeks	Yes, 2 weeks between treatments	16S rRNA gene sequencing	Increase in *Bifidobacterium*, decrease in *Enterobacter*, *Klebsiella*, *Serratia*	Lactose intolerance	Yes	Vitellio et al., 2019

자료 : Filippis et al., *FEMS Microbiol. Rev.* 2020

현재 프로바이오틱스가 사람과 동물의 건강에 미치는 효과에 관한 연구 결과가 지속적으로 보고되고 있음에도 불구하고, 대부분의 임상 연구에서는 프로바이오틱스 투여가 장내 마이크로바이옴 구성에 미치는 영향과 질병 개선 효과를 함께 조사하지는 않았다. 하지만, 최근 들어, 염기서열 분석기술의 획기적인 발전과 더불어, 장내 마이크로바이옴의 변화와 질병 개선과의 상관관계에 관한 연구들이 보고되고 있다. 즉, 다양한 종류의 프로바이오틱 균주들을 급여한 결과, 장관 내 유익 미생물의 증가 및 유해미생물의 감소와 함께, 알레르기 개선, 과민성 대장 증후군(irritable bowel syndrome, IBS) 개선, 유당불내증(lactose intolerance) 개선 등 다양한 질환이 개선되었다고 보고되었으며, NK 세포 및 immunoglobulin의 증가가 관찰된 보고도 있었다(표 11-1). 하지만, 동일한 약물이나 프로바이오틱스에 대해 개인별로 다르게 반응할 수 있으며, 이러한 차이는 장내 마이크로바이옴의 조성 차이와 관련이 있을 수 있다고 보고된 바 있다.

섭취된 프로바이오틱스가 장관에 효과적으로 정착하여 장관 마이크로바이옴의 영구적인 구성원이 될 수 있는지의 여부를 이해하려면 잘 설계된 임상시험과 광범위한 연구가 필요하다. 특정 균주가 장관에 도달하고 집락화하는 능력은, 다양한 스트레스(낮은 pH 및 담즙산염 등)를 극복할 수 있는지의 여부뿐만 아니라 숙주의 장관 마이크로바이옴 조성 등에 의해서도 달라질 수 있다. 이를 규명하기 위해서는 균주의 유전체 비교연구가 필요할 뿐만 아니라, 균주와 장관 마이크로바이옴, 숙주의 장관세포와의 상호관계 등을 다양한 방법으로 분석할 필요가 있다.

2) 마이크로바이옴으로 '개인별 맞춤 질병 치료' 가능

장내 마이크로바이옴이 인체의 소화기계, 심혈관계, 면역계, 심지어 뇌 질환까지도 연계되어 있다는 보고들이 나오면서 장내 마이크로바이옴과 건강과의 밀접한 관계에 대해 관심도가 높아지고 있다. 사람마다 장내 마이크로바이옴 조성을 다르게 갖고 있다는 점은 매우 흥미로운 점이며, 치료제 개발에 있어 새롭게 접목할 수 있는 부분이다. 개인 맞춤형 영양은 숙주-마이크로바이옴 상호작용을 통해 질병을 조절하고 예방할 수 있는 새로운 치료 방법이다. 특히, 식습관 변화가 장내 마이크로바이옴 구성에 영향을 미치기 때문에, 개인 맞춤식 식습관 설계를 통해 장 유형 조절과 특정 질환의 예방 및 치료법 개발이 가능함이 보고되고 있다. 이러한 접근법은 식품 구성요소에 대한 반응을 예측할 수 있는 장내 마이크로바이옴 특징을 규명하는 것을 목표로 하며, 결과적으로 목적에 맞는 유용한 식이를 디자인할 수 있다. 물론 이를 위해서는 건강한 마이크로바이옴이 무엇인지, 균형적 마이크로바이옴의 유지 방법, 숙주의 기능 및 상호작용 기전 등에 대한 명확한 규명이 선행될 필요가 있다.

장내 마이크로바이옴 연구는 개별 인종 또는 유사 집단에 적합한 혁신적 치료제 개발에도 유용하게 쓰일 수 있을 것이다. 이를 위해서 ICT 기술산업과 융합하여 개인별 맞춤형 미생물 유전자분석 서비스 개발이 필요하며, 마이크로바이옴 연구는 미생물에 대한 새로운 연구 패러다임을 가져올 뿐만 아니라, 마이크로바이옴 정보를 활용한 '개인별 맞춤 질병치료'가 가능한 새로운 차세대 바이오 및 제약산업 분야로 부상할 수 있다.

단원정리

생명공학 기술의 발전으로 인하여 '마이크로바이옴(microbiome)'이라고 하는 연구분야가 활발히 이루어지고 있다. 마이크로바이옴이란 특정 환경에 존재하는 미생물군집인 마이크로바이오타(microbiota)와 단일 생명체의 유전정보 전체를 의미하는 지놈(genome)의 합성어이다. 최근에 마이크로바이옴이 면역기능을 조절하고 각종 대사물질을 생성하는 것은 물론이며 당뇨, 비만, 아토피, 암, 자가면역질환, 우울증 등에도 관련성이 있다는 사실이 밝혀지면서 식품, 바이오, 제약 등 다양한 분야에서 마이크로바이옴에 기반한 연구가 활발하게 진행중에 있다. 특히, 장내 마이크로바이옴은 건강과 매우 밀접하게 연관되어 있기 때문에 이를 활용하여 건강을 유지하는 다양한 방법이 연구·개발 되고 있다.

장내 마이크로바이옴은 연령, 식습관, 약물복용, 생활습관, 정신적 스트레스, 인종 등 다양한 요인에 의해서 영향을 받고 있는데 그 중에서도 식습관에 의한 영향이 매우 중요하다고 할 수 있다. 식이를 통해서 장내 마이크로바이옴의 구성을 변화시킬 수 있으며, 이를 통해서 숙주의 생리를 조절하고 면역력 및 건강과 밀접한 관계가 있다고 알려져 있다. 장내 마이크로바이옴은 사람마다 차이가 있으며 일반적으로 안정적인 균형을 유지하지만, 어떠한 요인에 의해서 균형이 깨지게 되면 질병이 발생하게 된다. 따라서 인체를 안정적인 미생물 상태(eubiosis)가 될 수 있도록 정상적인 면역상태를 유지하기 위해서 백신 접종을 진행하기도 한다. 최근에는 장내 마이크로바이옴의 중요성이 대두되면서 프로바이오틱스, 프리바이오틱스, 포스트바이오틱스 투여 및 분변 미생물군집 이식(fecal microbiota transplantation: FMT) 등과 같은 다양한 소재들이 연구되고 있으며, 그 중에서도 프로바이오틱스의 장내 마이크로바이옴 조절은 커다란 잠재력을 지니고 있다고 평가하고 있다. 하지만, 유전체 비교연구, 균주와 장관 마이크로바이옴, 숙주의 장관세포와의 상호관계 등 다양한 연구를 분석할 필요가 있다.

장내 마이크로바이옴이 인체의 다양한 질병과 연계되어 있다는 보고들이 나오면서 장내 마이크로바이옴과 건강과의 밀접한 관계에 대해 관심도가 높아지고 있다. 사람마다 장내 마이크로바이옴 조성을 다르다는 점을 활용하여 개인별 맞춤 치료법 개발이 가능할 것으로 사료되며, 개별 인종 또는 유사 집단에 적합한 혁신적 치료제 개발에도 유용하게 쓰일 수 있을 것이다. 이는 앞으로 미생물에 대한 새로운 접근을 통해 연구 패러다임을 가져올 뿐만 아니라, 새로운 차세대 바이오 및 제약산업 분야로 부상할 수 있을 것이다.

단원평가

1 특정 환경에 존재하는 미생물군집인 마이크로바이오타(microbiota)와 단일 생명체의 유전정보 전체를 의미하는 지놈(genome)의 합성어를 무엇이라고 하는가?

2 마이크로바이옴과 관련되고 있다고 보고되고 있는 건강 질환 5가지 이상 답하시오.

3 장내 마이크로바이옴에 영향을 끼치는 요인 중 가장 크게 미치는 요인은 무엇인가?

① 식습관

② 연령

③ 인종

④ 약물복용

정답 및 해설

1. 마이크로바이옴(microbiome)
2. 당뇨, 비만, 아토피, 암, 자가면역질환, 우울증, 면역증진 등
3. ①

12
균체의 이용

1. 균체의 활용
2. 단세포단백질
3. 클로렐라
4. 스피룰리나

1. 균체의 활용

미생물 균체(biomass)에 함유된 성분의 영양적 가치와 생리 기능성에 관한 연구가 활발히 진행되어 산업적으로 우리 몸에 유익한 균의 균체가 산업화에 쓰이고 있다. 한 예로서 전술한 바와 같이 메타바이오틱스와 같이 대사물질을 이용하여 기능성 소재로 생산되기도 하지만 식량자원으로서 탄수화물이나 이산화탄소 등의 탄소화합물을 영양원으로 하여 미생물을 공업적으로 대량 배양한다.

예를 들면, 식물성 유기물의 생산은 1년에 1,500~2,000억 톤 정도이며, 그의 1/2 정도가 셀룰로스이다. 따라서 셀룰로스를 분해하여 먼저 당액을 만들고, 그 당액으로부터 단세포 단백질을 생산하거나, 이것을 메탄발효시키거나 혹은 알코올발효를 시킬 수 있다. 흔한 예로, 셀룰로스 폐기물을 당화하는 경우 먼저 리그닌을 제거할 필요가 있다. 예를 들면, 볏짚을 1% NaOH로 3시간 자비하여 리그닌을 제거하고, 여기에 고체배양한 *Trichoderma viride*를 가하고, pH 5에서 45℃로 48시간 당화하면 8% 정도의 당액을 얻을 수 있다. 또한, 미국에서의 가축 배설물은 약 2억 톤이다. 소의 사육장으로부터 나오는 feedlot waste(FLW)는 그 주성분이 셀룰로스와 헤미셀룰로스이고 이것은 미생물의 영양원으로 적합하다. FLW를 0.05N NaOH로 23℃에 4시간 처리하고, 여기에 호열성의 *Actinomycetes*를 55℃ 부근에서 배양하여 단세포단백질을 생산하는 방법도 보고되어 있다.

에너지를 얻기 위한 바이오매스 이용은 얻은 에너지와 그것을 얻기 위하여 소비된 에너지와의 차가 커야 하고, 저렴한 형태의 에너지를 이용하여 고가의 형태의 에너지를 얻는 것이 가장 큰 관건이다.

2. 단세포단백질

세균, 효모, 사상균, 방선균, 곰팡이, 조류 등의 미생물을 대량으로 배양해서 만들어지는 단백질을 미생물단백, 균체단백, 또는 단세포단백질(single cell protein, SCP)이라고도 한다. 일반적으로 균체의 45~55%가 단백질이다. 폐당밀, 유청, 석유에서 추출되는 n-파라핀 등이 원료가 된다. 상업적으로는 효모가 흔히 이용되며 광합성을 이용한 클로렐라 같은 단세포 조류도 사용된다.

영국, 러시아, 루마니아 등에서는 대규모의 생산이 가동되고 있고 장래의 식량 부족을 해소하는 수단으로도 기대되었으나, 현재는 축산용 사료로 쓰이고 있다.

단세포단백질를 위한 균주로는, 효모인 경우 *Toruplosis utilis*, *Candida* spp.이 사용되며 배양액으로서 아황산폐액에는 당이 3% 정도 함유되어 있으므로 이 당을 이용하여 상업적으로 사료용 효모를 생산할 수 있다. 영양학적으로 단백질과 핵산, 비타민 함량은 높은 편이나 메티오닌의 함량은 분유보다 다소 낮다. 최근의 연구는 폐수처리를 겸한 단백질의 생산이다. 즉 폐기물에 미생물을 배양하여 SCP를 생산하고, 이것을 가축사료로 이용하고, 더욱 양질의 식용단백질로 변환시키는 방법이다. 또 더 나아가 폐기물을 이용하여 당화시켜 에탄올의 생산도 가능하다.

3. 클로렐라

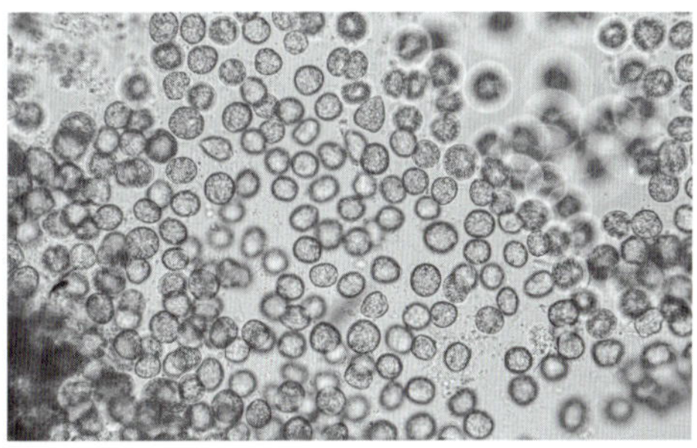

그림 12-1 클로렐라의 현미경 모습

클로렐라(chlorella)는 민물에 사는 녹조류에 속하는 플랑크톤이 일종이다. 네덜란드 연구자에 의해 1890년 현미경을 통해 발견한 후 그리스어로 녹색을 의미하는 '크로로스'라는 말과 라틴어의 '작다'라는 의미의 '에라'를 붙여서 '클로렐라'로 명명했다. 단백질, 엽록소, 비타민, 무기질과 아미노산 등의 영양소가 풍부하여 미국항공우주국에서 우주인의 식품으로 연구되어 유명해졌다(그림 12-1). 아프리카 중앙부의 원주민이 식용하고 있는 것으로 단백질 함량이 60~70%로 높고 소화율도 높으며 함황아미노산 함량이 비교적 높아 산업적으로 전망이 밝은 조류이다.

형태는 단세포식물로서 1개의 세포로 하나의 개체가 형성되어 있다. 엽록체를 가진 컵 모양의 구형이며 단독 또는 군체를 이루어 자란다. 엽록소로 동화작용을 하여 자생할 수 있으며, 비운동성의 자생포자에 의해 무성생식으로 번식한다. 열대에서 한대까지 지구상 전역에 분포되어 있으며, 호수, 연못, 웅덩이 등에서 채취가 가능하다.

클로렐라는 단백질, 엽록소, 비타민, 무기질과 아미노산 등의 영양소를 풍부하게 함유하고 있다. 또한 단백질의 합성을 왕성하게 해주며, 조혈작용을 활발하게 하고, 간장과 신장의 기능을 향상시킨다. 광합성 연구나 대량 배양실험에 이용되기도 하며 흘러나오는 오수를 정화하는 데도 쓰인다. 클로렐라는 빨리 증식되고 단백질과 비타민 군이 풍부하여 대체 식량원의 가능성이 점쳐지고 있다.

1950년대 일본에서 클로렐라 연구가 확산된 이후 건강식품으로 인기가 높았다. 우리나라에서는 식품의약품안전처로부터 면역력 증진, 항산화, 피부건강 효과를 인정받았고 우유, 달걀과 함께 완전식품으로 불린다. 클로렐라 성분의 60% 정도가 단백질이고, 30종 이상의 지방산과 다양한 종류의 비타민도 함유하고 있다. 또한 유해물질 해독에도 효과적이어서 건강기능식품으로 상품화되어 판매되고 있다.

조류 중에서 식용으로 실용화하고 있는 단세포 조류는 클로렐라와 *Scenedesmus* 등이 있다. 클로렐라는 식물체와 유사하게 태양 빛을 에너지로 이용하여 탄산가스를 고정하고 생체 성분을 합성해서 증식하며 생산효율은 고등식물보다 매우 높다. 따라서 클로렐라는 세계 각국에서 산업적으로 가장 많이 생산되고 있는데 종류로는 *Chlorella pyrenoidosa*와 *Chlorella ellipsoidea*가 있다. 배양은 CO_2, 56%의 단백질, 18%의 탄수화물 조성으로 한다.

4. 스피룰리나

스피룰리나(spirulina)는 청록색으로 나선형이며 길이가 300~500 μm인 청색 미세남조류의 다세포 미생물이다(그림 12-2). 남조류에 속하고 *Arthrospira platensis*, *Arthrospira fusiformis*, *Arthrospira maxima* 3가지 종이 있다. 2014년 세계보건기구(WHO)에서 스피룰리나를 안전하고 이상적인 식품으로 평가하고, 유엔식량농업기구(UN FAO)에서도 50종의 필수영양소를 갖추어 인류의 미래식량으로 지정되면서 새롭게 주목받았다. 우주인들을 위한 식품으로도 연구되고 있다.

서식지로는 에티오피아 일대가 원산이며, 염도가 높고 강알칼리성을 지닌 열대지방의 더운 물에서 번식한다. 멕시코와 아프리카 등에서 오래전부터 식품으로 활용되어 왔으며, 16세기 아즈텍인과 마야인들에 의해 섭취되었다고도 전한다.

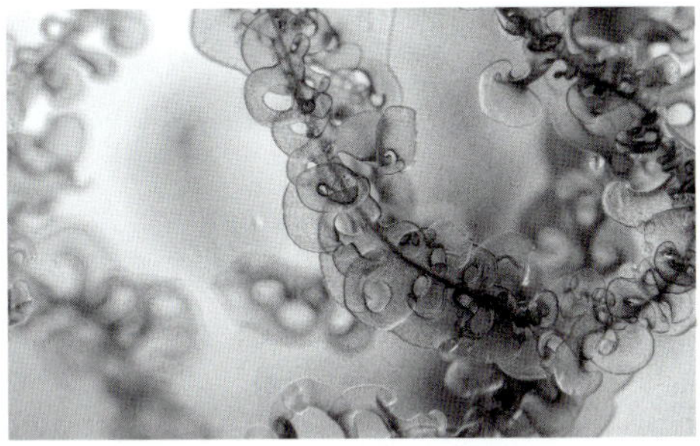

그림 12-2 스피룰리나의 현미경 모습

스피룰리나는 단백질 함유량이 60% 이상으로 클로렐라 등과 함께 고단백 건강기능식품으로 먹는다. 피코시아닌, superoxide dismutase(SOD), 카로티노이드가 포함되어 있어 항산화작용 및 피부건강에 도움을 주며, 비타민, 무기질, 섬유소 등도 풍부하게 함유되어 있다. 리놀렌산 등의 필수지방산이 풍부하므로 혈중 콜레스테롤 개선에 도움을 준다. 소화흡수율이 95% 이상으로 소화가 잘된다. 스피룰리나는 면역기능이 우수하고 방사능 치료에도 효과가 있는 것으로 알려졌다. 스피룰리나를 물로 추출하여 얻는 청색색소는 식품에 첨가하여 착색제로 사용한다.

단원정리

미생물 균체(biomass)의 영양적 가치와 생리 기능성에 관한 연구가 진행되고 태양에너지를 지구상에 고정한 산물이라고 할 수 있기에 에너지가 부족한 시대를 대비하여 미생물 균체가 산업적으로 유용하게 산업화에 쓰이고 있다.

세균, 효모, 사상균, 방선균, 곰팡이, 조류(藻類) 등의 미생물을 대량으로 배양해서 만들어지는 단백질을 흔히 단세포 단백질(single cell protein, SCP)라고도 한다. 상업적으로는 효모(*Toruplosis utilis*, *Candida* spp.)가 주로 사용되며 클로렐라, 스피루리나와 같은 단세포 조류도 사용되고 있다. 최근의 연구는 폐수처리를 겸한 단백질의 생산으로 폐기물에 미생물을 배양하여 SCP를 생산하여 가축 사료로 이용하고, 더욱 양질의 식용 단백질로 변환시키는 방법이다. 또한, 더 나아가 폐기물을 당화시켜 에탄올의 생산까지도 가능하다.

클로렐라(chlorella)는 민물에 사는 녹조류에 속하는 플랑크톤이 일종으로 영양소를 풍부하게 함유하고 있으며, 증식이 빠르고 특히 단백질과 비타민 B군이 풍부하여 대체 식량원의 가능성이 점쳐지고 있다. 또한, 스피룰리나(spirulina)는 청색 미세남조류의 다세포 미생물로서 2014년 세계보건기구(WHO)에서 안전하고 이상적인 식품으로 평가 받았으며, 유엔식량농업기구(FAO)에서 인류의 미래 식량으로 지정되면서 새롭게 주목받았다. 항산화 작용 및 피부 건강에 도움, 혈중 콜레스테롤 개선, 소화기능 개선, 면역기능 개선, 방사능 치료에 효과적이라고 알려져 있으며 우주인들을 위한 식품으로도 연구되고 있다.

단원평가

1 세균, 효모, 사상균, 방선균, 곰팡이, 조류(藻類) 등의 미생물을 대량으로 배양해서 만들어지는 단백질을 무엇이라고 하는가?

2 다음 중 클로렐라(chlorella)에 대한 설명으로 옳지 않은 것은?

① 민물에 사는 청색 미세남조류에 속하는 플랑크톤의 일종이다
② 햇빛을 에너지원으로 한다.
③ 단백질과 비타민 B군이 풍부하다.
④ 미래 대체 식량원의 가능성이 있다.

정답 및 해설

1. 단세포 단백질(single cell protein, SCP)
2. ①

13
효소

1. 효소의 정의
2. 효소의 역학
3. 효소의 분류
4. 효소의 산업에서의 적용

1. 효소의 정의

효소(enzyme)는 미생물뿐만 아니라 모든 생명체의 세포에서 생성되어 대사와 같은 생물학적 반응에 촉매역할을 하는 고분자의 단백질이다. 일부 효소는 미생물 안에 존재하지만(세포내 효소, intracellular enzyme), 세포 밖으로 분비되기도 하는데 이를 세포외 효소(extracellular enzyme)라고 한다.

효소는 순수 단백질만으로 된 것도 있지만 다른 물질이 결합된 것도 있는데 이를 조효소(코엔자임)라고 하고 이때의 구성에 있어 단백질 부분만은 apoenzyme이라고 하고 조효소와 결합된 복합체를 완전효소(holoenzyme)라고 한다.

효소는 구조적으로 효소 내 활성부위(active site) 구조로 인하여 기질특이성(substrate specificity)을 가지고 있어 동일물질이라 하더라도 이성질체에는 반응하지 않는다.

2. 효소의 역학

효소는 기질의 농도에 따라 [그림 13-1]과 같이 증가하나 어느 기질농도 이상에서부터 최대 속도(V_{max})를 나타낸다. 이때 이후를 기질의 포화농도라고 한다.

효소(E)의 기질(S)에 대한 반응 속도(v)는 다음과 같이 유도될 수 있다.

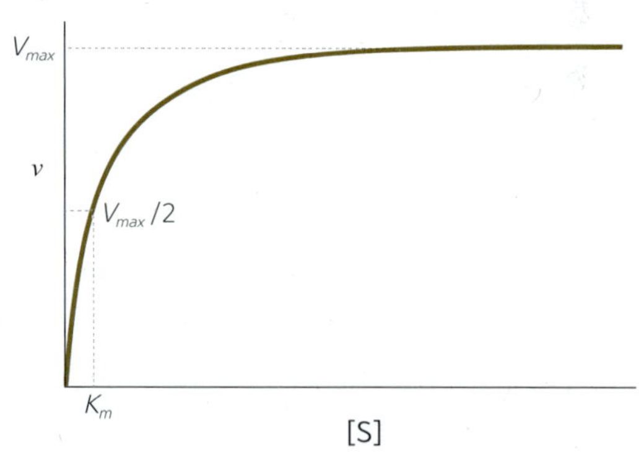

그림 13-1 기질에 따르는 효소 반응 속도

$$E + S \underset{k_{-1}}{\overset{k_1}{\rightleftarrows}} ES \xrightarrow{k_p} E + P$$

$$[E]_T = [E] + [ES] \qquad v = k_p[ES] \qquad V_{\max} = k_p[E]_T$$

at steady state, $\dfrac{d[ES]}{dt} = 0$

$[ES]$ producing rate; $k_1[E][S]$

$[ES]$ decomposing rate; $k_{-1}[ES] + k_p[ES] = (k_{-1} + k_p)[ES]$

$$k_1[E][S] = (k_{-1} + k_p)[ES] \qquad \therefore [ES] = \frac{k_1[E][S]}{k_{-1} + k_p}$$

If, $K_m = \dfrac{k_{-1} + k_p}{k_1} \qquad \therefore [ES] = \dfrac{[S]}{K_m}[E]$

$$\frac{v}{[E]_T} = \frac{k_p[ES]}{[E] + [ES]} \qquad \frac{v}{k_p[E]_T} = \frac{[ES]}{[E] + [ES]} = \frac{\frac{[S]}{K_m}[E]}{[E] + \frac{[S]}{K_m}[E]} = \frac{[S]}{K_m + [S]}$$

$$\therefore v = \frac{V_{\max}[S]}{K_m + [S]}$$

위의 공식을 Michaelis-Menten식이라 한다.

여기서 [E]: 효소의 농도, V_{max}: 최대 반응속도, K_m: Michaelis-Menten 상수라고 한다.

이 공식에 의해 기질(S)과 K_m의 관계가 아래와 같으면,

i) $K_m \ll S \rightarrow \dfrac{v}{V_{\max}} = 1 \qquad \therefore v = V_{\max}$

ii) $K_m = S \rightarrow \dfrac{v}{V_{\max}} = \dfrac{1}{2} \qquad \therefore v = \dfrac{1}{2}V_{\max}$

iii) $K_m \gg S \rightarrow v \ll V_{\max}$

가 성립된다.

또한 다음과 같이 역수를 통하여 [그림 13-2]와 같이 표현하고 이에 따른 식을 나타낼 수 있는데 이를 Lineweaver-Burk plot이라고 한다.

$$\frac{v}{V_{\max}} = \frac{[S]}{K_m + [S]} \qquad \frac{v}{V_{\max}} = \frac{K_m + [S]}{[S]} \qquad \frac{1}{v} = \frac{K_m + [S]}{V_{\max}[S]} = \frac{K_m}{V_{\max}} \cdot \frac{1}{[S]} + \frac{1}{V_{\max}}$$

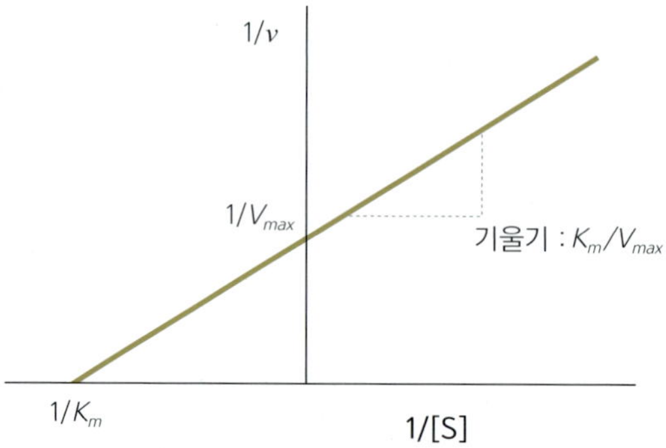

그림 13-2 Lineweaver-Burk plot

3. 효소의 분류

효소는 분류는 지금까지 수많은 종류의 효소들이 분리, 정제되고 그 특성이 규명, 보고되었으며, 상용어로도 여러 가지 명칭으로 불리어 왔다. 이에 대한 많은 혼란이 있었으나, 1955년 국제생화학연합[International Union of Biochemistry: 1991년 국제생화학·분자생물학연합(International Union of Biochemistry and Molecular Biology, IUBMB)으로 개칭] 내에 효소위원회(Enzyme Commission, EC)가 설치되어 효소의 계통적 분류법과 명명법 및 효소의 활성도에 관한 정의라든지 반응속도와 관련된 계수들의 정의 등에 관한 규약을 제정하였다. 국제생화학연합은 분류와 명명에 관한 규약과 그것에 기반을 둔 효소의 명명법은 'Enzyme Nomenclature'에 의거하였으며, 1978년에는 효소위원회의 보고서가 발표되었다. 또한, 동일한 보고서에 대한 여러 종류의 부록도 발간하였다. 이 규약에 따라 효소는 그 촉매하는 화학반응의 형식을 기본으로 하여 분류되며 이것을 기반으로 각각의 효소에 번호를 부여한다. 단, 효소명이 최초로 표현된 경우에는 효소번호와 함께 기재할 것을 권장하고 있다. 효소번호는 마침표로서 구분된 4개 조의 숫자로 구성되며, 4개 조 숫자 앞에는 효소위원회를 의미하는 EC를 붙여야만 한다. 효소의 분류와 명명법에 관한 주된 원칙은 다음과 같다(단, 여기에서는 효소명을 예시하는 경우 영문으로 표기).

첫 번째 숫자(번호)는 효소가 관여하는 반응에 관한 것으로 다음과 같이 분류한다.

1. Oxidoreductase: 환원 또는 산화 반응하는 효소

   예 catalase, peroxidase, oxygenase

2. Transferase: 기능기를 다른 성분으로 전달하는 효소

예 aminotransferase

3. Hydrolase: 물을 이용하여 분해(가수분해) 하는 효소

예 lipase, amylase, cellulase, protease

4. Lyase: 물이 없이 성분을 분해하는 효소

예 aspatase

5. Isomerase: 이성질체 생산하는 효소 Rearrangement

예 포도당 isomerase (포도당 → fructose)

6. Synthetase: 두 성분을 연결하는 효소

예 acetyl CoA carboxylase, glutamine synthetase

4. 효소의 산업에서의 적용

산업적으로 효소는 발효공정 개선, 합성공정 단순화, 식품 제조공정 개선, 영양성분의 개선 및 기능성 부여, 신물질 합성, 부산물의 재활용 등의 목적으로 이용되고 있다. 시장분포를 보면 크게 식품용 효소와 비식품용 효소로 나눌 수 있으며, 식품 산업에서 45~50%를 차지하고 있고, 이를 세분하면 전분 가공 분야(표 13-1)에 50%, 유가공업계에서 25%, 맥주, 주스, 와인 제조에 10% 정도 이용되고 있다. 특히, 전분으로부터 소규모 분자의 당류 제조에서도 아래와 같이 다양한 효소들이 각 단계별로 사용되고 있다.

특히, amylase는 산업적으로 *Bacillus licheniformis*, *Aspergillus niger*, *Rhizopus* spp.를 통하여 제조되며 알코올 발효나 두류 발효에 사용하기도 한다.

또한, 과일 음료의 제조에서 pectinase는 여과 중의 과일즙의 점성 저하를 위하여 사용되기도 한다. 특히 오렌지, 밀감 등의 음료 생산에서 과피에 존재하는 쓴맛 성분인 naringin의 제거 목적으로 naringinase를 사용하여 naringenin으로 분해한다. Lactase는 유당불내증 환자를 위하여 낙농제품에 존재하는 유당의 가수분해를 위하여 사용된다. 제당산업에서는 raffinase를 사용하며 이는 원료에 존재하는 raffinose를 유당과 sucrose로 가수분해시킨다.

표 13-1 전분 가공 공정에서 사용되는 대표적 효소

효소의 종류	적용되는 공정	유래 미생물	최종 생산물
α-amylase	전분의 액화	세균: *Bacillus subtilis*, *Bacillus licheniformis* 곰팡이: *Aspergillus niger*, *Aspergillus oryzae*	덱스트린
β-amylase, glucoamylase	당화	세균: *Bacillus polymyxa*, *Bacillus cereus* 곰팡이: *Rhizopus japonica* 맥아	포도당, 맥아당
pullulanase	분지의 가수분해	세균: *Klebsiella* spp.	직쇄 덱스트린
glucose isomerase	당의 이성화	세균: *Arthrobacter* spp.	과당
cyclodextrin glucanotransferase	환상 구조 생성	세균: *Bacillus circulans*	사이크로덱스트린
invertase	당의 전이	효모: *Saccharomyces cerevisiae* 곰팡이: *Aspergillus* spp. 세균: *Azotobacter* spp., *Lactobacillus* spp., *Pseudomonas* spp.	프락토올리고당

단백질분해효소(protease)도 식품에 많이 사용된다. 예를 들면 치즈 산업에서의 rennet을 이용하며 맥주 제조에서도 단백질에 의한 탁도 발생 감소를 위하여 사용되기도 한다.

비식품 효소의 경우 합성세제산업에서 40~45%, 섬유/종이산업에서 4~6%, 피혁 산업에서 1~2%, 사료 산업에서 1% 미만의 시장을 형성하고 있다. 이들을 이용하는 효소의 종류별로 구별하면, 합성세제에서는 땀과 때의 주성분이 단백질과 지질이므로 이들을 분해하는 단백질분해효소와 지방분해효소(lipase)가 주종을 이루고 있으며, 섬유 및 종이산업에서는 아밀라아제와 헤미셀룰레이스가 주로 이용되고 있다. 네덜란드의 윈델사는 염색공정의 잔류 표백제를 효소를 이용하여 제거하여 폐수를 획기적으로 감축할 수 있었다.

의료용 효소는 소화효소, 소염 효소, 혈전분해효소, 항종양효소 등이 있으며, 국내 효소 시장의 40%를 점유한다. 소화효소제에는 amylase, protease, lipase, diastase 등이 있으며, 혈전효소로는 urokinase, streptokinase, tissue plasminogen activator(tPA) 등이 대표적이다. 또한, 소염효소로는 lysozyme, cellulase, chymotrypsin, streptokinase, superoxide dismutase 등이 있고 백혈병에 도움이 되는 asparaginase가 있다. Penicillin-amidase는 천연 페니실린에 작용하여 다양한 유도체를 합성하는 데 사용한다. 이 밖에 임상 진단용으로도 많은 효소가 사용되는데 cholesterol oxidase에 의

한 콜레스테롤 측정, urea oxidase에 의한 요소 측정, alcohol dehydrogenase에 의한 알코올 측정, phospholipase에 의한 인지질 측정 등이 있다.

동·식물에 비해 미생물은 효소의 대량생산이 가능하고, 효소의 종류도 많아서 효소 산업의 수단으로 적합하다. 또한, 기술적으로 유전자조작을 통해 변이체 효소의 제작 및 대량 스크리닝(high-throughput screening) 기술 등이 발전되고 있어 원하는 방향으로의 효소개량에도 매우 유리하다.

단원정리

효소(enzyme)는 생물학적 반응에 촉매 역할을 하는 고분자의 단백질로서 순수 단백질만으로 구성된 것도 있지만 복합 단백질의 형태로 존재한다. 복합 단백질로 이루어진 효소의 비단백질 성분을 조효소(코엔자임)라고 한다. 이때의 구성에 있어 단백질 부분만은 apoenzyme이라고 하고 조효소와 결합하여 활성을 나타내는 복합체를 완전효소(holoenzyme)라고 한다. 효소는 효소내 활성 부위(active site)의 구조로 인해 기질 특이성(substrate specificity)이라는 특징을 가지고 있다.

효소의 반응속도는 기질의 농도에 영향을 받으며 어느 기질 농도 이상에서는 최대 속도(V_{max})에 가깝게 일정하게 되며 이것을 기질의 포화 농도라고 한다. 즉, 기질의 농도에 따른 효소의 초기 반응 속도를 대수적으로 나타낸 방법으로 Michaelis-Menten식이라고 하며, 최대 반응속도의 1/2이 되는 기질의 농도를 Michaelis 상수(K_m)이라고 하고, 기질과의 친화력을 의미하며 값이 작을수록 친화력이 크다는 것을 의미한다. 또한, 여기서 역수를 취하여 Lineweaver-Burk plot 방정식을 유도할 수 있다.

지금까지 효소는 수많은 종류로 분리, 정제 및 그 특성 규명이 보고되었으며 여러 가지 명칭으로도 불리어 왔다. 많은 혼란으로 국제생화학협회에서 규정한 체계에 의하여 반응 특성에 따라서 분류하고 있다.

효소는 산업적으로 여러 가지의 목적으로 이용되고 있으며, 식품용 효소와 비식품용 효소로 나눌 수 있다. 식품용 효소로는 전분 가공 분야, 유가공 분야, 주류 분야에 활용되고 있다. 비식품용 효소로는 합성세제 산업, 섬유/종이산업, 피혁 산업, 사료 산업에서 활용되고 있으며 이 외에도 의료용 효소로도 활용되고 있다. 특히, 미생물의 효소는 대량 생산이 가능하며 효소들의 종류도 많고 기술적으로 많은 발전이 진행되어 효소 산업의 수단으로 적합하다고 볼 수 있다.

단원평가

1 다음은 전분 가공 공정에서 사용되는 대표적 효소에 대한 내용을 정리한 내용이다. 괄호 안에 알맞은 효소를 답하시오.

효소이름	적용되는 공정	유래 미생물	생성물
(1)	전분의 액화	세균: *Bacillus subtilis* 곰팡이: *Aspergillus niger, Aspergillus oryzae*	덱스트린
(2)	당화	세균: *Bacillus polymyxa* 곰팡이: *Rhizopus japonica*	포도당, 맥아당

2 미카엘리스-멘텐식에서, K_m의 정의와 K_m 값이 상대적으로 높은 것과 낮은 것에 대해서 비교하여 설명하시오.

정답 및 해설

1. (1) α-amylase (2) β-amylase와 glucoamylase
2. K_m 정의: 미카엘리스 상수로서 기질에 대한 효소의 친화력을 의미함
   - K_m 값이 상대적으로 높을 때에는 기질이 많이 들어가야 최대반응속도 절반을 채울 수 있기 때문에 효소와 기질의 친화도가 낮다는 것을 의미함
   - K_m 값이 상대적으로 낮을 때에는 기질의 양이 적어도 1/2 V_{max}까지 빠르게 도달할 수 있어서 효소와 기질의 친화도가 높다는 것을 의미함

14
곡물 발효식품

1. 에탄올 발효
2. 발효 주류의 종류

1. 에탄올 발효

효모인 *Saccharomyces cerevisiae*와 일부 세균은 단당류 특히 포도당을 이용하여 해당과정을 거치게 되고 이때 생성된 NADH는 유기 혹은 무기호흡으로 소비되어 계속해서 해당과정이 진행될 수 있다. 혐기적인 조건에서 발효는 이러한 과정으로 피루브산이나 다른 유기물을 전자수용체로 이용하고 NADH를 재산화시켜 해당과정을 지속시키는 역할을 하며, 발효과정 중에 ATP는 기질수준인산화(substrate level phosphorylation)에 의해서만 생성된다.

이러한 해당과정에서 피루브산이 계속해서 이산화탄소가 해리되며 아세트알데히드를 생성하는데 이는 해당과정에서 생성된 NADH로부터 전자와 양성자를 전달받아 아래와 같이 에탄올로 변화된다.

$$C_6H_{12}O_6 \rightarrow 2C_2H_5OH + 2CO_2 + 2ATP$$

포도당 → 2 피루브산 → 2 아세트알데히드 → 2 에탄올

↓ 2ATP, 2NADH　↓ $2CO_2$　↓ $2NAD^+$

따라서, 에탄올 발효란 효모가 생존을 위하여 당분으로부터 에너지를 얻는 과정에서 당분해 부산물이라고 볼 수 있다. 에탄올 발효에서 당의 양은 중요한 요소이고 배양액의 당이 부족하면 효모는 당으로 에탄올을 만들기보다는 우선적으로 세포증식에만 사용한다. 또한 에탄올 발효의 중요한 요인으로는 발효가 진행 중인 발효액에 산소공급이 차단하여야 한다는 것이다. 알코올 발효는 혐기적 조건에서 산소가 다 소비된 이후에 당이 모두 소진될 때까지 지속된다.

이러한 조건에서 에탄올 발효가 진행되고 발효과정에서 에탄올의 부산물로 미량 성분 300여 가지 이상이 생성되는데, 이러한 미량의 성분들은 발효주류에 있어서 품질 및 기호성을 결정하는 중요한 인자이기도 하다.

2. 발효 주류의 종류

1) 맥주

맥주는 보리의 전분을 맥아(malt)의 당화효소에 의해서 단당류 또는 이당류로 가수분해시킨 후 효모의 알코올 발효 작용과 일련의 생화학적 반응을 통해서 만들어지는 탄산가스와 호프성분을 함유한 단행복발효의 술이다.

맥주제조에 사용되는 주요 원료들은 전통적으로 양조용수, 맥아, 호프, 효모의 4종류이며 경제적 또는 품질의 변화를 위하여 여러 가지 부형제를 사용할 수 있다.

맥주용 보리로는 이조대맥과 육조대맥을 사용하는데 우리나라와 유럽에서는 이조대맥을 이용하고 미국에서는 주로 육조대맥을 이용하고 있다. 보리원료는 곡피가 얇고 알이 비대한 것이 좋다. 또한, 맥주 혼탁의 원인인 단백질 함량이 가급적 적고, 상대적으로 전분질이 많은 것이 좋으며, 맥아 제조 시 발아가 용이해야 한다.

맥아의 전분질을 보충하기 위해 쌀이나 밀과 같은 타 곡식류의 전분을 추가함으로써 맥아즙의 단백질과 탄닌의 함량을 낮추어 단백질 혼탁을 방지하며 맥주의 색도를 낮추고 향이 부드러워질 수 있다. 또한, 고농도 알코올발효가 가능하게 한다.

호프는 암꽃에 존재하는 고미성분으로 첨가방법은 꽃잎 자체를 쓰거나 추출액 또는 오일 형태를 사용한다. 맥주에 특유의 향기를 부여하며 맥주의 기포성과 색상을 좋게 한다. 또한, 항산화작용 및 항균효과가 있어 제품의 보존에 효과가 있으며 적당한 기호성을 부여한다(그림 14-1).

그림 14-1 호프 및 암꽃 모양

효모는 맥주발효에 있어서 알코올 생성 및 다양한 부산물을 생성하게 하는 매우 중요한 역할을 하는 미생물이다. 맥주 양조에 사용되는 효모는 크게 발효형태로 상면발효(top fermentation)와 하면발효(bottom fermentation) 2종류가 있다. 상면발효로 사용하는 효모는 *Saccharomyces cerevisiae*로 일반적으로 15℃ 이상에서 발효가 이루어지며 에일맥주라고 한다. 하면발효에 사용하는 효모는 *Saccharomyces carlsbergensis*가 있으며 17℃보다 낮은 온도(10℃)에서 발효가 이루어진다. 이러한 맥주를 라거맥주라고 한다. 맥주효모의 조건으로는 강한 알코올 발효력을 가지며 다양한 당을 발효시키는 균이어야 한다. 또한, 맥주에 좋은 향미와 이화학적인 성질을 부여하며 발효 후에는 균체끼리의 응집성이 있어서 발효 후 발효액으로부터 효모의 회수가 용이한 것이 바람직하다.

맥주의 제조과정으로는 크게 4단계로 ① 맥아의 제조, ② 맥아즙의 제조, ③ 발효 및 ④ 제품화로 이루어진다. 맥아 제조과정은 보리를 맥아로 전환시키는 과정으로 침지, 발아시켜서 당화 과정에 필요한 효소들을 생성 또는 활성화시킴과 동시에 보리 extract의 추출이 용이한 상태로 만드는 용해과정이다. 발아 후 건조시킨 맥아는 제근을 거쳐 맥아즙 제조에 사용하게 된다. 맥아즙의 제조는 가열된 물에 넣어 추출과정을 거치게 하여 맥아즙으로 전환시키는 과정이 다음에 이어진다. 이 맥아즙 제조과정은 맥아의 액화 및 당화, 여과, 자비, 호프의 첨가, 가열에 의한 침전물 제거, 냉각 및 산소 주입의 공정으로 이루어진다.

발효단계에는 맥아즙에 효모를 가하여 알코올 및 유용한 물질로 전환시키는 중요한 과정이며 맥주 특유의 향미 물질을 생성되는 단계이다. 맥주 발효에서 당은 해당 작용을 거치면서 효모의 성장에 필요한 에너지와 균체의 증식에 필요하다. 생성되는 에탄올은 발효액에 축적되고 CO_2는 발효액에 용해되기도 하지만 대부분 밖으로 기포를 형성하며 배출된다. 발효과정에서 발생되는 발효열로 인한 온도 상승을 억제하기 위한 냉각장치가 필요하다.

발효된 맥주는 발효열이 떨어지고 pH가 낮아지며 알코올의 농도가 전분의 농도의 약 1/2 정도일 때 발효를 종료한다. 발효 후 맥주를 영비어(young beer)라고 하며 숙성과정을 거친다. 숙성과정은 후발효라 하기도 하며, 숙성 전의 맥주를 발효조와 유사한 저장조에서 보통 0~1℃의 낮은 온도에서 12주 정도 행해진다. 숙성되는 과정에서 잔류되어 있는 당은 더욱 발효가 일어나지만 동시에 맥주는 향미가 증진되며 CO_2가 더욱 증가하면서 완숙한 맛을 지닌 맥주가 다 숙성이 끝난 맥주는 여과되어 맑은 호박색의 맥주를 얻는다. 이후 맥주는 원심분리로 균체를 제거하고 청징을 위한 여과를 거친 다음 품질관리 상 부족한 이산화탄소가 주입된다. 미세여과에 의해서 미생물을 제거시키고 병이나 캔 용기에 무균적으로 충진하거나 용기에 주입 후 가열살균공정을 거치고 출하된다. 이때 여과가 끝난 맥주를 살균하지 않고 그대로 제품화한 것이 생맥주라고 하며 신선하지만, 잔존 효모와 미생물에 의해서 변화가 있을 수 있어 저장성이 약하다.

맥주의 품질은 맥주의 종류에 따라 기준의 차이가 있으나 품질관리 항목으로 볼 때, 향미, 거품 안정성, 색깔, 탁도, 발포성 CO_2의 함량, 알코올 함량, 호프의 고미성, 질소함량 등에 의해서 결정된다. 질소함량은 단백질의 양을 대변하는 것으로 거품에 중요한 인자이나 너무 많으면 저장 중 탁도가 증가하여 저장성을 저하시킨다. 또한, 맥주는 발효식품으로서 미생물적으로 위생적이어야 한다. 맥주의 알코올은 4~6%이다.

2) 포도주

포도주는 포도과즙을 효모에 의해서 발효하여 만들어진 양조주이다. 지역에 따른 원료포도와 부재료 및 제법 등의 차이에 의해서 포도주의 종류가 분류될 수 있다. 포도주는 발효성 당만으로 생성된 알코올 함량을 갖는 천연 포도주와 포도주정을 가하여 알코올 농도를 높인 주정강화 포도주로 분류될 수 있는데, 주정강화 포도주는 디저트와 애피타이저 포도주로 크게 구별된다. 또한, 천연 포도주는 탄산가스의 유무에 따라 발포성 포도주와 비발포성 포도주로 분류된다. 포도주는 당함량에 따라 단맛이 없는 dry wine과 단맛이 약간 있는 semi-dry wine 및 단맛이 나는 sweet wine으로 구별된다. 또한, 포도주는 색깔에 따라서 적포도주, 백포도주 및 분홍포도주로 분류된다.

포도주의 원료인 포도의 품종은 유럽계의 *Vitis vinifera*와 북미의 *Vitis lubrusca*와 *Vitis rotundifolia*가 있다. 우리나라의 포도 재배지역은 경북 경산, 충남 천안, 경기 안성 등이며 포도품종은 조생종인 캠벨얼리, 쉘러 등이 전체 70% 정도를 차지한다. 포도주 제조를 위한 포도의 수확적기는 당도와 산도를 측정하는 것이 일반적이다. Brix/acid 비율은 당도가 18~26 Brix 범위에서 산도가 4~9 g/L 정도일 때 Brix/acid 값이 3.2 정도가 이상적이다.

수확한 포도는 가급적 신속하게 가공공장으로 운반하여 처리한다. 제경과 파쇄는 분쇄기에서 동시에 이루어져 과육과 주스를 포함하는 파쇄된 포도인 과장을 얻는다. 그 다음으로 아황산을 첨가하는데, 아황산은 항균작용을 나타내는 물질로 포도주 제조에 필수적으로 사용되어온 보존제이다. 포도의 과피에는 수많은 야생효모, 곰팡이, 세균들이 존재하는데 포도주 발효에 유용한 효모나 순수배양 효모에 의한 발효를 통해 양질의 포도주를 제조하기 위해서는 해로운 미생물들의 생육을 억제시키는 것이 매우 중요하다.

일반적으로 백포도주는 파쇄된 과장으로부터의 비압착 주스 또는 페놀 함량이 적은 압착된 포도주스를 사용한다. 적포도주는 발효과정에서 과즙과 박의 분리가 시행되며 이때 착즙기를 사용하여 압착한다. 포도 과즙 조성은 원하는 포도주 제조에 적합하도록 성분을 조정한 후 발효한다.

포도주 효모는 포도 속의 당을 혐기적 조건하에서 알코올과 CO_2 및 소량의 부산물로 전환시키는 역할을 한다. 포도주는 포도주 발효용 배양효모를 사용하는데 *Sccharomyces cerevisiae*, *Saccharomyces vini*, *Saccharomyces ellipsoideus* 등이 있다. 포도주에 관여하는 중요한 세균으로는 초산균과 젖산균을 들 수 있다. 초산균은 알코올을 산화시켜 초산으로 전환시키면서 산패를 일으키는 세균이다. 젖산균은 통성혐기성이며 산과 알코올에 비교적 내성이 강하다. 젖산균에 의해 말산(malic acid)이 젖산과 CO_2로 전환되면서 강한 산미를 갖는 포도주의 산도가 낮아지는 malolactic fermentation은 일종의 유용한 2차발효라 할 수 있다.

적포도주는 적색 또는 흑색의 포도를 파쇄한 후 껍질, 씨와 함께 알코올 발효를 한다. 발효 중에 생성된 탄산가스에 의해 발효조 상단에 껍질층이 형성되는데 이를 물리적으로 발효액안으로 밀어 넣든가 밑에 있는 액을 펌프질해서 껍질 위로 덮어주어서 초산균의 번식을 억제하고 안토시안계 색소, 탄닌성분의 추출을 용이하게 하여야 주어야 한다. 적포도주의 생명인 독특한 붉은색, 은근한 맛과 산미, 향이 생기게 하며 발효온도는 대개 20℃ 정도에서 행한다. 적포도주 발효는 품온관리를 철저히 하면서 4~5일 경과 후 과피를 제거하고 후발효를 시킨다. 효모에 의한 알코올발효가 끝나면 젖산균에 의한 malolactic fermentation이 일어난다. 특히 포도재배 기간의 기후조건에 따라 추운 지방에서 재배된 포도의 과즙은 말산에 의해 산도가 높아져 malolactic fermentation을 통해서 산도를 낮추는 것이 바람직하다.

백포도주는 적포도의 과피를 제거하고 발효하거나 청포도로 발효된 술을 말한다.

포도주의 중요성은 알코올 발효를 향기롭고 산뜻한 맛을 내도록 하는 것이며 보통 15~19℃에서 발효를 행하고 균주 선택 시 향기로운 성분을 생성하는 우량균주를 선택하는 것이 중요하다.

발포성 포도주는 발효 중에 생성된 CO_2가 용해되어 있어서 마실 때 기포가 생성되는 포도주이다.

포도주의 발효에서 제조하고자 하는 포도주의 종류에 따라 온도관리 및 제조관리가 요구된다. 적포도주의 경우에는 과피로부터 요구하는 수준의 적색소와 탄닌이 용출되면 발효액을 채취하고 고형분을 압착하여 박을 분리시킨다. 발효의 완료는 포도주의 단맛 정도에 따라 잔존하는 당의 함량에 의해서 결정된다. 발효기간은 발효온도, 사용한 효모의 종류와 제조하려는 포도주의 종류에 따라서 수일에서 수주간 걸린다.

발효된 포도주는 일정 기간 저장시키면서 불순물들을 제거함과 동시에 숙성시키는 과정을 거친다. 포도주의 종류와 포장용기에 따라서 숙성기간에 차이가 난다. 저장 중에 포도주의 청징화를 위해서 침전분리 및 청징화과정을 거치며 숙성 오크통 속에서 실시한다.

완성된 적포도주의 에탄올 함량은 10~14% 정도이며 백포도주는 11~12% 정도가 보통이다. 휘발성 산 중 초산의 함량은 백포도주와 적포도주에서 각각 0.11%와 12%를 초과하지 않는 것이 좋다. Dry wine은 산도가 0.4~0.6%이면 좋고 너무 높으면 맛이 거칠고 시며 또한 낮으면 밋밋하고 김빠진 맛을 보인다. 포도주는 심장질환을 예방해주며 항산화제로서도 작용하는 것으로 알려져 있다.

3) 막걸리, 약주

막걸리와 약주는 우리나라에서 예로부터 양조되어 온 재래주로서 찹쌀 또는 맵쌀을 원료로 하여 발효제로서 누룩을 첨가하여 병행 복발효주의 제조방법에 의해서 양조된다. 병행복발효주는 전분의 당화공정과 발효공정이 분리되지 않고 병행해서 이루어지는 것을 말한다.

막걸리와 약주의 원료로는 쌀, 밀가루, 옥수수, 보리쌀, 고구마 전분, 포도당 등의 탄수화물과 주조용수, 곡자 및 입국 등의 발효제들이 사용된다. 막걸리와 약주의 제조공정은 소맥분을 원료로 하여 입국을 제조한 후 주모를 함께 만들어 1단 담금에 사용한다. 다음에는 곡자를 첨가하여 2단 담금으로 알코올 발효를 촉진시킨다. 숙성된 술덧은 여과 정도에 따라 막걸리와 약주로 분류한다. 막걸리는 약주에 비해 거칠며 압착기로 맑게 여과한 것이 약주이다.

막걸리는 보통 알코올이 6~8%이고 약주는 10~13%이다.

단원정리

에탄올 발효는 효모가 당분을 에너지로 변환하는 과정에서 부산물로 발생하며, 혐기적 조건에서 진행된다. 이 과정에서 생성되는 300여 가지 미량의 부산물은 발효주류의 품질과 기호성을 결정하는 중요한 요소이다.

맥주는 보리의 전분을 맥아의 당화 효소로 가수분해한 후, 효모 발효를 통해 만들어지는 탄산가스와 호프 성분을 포함한 단행 복발효술입니다. 맥주의 주요 원료는 양조 용수, 맥아, 호프, 효모가 사용되고, 보리로는 이조대맥과 육조대맥이 사용된다. 맥주는 상면발효(에일맥주)와 하면발효(라거맥주)로 나뉘며, 각각의 발효 온도와 사용되는 효모가 다르다. 맥주 제조는 맥아의 제조, 맥아즙의 제조, 발효, 제품화의 4단계로 구성되며, 발효된 맥주는 숙성과 여과, 이산화탄소 주입, 미생물 제거 후 병이나 캔에 충진되고 가열 살균 공정을 거쳐 출하한다. 맥주의 품질은 향미, 거품 안정성, 색깔, 탁도, 발포성, CO_2 함량, 알코올 함량, 호프의 고미성, 질소 함량 등에 의해 결정되며 발효식품으로서 미생물적으로 위생적이어야 한다.

포도주는 포도 과즙을 효모로 발효하여 만들어지며 천연 포도주와 주정 강화 포도주로 분류된다. 포도주는 당 함량에 따라 dry wine, semi-dry wine, sweet wine으로 구별되며 색깔에 따라서 적포도주, 백포도주 및 분홍 포도주로 분류된다. 포도는 유럽계와 북미계 품종이 있으며, 포도 수확 시 당도와 산도를 측정해 적기를 결정한다. 포도는 수확 후 신속히 가공되며, 아황산을 첨가해 해로운 미생물의 생육을 억제한다. 적포도주는 포도를 파쇄한 후 껍질, 씨와 함께 발효한 술, 백포도주는 적포도의 과피를 제거 후 발효하거나 청포도로 발효한 술을 말한다. 포도주의 발효에는 *Sccharomyces cerevisiae*, *Saccharomyces vini*, *Saccharomyces ellipsoideus*와 같은 효모가 사용된다. 발효 후에는 유산균에 의한 malolactic fermentation을 통해 산도를 조절하며 일종의 유용한 2차 발효를 진행한다. 포도주의 발효 기간은 수일에서 수주간이 걸리며 발효된 포도주는 저장과 숙성과정을 거쳐 완성된다. 적포도주의 에탄올 함량은 10~14%, 백포도주는 11~12% 정도이며 심장질환 예방과 항산화 효과가 있다.

막걸리와 약주는 찹쌀 또는 멥쌀을 원료로 하여 누룩을 첨가해 병행 복발효로 양조된 전통 재래주이다. 병행 복발효는 당화 공정과 발효 공정이 동시에 이루어지는 것으로, 소맥분으로 입국을 제조하고, 주모와 곡자를 첨가해 알코올 발효를 촉진한다. 숙성된 술덧은 여과 정도에 따라 막걸리와 약주로 나뉘며, 막걸리는 알코올 함량이 6~8%이고, 약주는 10~13%이다.

단원평가

1 맥주 제조 시에 첨가되는 호프(hop)의 효과로 옳지 않은 것은?

① 알코올의 농도를 높인다.

② 항균작용을 한다.

③ 맥주의 거품에 관여한다.

④ 특유의 향미를 부여한다.

2 다음 중 맥주 발효에 대한 설명으로 옳지 않은 것은?

① 효모는 *Saccharomyces* 속을 이용한다.

② 병행 복발효주이다.

③ 단맥아를 사용한다.

④ 우리나라에서는 이조대맥을 사용한다.

3 맥주 하면발효효모에 해당되는 것은 무엇인가?

① *Saccharomyces cerevisiae* ② *Saccharomyces carlsbergensis*

③ *Saccharomyces sake* ④ *Saccharomyces coreanus*

4 포도주의 제조 공정 중에 유해균의 증식억제를 위해서 첨가하는 보존료는 무엇인가?

5 포도주 발효에 있어서 가장 적합한 효모는 무엇인가?

6 적포도주의 발효 적온은?

① 20℃ 이하 ② 30℃ 이하

③ 40℃ 이하 ④ 50℃ 이하

7 예부터 양조된 재래주로서 찹쌀 또는 맵쌀을 원료로 발효제로서 누룩을 첨가하여 제조한 막걸리의 제조방법은?

① 병행복발효주 ② 단행복발효주

③ 혼성주 ④ 단발효주

8 막걸리와 약주용 곡자의 적당한 사용 시기는 언제인가?

정답 및 해설

1. ①
2. ②
3. ②
4. 아황산
5. *Saccharomyces cerevisiae*
6. ①
7. ①
8. 2단 담금 시

15 두류 발효식품

1. 간장
2. 된장
3. 고추장
4. 청국장
5. 해외 발효대두식품

1. 간장

간장은 콩 원료를 일정 염농도에서 미생물에 의해 발효시킴으로써 맛을 형성하는 식품으로서 두류와 채소류 위주의 식문화에 맛을 부여해 주는 중요한 전통조미료이다. 일반적으로 간장은 조제방법에 따라 크게 4가지로 분류하는데 탈지 대두를 염산으로 가수분해한 후 가성소다(NaOH)로 중화하여 얻은 액을 가공한 산분해 간장, 탈지 대두에 맥류 또는 쌀 등을 혼합 제국하여 식염수 등을 섞어 발효 숙성시킨 양조간장, 양조간장 원액과 산분해 간장 원액을 적당한 비율로 혼합한 혼합간장, 한식 메주를 주원료로 하여 식염수 등을 섞어 발효 숙성시킨 재래식간장 등이 있다.

전통적인 간장의 제조공정은 다음과 같다. 간장용 원료인 콩을 잘 씻은 후 8~12시간 동안 침지하여 불린다. 불린 콩을 2시간 이상 삶고, 삶은 콩은 식기 전에 마쇄한 뒤 적당한 크기로 성형한다. 성형된 메주는 볏짚을 깔고 약 2주 동안 겉말림을 한 후에 볏짚으로 메주를 묶어 따뜻한 방안에 겨울 동안 매달아 둔다. 이때 볏짚이나 공기로부터 곰팡이, 효모, 세균 등의 미생물들이 자연적으로 접종되어 생육하게 된다.

메주의 표면에는 주로 *Mucor* spp., *Rhizopus* spp. 등의 곰팡이가 주로 존재하며 내부에는 주로 고초균(*Bacillus subtilis*)이 증식하면서 독특한 메주 냄새를 내고 단백질분해효소와 전분질분해효소 등 각종 효소를 분비한다. 최근에는 대두에 *Aspergillus oryzae*를 접종하여 상품화한 개량메주를 이용한다. 완성된 메주는 표면을 물로 씻고 2~3쪽으로 쪼개서 충분히 건조시킨 후에 염수와 함께 항아리에 담는다. 담금 중에는 액면 위로 나온 메주 조각표면 위에 잡균이 오염되지 못하도록 소금을 얹는다. 발효 숙성 중에는 햇빛이 있으면 뚜껑을 열어주면서 표면에 생길 수 있는 산막효모의 발생을 억제하여 간장의 풍미저하를 예방한다.

발효한 간장덧(소금물과 메주의 혼합물)의 숙성 중에 관여하는 미생물로는 호기성 세균인 *Bacillus* 속과 내염성 젖산균 및 내염성 효모류가 있으며, 이들은 간장의 독특한 풍미형성에 크게 관여한다. 젖산균으로는 *Pediococcus halophilus*, *Lacticaseibacillus casei*, *Lactiplantibacillus plantarum*, *Leuconostoc mesenteroides* 등이 있으며. 효모에는 *Saccharomyces rouxii*, *Saccharomyces acidifaciens*, *Torulopsis dattila* 등이 있다. 숙성 중 간장덧의 젖산균과 호기성세균 및 효모는 증가했다가 감소되며 가열살균

후에는 거의 사멸된다.

숙성 후에 여과하여 액체부(간장)와 고형물부(메주)를 분리한다. 액체부의 남아있는 메주를 건져내고 항아리 바닥에 침전된 메주 부스러기를 체로 받쳐서 분리한다. 달이지 않은 간장은 생간장이라고 하며 각종 효소나 미생물이 잔존하며 미숙한 맛과 풍미를 나타낸다. 이 생간장은 오염균의 살균을 통해 저장성을 높이고 풍미와 색깔을 향상하며 농축하기 위해서 가열하여 달이게 된다.

간장의 성분은 장류의 지역, 제조방식 등에 따라 크게 차이가 있지만, 공통적으로 아미노산 및 당류 발효산물인 알코올과 유기산 및 소금을 주성분으로 하여 구수한 맛, 단맛, 짠맛이 조화된 고유의 향미를 지닌 천연의 조미료이다. 장류는 곡류위주의 식생활에서 부족한 아미노산을 보충해 주며 맛을 부여해 준다. 콩을 사용하여 건조한 메주를 만드는 과정은 자연의 미생물(특히 곰팡이류)에 의해 건조한 환경에 적응되는 균주들이 선택적으로 콩단백질을 효과적으로 분해하여 이용한다.

앞에서 언급한 산분해간장은 탈지대두 또는 글루텐을 염산 가수분해시킨 후 중화와 여과공정을 거쳐서 탈취시키는데, 짧은 시간에 고농도의 아미노산을 포함하는 제품을 얻을 수 있고 경제성이 크다는 장점이 있다. 그러나, 산분해간장 제조 중에 유지성분이 염산과 반응하여 모노클로로프로판디올(2-chloro-1,3-propanediol, MCPD)와 디클로로프로판올(1,3-dichloro-2-propanol, DCP) 성분이 생성되는데 이 성분들은 발암성이 있어 안전성에 문제를 일으킨다. 이 성분들의 생성량은 염산의 농도에 비례하는데, 생성량을 최소화하기 위해서는 염산 농도를 18% 이하로 하며 두류 원료의 지방함량이 1% 미만인 원료를 사용하는 것이 좋다.

2. 된장

콩은 탄수화물을 주식으로 하는 우리의 식문화에 단백질과 지방의 공급원으로 매우 중요한 식재료였으며, 특히, 콩발효식품인 된장은 우리 음식에 맛과 영양을 공급하는 중요한 식품이었다. 된장은 제조법에 따라 재래식된장과 개량식된장의 2종류가 있다. 즉, 간장의 부산물로 얻어지는 고형분(막된장)에 소금을 첨가하여 항아리에 재워두면 재래식 된장이 되고, 개량식 된장은 재래식과 일본식 방법을 혼용해서 공장에서 대량으로 제조하는 양조된장이다. 재래식된장의 제조 시 막된장을 항아리에 담글 때는 가급적 공기가 들어가지 않도록 눌러 담으며 그 표면에는 소금을 두껍게 뿌려 오염미생물에 부패를 방지한다.

된장은 주원료가 콩이므로 식물성단백질 함량이 높고 소화율도 85% 이상으로 영양적으로 우수한 발효식품이다. 특히 쌀에서 부족하기 쉬운 필수아미노산인 lysine 함량이 높으며 필수지방산인 linoleic acid, linolenic acid가 함유되어 피부병 예방, 혈관질환 예방에 도움이 되고 비타민 E는 미용과 노화방지에도 효과가 있으며. 레시틴(lecithin)은 기억력, 집중력 학습력을 향상시킨다. 콩의 식이섬유는 장의 기능을 조화 있게 해주고 변비를 예방해줄 뿐만 아니라 콜레스테롤도 낮추어 준다. 이 밖에도 재래식 된장에는 콩이 가지는 이소플라본, trypsin inhibitor 등을 함유하고 있으며 암예방효과도 가지고 있다. 따라서 재래식 된장은 콩의 영양성분과 여러 가지 생리활성물질이 함유되여 인체의 건강유지에 중요한 역할을 할 뿐만 아니라 고유의 맛을 부여하는 조미료로서 뛰어난 발효식품이다.

3. 고추장

고추장은 16세기 임진왜란 이후 일본으로부터 고추가 유입된 이후에 개발된 장류로서 고추장 담금법에 대한 기록은 조선 중기에 최초로 기록되어 있다. 고추장은 두류 또는 곡류 등을 제국한 후 덧밥, 고춧가루, 식염 등을 혼합하여 발효 또는 당화하여 숙성시킨 것이다. 고추장은 메주를 분말화하고 이와 함께 넣은 주재료의 종류에 따라 찹쌀고추장, 멥쌀고추장, 보리고추장과 기타 밀가루, 수수, 팥 등을 사용한 고추장이 있다. 또한, 고추장은 제조방법에 따라 전통식 고추장과 개량식 고추장으로 분류된다.

전통식 고추장의 제조방법은 크게 메주제조와 담금(숙성)의 단계로 구별된다. 메주는 콩과 멥쌀을 원료로 하며 침지, 증자시킨 후 메주를 띄워 제조한다. 여기서 콩은 8~10시간, 침멥쌀은 5~6시간 침지 후 물을 빼고 혼합하여 증자한다. 증자가 끝나면 가급적 식기 전에 절구에서 거칠게 쌓고 주먹만 하게 만들어 볏짚 위에서 하루 정도 말린다. 겉면이 건조되면 짚으로 싸서 약간 더운 곳에 둔다. 이때 7~8일 경과 후 고초균이나 곰팡이 등이 서서히 증가하고 이후 햇볕에 말린다. 건조된 메주는 솔로 깨끗이 털고 쪼갠 뒤 통풍이 잘되는 곳에 말렸다가 가루로 곱게 빻는다. 고추장 메주는 독특한 고초균 냄새 외에는 신 냄새나 썩은 냄새 등의 이취가 나지 않아야 하고 표면에 푸른곰팡이의 발생이 없도록 주의하고 메주 내부에는 고초균의 증식이 고르게 되어있는 것이 바람직하다. 담금단계에서는 주원료인 고추는 빨갛고, 달고, 맵고 가루가 많이 나는 것이 좋은데 주로 태양초를 사용한다. 고추는 고추씨를 모두 빼고 곱게 마쇄한다. 고추장은 종류에 전분질 원료(쌀, 보리 또는 찹쌀 등)를 준비하고, 소금은 일반소금을 사용하며, 주원료인 고춧가루는 매운 맛의 강도에 따라 다르나 일반적으로 6% 이상 첨가한다. 원료의 준비 및 전처리가 끝난 후에는 용기에 넣어 26~30°C에서 3~4개월 동안 담금 숙성한다.

개량식고추장은 소맥분을 원료로 하여 종균인 황국(*Aspergillus oryzae*)를 접종하여 고지를 만든다. 개량식고추장 제조에는 밀가루가 주원료로 사용되는 경우가 많고 품질을 위해서는 쌀이나 찹쌀을 섞기도 한다.

고지(koji) 제조를 위해서 전분질 원료는 그 전량 또는 일부를 제국하는데, 증자된 소맥분과 찐찹쌀에 황국을 접종한 후 2~3일 25~35°C에서 보온 배양시킨다. 배양 중 흰색균사가 발생하고 포자에 착색하기 시작하여 황색이 되면 건조시킨다. 고지에 고춧가루, 엿기름 등을 혼합하여 숙성하면 숙성식 고추장이 되며, 당화식 고추장에 있어서는 숙성 전에 건조 고지를 제분한 후 온수를 첨가하여 60°C에서 3시간 동안 휘저어 당화공정을 거친 후 소금 및 고춧가루를 넣고 골고루 혼합 후 숙성과정을 거치게 된다. 담금 시에 숙성은 수분 함량에 따라 좌우되며 보통 50% 내외가 적당하다. 숙성기간은 계절에 따라 다르며 여름에는 약 30일, 기타의 계절에는 3개월 정도 소요된다. 숙성이 끝난 고추장은 제품의 품질에 따라 고춧가루와 혼합 조미료를 첨가하여 혼합한다. 이때, 제조된 제품 간의 차이와 성분규격을 맞추기 위해서 서로 배합시키며 저장성 향상을 위하여 가열로 살균공정을 거친다. 살균은 배합과 동시에 작업하며 일반적으로 스팀 열교환기인 당화기를 사용하며 당화가 표면에 눌어붙지 않도록 한다. 고추장의 살균기 온도는 70°C의 범위에서 10~20분 정도가 적당하며, 그 이상의 온도에서는 고추장의 갈색으로 변한다. 살균이 끝난 제품은 40°C 이하로 냉각하여 포장한다. 제품의 저장은 5°C

에서 3개월 이상 저장이 가능하다.

고추장의 성분은 원료종류 배합 또는 제조방법에 따라서 차이가 있다. 고추의 매운맛과 붉은 색소의 함량은 고추장 품질을 결정하는 중요한 요소이다. 영양학적으로 고추장은 다른 장류와 비교할 때 원료로서 곡류의 함량이 많은 편이며, 동시에 콩 가공식품이므로 단백질 공급원 식품이다. 고추장의 숙성과정 중에 탄수화물과 단백질분해효소들의 작용으로 발효성 당과 아미노산들이 생성되어 조미식품으로서 맛에 중요한 영향을 미친다. 또한 효모와 젖산균에 의한 발효가 일어나면 고추장 맛의 조화와 향기, 풍미, 단맛 성분에 영향을 미친다.

저장유통 중 고추장 성분 중의 비타민 C(아스코르브산)은 항산화제로서 자동산화 억제를 도와주며 특히 고추의 매운맛의 성분인 캡사이신(capsaicin)은 *Bacillus subtilis* 균에 대한 항균작용이 있으며, β-carotene은 항돌연변이 및 항균작용을 가지고 있다.

4. 청국장

청국장은 된장과는 달리 콩 발효식품 중에서 가장 짧은 기간(2~3일)에 발효를 시키며 특이한 풍미와 우수한 영양성분을 포함하는 고유한 전통발효식품이다. 각국에서 이와 유사한 전통발효식품이 있으며 일본의 낫토(natto), 타이의 튜아나오(thua nao), 인도의 스자체(sujache), 켄니마(kenima), 나이지리아의 우그바(ugba) 등이 있다. 이들은 식물성 단백질의 원료인 콩을 속성 발효시킨 일종의 청국장들이라 할 수 있다. 한국의 청국장 제조에서 원료인 콩은 볏짚에 부착된 야생 고초균에 의해서 단백질이 분해되면서 발효가 이루어지고 각 지방 또는 가정마다 제조 방법이 일정하지 않다.

재래식 청국장은 메주콩을 증자한 후 식기 전에 시루에 볏짚을 깔고, 그 위에 뜨거운 메주콩을 담은 후 온돌방에서 이불을 씌워 40~50℃, 2~3일간 보온하면 볏짚에 붙어 있는 야생 고초균인 *Bacillus subtilis*가 번식하여 청국장을 만든다. 산업적인 대량생산에서는 품질이 균일한 청국장을 생산하기 위해 *Bacillus subtilis* 종균을 배양하여 접종하는 효율적인 청국장 제조도 가능하다.

청국장의 제조과정은 다음과 같다. 원료 대두는 선별하여 이물질을 제거한 후 물에 침지하는데 침지온도 상승에 따라서 침지시간이 감소하게 되는데, 0~5℃에서는 24~30시간, 10~15℃에서는 16~20시간, 20~25℃에서는 8~12시간으로 한다. 침지 후 콩은 가압 증기로 증자한다.

한편 콩을 발효시킬 종균은 액체배양을 통하여 준비한다. 이때 콩 삶은 물을 살균한 후 *Bacillus subtilis*를 접종하여 30℃에서 3일 정도 진탕 배양한다. 제성단계에서는 발효된 콩에 소금을 첨가한 후 골고루 마쇄하게 되는데 첨가되는 소금의 양은 발효물 중량의 7~8% 정도로 한다. 마쇄된 청국장은 계량 포장하여 상품화된다.

청국장 제조과정에서 증자된 대두는 접종된 *Bacillus subtilis*가 생산하는 강력한 단백질분해효소에 의해서 저분자의 펩타이드 등을 만들어 낸다. 청국장의 독특한 향미는 여러 가지 휘발성 물질의 혼합으로 형성되는 것으로, 주로 초산, 프로피온산, capric acid, diacetyl, 암모니아, isovaleric acid, 지방산류 등이 관여한다. 또한, tetrametyl pyrazine은 청국장의 독특한 냄새 성분으로 알려져 있다. 청국장은 단백질 공급원으로서의 영양학적인 우수성과 함께 질병에 대한 치유효과가 있어 기능성 식품으로도 인식되고 있다. 또한, 청국장은 소화성이 좋으며, 각종 효소와 섬유질을 포함한 여러 성분으로 인하여 변비 해소와 정장작용의 효과를 얻을 수 있다. 또한, *Bacillus subtilis*가 생산하는 항균성 펩타이드인 subtilisin 등은 병원성 세균의 증식을 억제하는 효과가 있으며, 특히 식중독 원인균인 황색포도상구균의 생육억제 효과와 이질, 장티푸스의 예방 및 치료에 효과적이라는 연구가 보고되었다. 이외에도 최근에는 청국장에서 단백질 분해산물인 기능성 펩타이드들이 혈압 상승을 억제하는 효과와 항암작용이 있다고 알려져 있다.

5. 해외 발효대두식품

각국에는 콩을 주원료로 하는 전통 발효식품들이 있다. 일본은 우리나라와 거의 유사한 맛과 향을 가진 된장과 간장 및 청국장이 있으며, 예로서 일본식 양조간장, 된장은 쌀과 콩을 *Aspergillus* spp.로 발효하여 얻은 미소, 나토 등이 있다. 고추장은 전통적으로 거의 사용하지 않았지만, 최근에 매운 성분인 캡사이신이 여러 가지 항균작용 및 비만 치료에 효과가 있는 것으로 알려지면서 고추의 사용량이 늘고 있다.

인도네시아에서는 땅콩 껍질의 단백질을 곰팡이인 *Neurospora sitophila*로 발효시킨 후, 기름에 튀겨 분말화한 온쫌(ontjom), 대두에 거미줄곰팡이(*Rhizopus* spp.)를 접종 발효한 후 기름에 튀긴 템페(tempeh)가 있다.

대만과 중국에서는 대두에 홍국균(*Monascus purpureus*)을 발효하여 다양한 색상을 나타내는 앙카(angkak)이 있는데 이는 식용은 물론 화장품 제조에 사용하고 있다. 이외에도 대두를 두부로 만든 후, 술이나 간장 속에서 곰팡이(*Mucor* spp.)를 표면 발효하여 숙성한 루프(rufu)가 있는데 중국 치즈(Chinese cheese)라는 별명으로 오래전부터 소비되고 있다.

단원정리

간장은 아미노산, 당류 발효산물, 알코올, 유기산, 소금을 주성분으로 하며 고유의 향미를 지닌 천연 조미료이다. 콩을 일정 염농도에서 미생물에 의해 발효시켜 맛을 형성하며, 조제 방법에 따라서 산분해 간장, 양조간장, 혼합간장, 재래식 간장으로 분류된다. 전통적인 간장 제조는 콩을 불리고 삶은 후 마쇄하여 메주를 만들고, 메주를 발효시킨다. 메주 표면에는 주로 *Mucor* spp., *Rhizopus* spp. 등의 곰팡이가 주로 존재하며 내부에는 주로 고초균(*Bacillus subtilis*)이 증식한다. 완성된 메주를 염수와 함께 항아리에 담아 숙성시키며 숙성과정에서 *Bacillus*, 젖산균, 효모 등이 관여하여 간장의 풍미를 형성한다. 숙성 후 여과하여 액체부와 고형물을 분리하고, 살균을 통해 저장성을 높이고 풍미와 색깔 향상과 농축을 위해 가열하여 달이게 된다.

된장은 제조법에 따라서 재래식 된장과 개량식 된장으로 나뉘며, 재래식 된장은 간장의 부산물인 고형분(막된장)에 소금을 첨가해 항아리에 담아 숙성시키고, 개량식 된장은 재래식과 일본식 방법을 혼용해 공장에서 대량으로 제조하는 양조 된장이다. 된장은 콩의 영양성분과 생리 활성물질이 함유된 발효식품으로 식물성 단백질 함량이 높고 영양학, 건강 기능성적으로 우수한 조미료이다.

고추장은 16세기 이후 고추가 유입된 이후에 개발된 장류로 두류 또는 곡류 등을 발효시켜 만든 식품이다. 제조 방법에 따라서 전통식 고추장과 개량식 고추장으로 나뉜다. 전통식 고추장은 메주 제조와 담금(숙성) 단계로 구성되며 콩과 멥쌀을 침지, 증자 후 발효하여 메주를 만들고 이를 곱게 빻아서 고춧가루, 식염 등과 혼합하여 담금 숙성한다. 개량식 고추장은 소맥분을 원료로 황국(*Aspergillus oryzae*)를 접종하여 고지를 만들고 밀가루와 찹쌀 등을 혼합하여 증자, 발효 후 고춧가루, 엿기름 등을 첨가하여 숙성한다. 고추장의 성분은 제조 방법과 원료에 따라 다르며, 고추의 매운맛과 붉은 색소가 품질을 결정한다. 영양적으로 곡류의 함량이 많으며 콩 가공식품으로서 단백질 공급원이다. 특히, 고추의 매운 맛 성분인 캡사이신은 *Bacillus subtilis*균에 대한 항균작용이 있는 것으로 알려져 있다.

청국장은 짧은 기간(2~3)일 동안 발효시켜 만드는 전통 발효식품으로, 특유의 풍미와 우수한 영양성분을 포함한다. 한국의 청국장은 볏짚에 부착된 야생 고초균(*Bacillus subtilis*)에 의해 단백질이 분해되면서 발효된다. 재래식 청국장 제조는 메주콩을 증자한 후 온돌방에서 볏짚에 담아 발효시키며, 산업적 생산에서는 *Bacillus subtilis* 종균을 배양하여 접종한다. 발효과정에서 단백질 분해효소에 의해 저분자 펩타이드가 생성되며, 다양한 휘발성 물질(acetic acid, propionic acid, ammonia 등)이 독특한 향미를 형성한다. 청국장은 단백질 공급원으로 영양학적으로 우수하며, 소화성이 좋고 변비 해소와 정장작용에 효과적이다. *Bacillus subtilis*가 생산하는 항균성 펩타이드는 병원성 세균의 증식을 억제하며, 식중독 예방과 치료에도 효과적이며, 청국장의 기능성 펩타이드는 혈압 상승 억제와 항암 작용이 있는 것으로 알려져 있다.

각국을 대표하는 다양한 콩 발효식품이 있다. 일본의 미소와 나토, 인도네시아 온쫌(Ontjom)과 템페(Tempeh), 대만과 중국의 앙칵(Angkak)과 루프(Rufu)가 대표적이다.

단원평가

1 간장은 조제방법에 따라서 4가지로 구분할 수 있다. 조제방법에 따른 다음의 간장에 대해서 서술하시오.

2 개량 메주를 제조하기 위해서 접종하는 균주는 무엇인가?

3 간장 제조 시에 저장을 잘못하면 산막효모가 발생하게 된다. 산막효모가 발생하는 주요 원인 4가지를 서술하시오.

4 간장 제조 시에 달이는 주요 목적이 아닌 것은?

① 염의 농도를 조정

② 생간장 중의 미생물을 살균

③ 생간장 중에 잔존하는 각종 효소를 실활

④ 생간장의 저장성을 높이고 풍미와 색을 부여

5 다음 중 된장에 대한 설명으로 옳지 않은 것은?

① 주원료가 콩인 식품으로 식물성 단백질의 함량이 높다.

② 두류 또는 곡류 등을 제국한 후 덧밥, 식염, 고춧가루 등을 혼합하여 발효 또는 당화하여 숙성시킨 것이다.

③ 제조법에 따라서 재래식 된장과 개량식 된장 2종류가 있다.

④ 여러 가지 활성물질이 함유되어 있으며 고유의 맛을 부여하는 조미료이다.

6 고추장의 어떠한 성분이 *Bacillus subtilis* 균에 항균작용이 있는가?

7 고추장 제조 후 숙성 온도는?

① 10℃ 이하 ② 20℃ 이하

③ 30℃ 이하 ④ 35~45℃

8 청국장의 대량생산을 위해서 접종하는 균으로 사용하는 균주는?

9 청국장의 독특한 향미는 여러 가지 휘발성 물질의 혼합으로 형성되는 것으로 식품으로 알려져 있다. 다음 중 청국장의 독특한 향미에 영향을 주는 것이 아닌 것은?

① tetramethyl pyrazine ② isovaleric acid

③ propionic acid ④ capsaicin

10 다음 중 콩을 이용하여 제조한 발효식품이 아닌 것은?

① 온쫌 ② 청국장

③ 템페 ④ 유부

정답 및 해설

1. 산분해 간장: 탈지 대두를 염산으로 가수분해한 후 가성소다(NaOH)로 중화하여 얻은 액을 가공
   양조간장: 대두 탈지 대두에 맥류 또는 쌀 등을 혼합 제국하여 식염수 등을 섞어 발효 숙성
   혼합간장: 양조간장 원액과 산분해 간장 원액을 적당한 비율로 혼합
   재래식 간장: 한식 메주를 주원료로 하여 식염수 등을 섞어 발효 숙성
2. *Aspergillus oryzae*
3. 간장의 농도가 낮을 때
   숙성이 불충분한 것을 분리했을 때
   제조용기 살균이 불충분할 때
   소금 함량이 낮을 때
4. ①
5. ②
6. 매운 맛의 성분 capsaicin
7. ③
8. *Bacillus subtilis*
9. ④
10. ④

16
채소 발효식품 (침채류)

1. 김치류
2. 피클
3. 기타 채소 발효식품

침채류는 채소의 저장방법의 하나로 주원료인 채소의 종류, 양념의 종류 그리고 담그는 방법에 따라서 매우 다양한 종류가 있다. 그러나 침채류의 제조방법의 공통점은 원료 채소를 소금물에 절이면 삼투압에 의하여 원료 채소의 조직 성분이 물로 빠져나오고 미생물의 번식으로 인해 빠져나온 채소의 유기 성분이 발효되어 산 또는 조미 성분을 만들며 이것이 소금과 함께 채소의 세포 조직 속에 흡수되어 특수한 맛과 향을 내게 하는 것이다.

이러한 침채류는 신체활동에 필요한 열량이나 단백질의 공급원은 아니지만 특유의 향미, 색 또는 식염의 짠맛 등에 의하여 미각을 자극해서 식욕을 증진시킨다. 또한 인체에 필요한 Ca, Fe, K 등의 무기염류를 공급하기도 한다. 침채류는 채소를 원료로 하므로 섬유질의 중요한 공급원이며 발효과정 중에 생기는 각종 효소는 소화를 도우며 유산균 등의 세균은 인체 내에서 항균작용 및 정장작용뿐만 아니라 프로바이오틱스의 생리적 기능을 하므로 침채류의 영양적 가치는 매우 크다.

1. 김치류

김치는 배추나 무, 기타 채소의 주재료에 소금, 고춧가루, 젓갈, 마늘, 생강 등의 부재료를 첨가해서 발효시킨 것으로 고유의 발효식품이며 저장식품이다. 김치는 한국인의 기호성을 대표할 만한 중요한 식품으로 소금의 짠맛과 발효과정 중 생성된 각종 유기산과의 조화된 맛에 부원료로부터의 향, 신미, 지미 등이 부합된 독특한 맛을 가진다.

김치는 조선 중기 임진왜란 전후로 고추가 도입되면서 많은 변화를 주었으며 현재 김치류의 종류만 해도 200여 종이 되며 김치 제조 시에 사용하는 재료와 담는 시기, 담그는 방법에 따라서 맛과 품질이 결정된다. 김치류는 배추, 무, 오이, 무, 파 등과 같은 채소류 등을 식염에 절인 후 여러 가지 부원료를 첨가하여 발효 숙성시킨 것이나 이를 가공한 것으로 정의하며 김치류, 깍두기류, 동치미류, 짠지류, 식해류 등으로 구분되며 이들을 세분하면 종류가 훨씬 다양하다.

김치의 재료는 주재료, 부재료 및 향신료로 크게 구분된다. 김치의 맛은 주재료 품질에 의해서 조절될 수 있으며 크게 식물성과 동물성 재료로 구별된다. 식물성 통배추, 부추, 열무, 오이, 상추 등이 있으며 동물성으로는 북어, 가자미, 굴, 동태, 전복 같은 해물류가 있다. 부재료로는 채소류, 과실류, 곡류, 동물성 재료가 있으며 향신료와 새우젓, 멸치젓 같은 젓갈류는 김치의 독특한 맛을 한층 높이는 데 필수적인 양념류이다. 식물성 재료는 열량이 낮고 수분이 많으며 섬유소를 많이 함유하고 있고 비타민도 상당량 함유한다. 특히 배추는 품종 계절과 산지에 따라 당도 및 조직감 등에 차이가 있다.

김치의 제조공정은 간단하지만 사용하는 원료들이 다양해 담금방법에 차이가 있다. 일반적으로 김치의 담금방법은 원료들의 절임공정과 발효 숙성의 단계로 구분할 수 있다. 일반적으로 김치 제조에서 채소류의 절임은 젖산발효를 위한 시작 단계이며 첨가된 소금의 양에 따라서 발효 숙성에 영향을 미치면서 김치의 품질에 영향을 준다. 주원료는 절임, 버무림, 발효저장 및 저장 용기에 따라서도 맛이 달라진다.

원료를 특색에 맞게 잘 배합한 후 담글 때 절임과정은 매우 중요하다. 절임 과정을 통해 세포 기능이 정지되고 조직이 불활성화 형태로 전환되고 조직의 유연성 증진 및 수분함량 조절 효과가 있으며 삼투작용으로 채소의 조직으로부터 각 영양물질의 유출이 일어난다. 소금절임에 의한 담금 과정은 건염법과 염수법이며 대량으로 김치를 생산하는 업체에서 일정한 품질을 갖도록 하기 위해서는 소금절임의 단계를 효율적으로 실시해야 한다.

건염법은 배춧잎 사이사이에 마른 소금을 뿌려서 차곡차곡 쌓아 놓는 것이 소금의 사용량은 재료의 약 10~15%로 한다. 염수법은 15% 내외의 소금 용액에서 배추를 6시간 정도 담가놓는다.

절인 배추는 준비된 각종 부재료를 배합한 후 혼합한다. 부재료가 첨가된 배추는 용기에 차곡차곡 다져 넣고, 숙성은 원료로부터 유입된 젖산균들이 혐기적 조건에 잘 생육하면서 젖산을 생성하도록 최대한 산소의 접촉을 방지한다. 김치의 숙성은 숙성온도, 식염 농도, 부재료의 종류나 배합 비율과 밀접한 관계가 있다. 숙성온도가 낮을수록 또는 식염 농도가 높을수록 숙성기일이 많이 소요된다. 또한, 부재료 중 마늘, 고추, 멸치젓 등은 숙성을 촉진하는 반면에 파, 생강 등은 숙성에 별 영향을 미치지 않는다.

김치가 최적의 맛을 내기 위해서는 숙성 김치의 유기산 함량이 중요하며, 이는 숙성조건에 영향을 받는다. 천연 양념만으로 제조된 김치의 유기산 함량은 숙성온도 높을수록 증가하면서 숙성기간이 짧아진다.

김치의 숙성은 절임부터 미생물의 작용으로 시작된다. 김치의 숙성은 순수 접종균에 의한 것이 아니라 원료에 존재하던 미생물 중에서 일정 농도의 소금에서 채소류에서 적응하여 생육하는 미생물들에 의해서 주로 이루어진다. 김치 숙성과정에 관여되는 미생물은 식염농도, 숙성온도, pH의 변화 및 산소의 존재 여부 등에 따라 조절되며 김치의 숙성정도에 따라 관여하는 미생물군도 달라진다. 미생물군이 달라지면 김치의 맛과 풍미도 변한다.

숙성 초기부터 말기까지 관여하는 미생물들은 세균 중에서 젖산균과 효모이다. 김치 발효는 여러 가지 미생물에 의해서 성분변화가 계속해서 일어나기 때문에 숙성의 최적기를 지나면 산 생성량이 너무 높아 김치 품질이 저하된다. 김치류는 어느 정도 숙성기간이 지나면 지나치게 숙성되어 김치의 연부현상이 일어나 채소의 조직이 손상되어 물러진다. 따라서 숙성과 맛에 관여하는 미생물들의 선별적인 활용 및 숙성 관리가 필요하다.

발효 초기에는 3% 정도의 염의 농도에서 생육할 수 있는 내염성 세균이 유기산 생성하면서 pH가 낮아지고 혐기적 상태가 되면 내산성균과 혐기성 세균이 생육하게 된다. 호기성균은 초기에는 증가하다가 점차 감소되며, 혐기성균은 초기부터 계속 증가하다가 호기성균이 증가하게 되면 점차 감소되는 경향을 보인다.

김치 숙성 중의 호기성 세균으로는 *Pseudomonas mira*, *Pseudomonas grifaciens*, *Bacillus macerans* 등이 있고 혐기성 세균으로는 *Leuconostoc mesenteroides*와 *Latilactobacillus sakei*, *Lactiplantibacillus plantarum*, *Weissella cibaria*, *Weissella confusa*, *Weissella koreensis* 및 *Enterococcus faecalis*, *Pediococcus pentosaceus* 등이며 이외에도 200여 균주의 미생물들이 관여한다. 이상젖산발효균인 *Leuconostoc mesenteroides*는 초기에 잘 생육하여 젖산 이외에 탄산가스 및 초산을 생성하므로 호기성 세균들의 오염을 방지시키는 역할을 하면서 김치의 숙성균으로 간주된다. *Weissella* 속과 *Pediococcus* 속은 중반기에 생육하며, 이들 중 *Weissella* 속 미생물 역시 젖산만 아니라 탄산가스를 생성하여 김치를 혐기적 발효조건으로 유지시킨다. *L. plantarum*, *L. sakei*와 *Levilactobacillus brevis*와 같은 *Lactobacillus* 계열의 미생물은 주로 발효 후기에 성장하면서 많은 양의 젖산을 생산하는데, 정상젖산발효균인 *L. plantarum*은 *Leuconostoc* 속보다 3~4배 산 생성능이 있으며, 김치의 과숙성되면 최

고의 생육을 나타냄으로써 김치의 산패와 관계가 있다. *E. faecalis*는 발효 초기에 나타났다가 소멸하는 것으로 보아서 내산성이 약하며 *P. pentosaceus* 역시 *L. plantarum*과 더불어 내산성이 강하며 김치의 산패에 관여하는 것으로 보인다. 효모 중에는 *Saccharomyces*를 비롯하여 *Torulopsis*, *Candida*, *Hansenula*, *Pichia* 등 총 17종의 효모가 확인되었다. 김치 중의 효모는 알코올, 비타민, 향기물질을 생성하지만 *Pichia*, *Hansenula* 등은 김치 표면에 골마지를 형성하면서 품질에 손상을 준다.

김치의 숙성 중 산도와 pH의 변화는 김치의 품질을 좌우한다. 발효 초기의 pH는 5~5.8에서 최적 숙성 김치의 pH는 4.5~4.2로 떨어진다. 최적 김치의 산도는 0.4~0.75%이며 너무 숙성되면 1.0%에 도달하고 1.5~2.0% 범위는 변패된 상태이다. 김치 중 유기산이나 pH의 변화는 숙성온도에 밀접한 관계가 있다. 숙성온도가 상승할수록 산도가 증가하는데 적당한 맛을 주는 김치는 10℃에서 15일, 15℃에서는 7일, 20℃에서는 약 5일이 소요된다. 소금 농도와 숙성온도에 따른 김치의 숙성을 보면 숙성온도가 높고 염분이 낮을수록 숙성기일이 단축된다.

김치에 함유된 비타민 A, B, C의 양은 최적 숙성기에 최고로 많으며, 비타민 B_1, B_2, B_{12} 등은 발효 최적기에 초기의 2배까지 함유량이 증가하지만 과숙성되면 감소한다. 김치의 영양성분은 사용된 원료의 종류와 배합 비율에 따라 차이가 크다. 김치 재료인 고추는 비타민 A와 C를 많이 함유하고 있으며, 마늘은 allyl sulfide라는 자극성 성분을 갖고 있어서 항균작용과 체내 비타민 B의 흡수를 촉진시킨다. 또한, 김치의 원료에 함유된 다량의 섬유질은 변비를 막아주며, 젓갈은 단백질과 칼슘의 급원이 된다.

담근 김치에는 약간의 유해균이 있을 수 있지만, 발효과정에서 대부분 사멸되면서 맛과 영양이 최적으로 숙성된다. 김치류는 익어감에 따라 항균작용이 있어 유해균의 작용이 억제되며, 생성된 젖산에 의해 독특한 맛이 부여된다. 다량의 젖산균은 김치 내 유해 세균의 생육을 억제함으로써 이상발효를 막을 수 있으며, 정장작용 및 프로바이오틱스로서 역할을 한다. 최근 연구에 따르면 비만을 유도한 마우스에 김치를 섭취시킨 결과, 체내 지방량이 감소하고 비만으로 인한 장내 미생물 불균형을 정상으로 복원되는 것으로 나타났다. 특히 유용 장내미생물인 *Akkermansia muciniphila*의 생육을 촉진시켜 아세트산과 같은 단쇄지방산의 혈중 농도를 증가시켜 염증반응을 억제하고 더 나아가 신경염증까지 개선시키는 것으로 보고되었다(Kim et al., 2022).

최적으로 숙성된 김치를 그대로 보존하려면 발효 미생물과 효소의 작용을 억제하는 방법이 필요하다. 김치의 맛을 유지하는 것은 매우 중요하며 기술적으로 어려운 과제이다. 김치의 기본적인 저장 방법으로서 냉장 온도인 5℃ 이하에서의 보관은 김치의 저장성을 증가시킨다. 이외에도 산이나 염도를 높이는 방법, 방부제의 첨가, 열처리, 방사선 처리, 천연 식물추출물 및 미생물 생육 저해제 등을 사용할 수 있다.

김치의 맛을 유지하기 위한 저장 및 보관은 적온은 0~5℃이며 100일까지도 산도가 0.7%를 유지한다. 김치가 얼게 되면 김치 내부의 수분이 결정화되어 김치 조직이 파괴되고 김치의 특성이 손상된다. 고염도 처리는 저장성을 증진시킬 수 있으나 식품학적 및 영양학적인 면에서는 문제점이 있다. 가열 및 방사선 살균 역시 김치에 살아있는 효소와 젖산균을 사멸시켜 보존성의 증진 효과는 있으나 맛과 물성을 변화시켜 김치의 품질을 손상시킨다.

최근에는 배추김치의 저장성을 증진하는 천연 물질 및 식품 추출물들이 보고되고 있다. 또한 담금재료를 효과적으로 세척하여 초기의 오염세균수를 감소시킴으로써 발효 김치의 보존성 및 품질을 향상할 수 있다.

김치는 영양적으로 우수한 것 이외에도 건강 기능성에 대한 보고가 많이 있다. 채소에 함유된 셀룰로스와 펙틴 등의 섬유소는 콜레스테롤의 억제로 동맥경화증 예방, 장내 노폐물 제거, 배변을 좋게 해주어 대장암 예방에 효과적인 건강식품이다. 마늘은 비타민군의 흡수를 도와 생리작용을 도우며 노화 방지에 효과적이다. 김치 재료의 여러 가지 성분들은 항산화 기능성 물질을 함유하는데 이러한 성분들은 일차적으로 식품의 품질 유지 및 지방질의 과산화 방지에 직접 관여할 뿐만 아니라 여러 가지 생물학적 활성, 특히 항노화성, 항돌연변이성 및 항암성에 직접 관련이 있다. 특히 김치의 유산균에 의해 생성된 젖산은 장내세균을 건전하게 보유하는 정장작용을 한다. 한국인의 식사에 필수인 김치는 영양 및 기능성이 밝혀지면서 세계적인 건강식으로 주목받고 있다.

2. 피클

1) 피클의 종류

피클(pickles)은 채소류(또는 과실류)를 소금, 식초 또는 이것에 향신료를 넣어 절인 것을 총칭하는 침채류의 일종으로 주로 사용되는 원료는 오이, 양파, 덜 익은 토마토, 올리브 열매, 무화과 등으로 유럽인들이 즐겨 먹는 식품이다. 피클에는 원료를 소금 절임하여 젖산발효를 일으킨 발효 피클과 발효시키지 않고 식초에 담근 간이 피클이 있는데 발효 피클은 신맛이 강한 sour pickle과 설탕을 넣어 단맛을 내게 한 sweet pickle로 나눈다.

2) 발효과정

채소를 소금물에 담근 후의 발효 과정은 저장 온도 및 소금물의 농도에 의하여 크게 영향을 받는 데 일반적으로 저장 온도가 낮을 때에는 숙성 및 발효속도가 느리고 온도가 높아짐에 따라 차차 빨라진다. 오이를 소금물에 담근 경우를 보면 온도는 25~30℃ 근처에서, 소금 농도는 2.5~3.0%일 때 발효속도가 가장 빠르다. 또 발효 초기에는 호기성 잡균이 주로 번식하여 약간의 산을 생산하고 다음으로는 이상젖산발효균이 번식하여 탄산가스를 발생하게 되면 혐기성 조건이 속히 형성되므로 젖산균의 번식이 왕성해진다.

숙성이 너무 지나치게 되면 산막효모가 발생하게 되는 데 처음에는 입상, 편평상이지만 오래 놓아두면 두꺼운 층을 만든다. 이 균은 젖산을 소모하여 용액 중의 산의 양을 줄게 하므로 부패균, 그 밖의 잡균이나 곰팡이 등이 번식하게 되며 펙틴분해효소의 생성으로 조직의 연화가 일어나 품질 저하의 문제가 발생한다. 이러한 연화 문제를 해결하기 위하여 소금물에 담그기 전 열처리를 하는 방법이 널리 쓰이고 있으나 과정이 복잡하여 간단한 염화칼슘 처리법도 사용되고 있다.

초절임은 채소나 나물 등을 식초에 절이는 일, 또는 그것에 절인 음식을 말한다. 산성 저장식품은 식품을 산성 용액에 저장하여 미생물의 발육을 막아 오래 먹을 수 있도록 만든 식품이다. 대표적으로는 마늘장아찌나 오이피클 등이 이에 속한다.

아삭거리는 초록색 오이피클은 일반적으로 샌드위치에 곁들이는 음식이며, 미국 전역에서 널리 이용되고 있다. 피클을 만들 수 있는 재료로 오이 등의 채소나 과일만 사용되는 것은 아니며 소의 옆구리 살을 이용한 피클이 있을 정도로 그 종류도 다양하다.

일반적으로는 외국에서는 소금에 절인 채소나 과일을 통상 '피클'이라 한다. 이러한 소금 절임은 수천 년 동안 거의 모든 문화권에서 사용된 방식이다. 예를 들어, 야채나 감귤류 등의 과일로 만든 남아시아의 매운 피클, 배추나 무를 비롯한 여러 가지 야채로 만드는 한국의 김치, 그리고 유대인들이 즐기는 딜(dills) 등 다양한 여러 문화권에 다양한 소금 절임 음식이 있다. 소금 절임은 음식을 소금물이나 바닷물에 담그는 것인데, 보통은 이 '소금물'에 신맛을 가미하게 된다. 이러한 과정은 발효를 촉진시켜 비타민 B의 생성을 원활하게 만들 뿐만 아니라, 재료와 음식에 포함되어 있을 수 있는 네크로박테리아를 사멸시킴으로써 음식의 보존기간을 늘리는 기능을 하므로 대단히 중요하게 여겨졌다. 일찍이 긴 항해에 나서는 사람들은 소금에 절인 돼지고기와 소고기를 준비했는데, 이는 음식을 상하지 않도록 하고 잘 보존하는 소금 절임의 특성을 활용한 것이었다.

소금에 절인 음식이 초창기 미국의 음식문화에 수입된 것은 아마도 소금에 절인 고기와 야채, 즉 당근, 양배추, 오이, 콩과 삶은 달걀 등을 다양하게 활용하는 영국과 독일의 음식문화 전통에서 비롯된 것으로 추측된다. 이후에는 중동부 유럽으로부터 온 이민자들, 특히 유대인들이 뉴욕과 다른 도시에 정착하게 되면서 그들의 전통적인 오이피클이 식료품점에서 주요 상품으로 다루어졌다. 뉴욕의 이스트사이드 주변에는 지금도 피클을 파는 상점들이 즐비하다. 이곳에 가면 다양한 피클이 들어 있는 나무통을 도로 근처에 내놓고 손님을 기다리는 상인들의 모습을 쉽게 목격할 수 있다. 1893년에는 피클 산업에 종사하는 사람들의 수가 아주 많아져서 피클을 판매하는 상인들의 공동체인 Pickle Packers International이 설립되기도 하였다.

오늘날엔 오이를 통째로 절인 피클을 비롯해 어린 오이 피클, 자른 오이 피클 등 크기와 모양이 아주 다양해졌다. 그뿐만 아니라 고객들의 취향에 맞추어 신맛, 단맛, 매운맛 등 다양한 맛의 오이피클을 만나볼 수 있게 되었다. 현재 끊임없이 사랑받는 제품 가운데 하나인 '코셔 딜(Kosher dills)'은 마늘 맛을 내며 종교와 인종의 차이를 뛰어넘어 모든 미국인들에게 사랑받고 있다.

3. 기타 채소 발효식품

1) 자차이(榨菜)

중국 사천 지방의 전통 침채류 식품으로 갓의 변종인 착채(榨菜)를 원료로 만든다. 국내에서는 보통 짜사이로 많이 알려져 있으나, 실제 중국에서는 자차이(zhacai)로 불려진다. 수확한 착채는 줄기 부분을 채취하여 건조한 후 사용한다. 소금에 절인 착채는 얇게 썰어 대파, 양파, 식초, 고추기름, 참기름 등과 버무린 후 저장하면서 먹는다.

2) 츠게모노(漬物, つけもの)

일본에서 많이 섭취하는 침채류 식품으로 우리나라의 장아찌와 유사하다. 매실, 오이, 가지, 당근, 순무 등의 채소를 소금이나 된장, 식초, 쌀겨 등에 절인 후 저장하면서 섭취한다. 가장 잘 알려진 츠게모노로는 우메보시(梅干)와 다꾸앙(澤庵)을 들 수 있다. 우메보시는 매실을 시소잎을 사용해 적색으로 물들인 후 소금에 절여 제조하고, 다꾸앙은 무를 소금에 절인 후 쌀겨에 파묻고 발효시켜 만든다. 김치와 비슷한 침채류로 채소를 소금에 절여 사용하나 젓갈이나 고춧가루를 사용하지 않고, 원부재료가 상당히 단순하다는 점에서 김치와는 다르다.

3) 사우어크라우트(sauerkraut)

사우어크라우트는 양배추를 원재료로 사용하는 독일식 발효식품으로 잘게 채 썬 양배추를 으깨어 소금에 절이고 이를 4~6주 동안 발효시켜 제조한다. 사우어크라우트는 독일어로 '신맛이 나는 양배추'라는 뜻이다. 사실 사우어크라우트의 기원은 독일에서 자생한 식품이 아니라 중국으로부터 전해졌다고 본다. 13세기 몽골인들에 의해 중국의 배추 피클인 산채(酸菜, 수안차이)가 유럽으로 전파되었고, 16세기에 들어 독일인들이 본격적으로 양배추를 발효시켜 먹게 되면서 김치처럼 독일인의 식탁에서 중요한 식품으로 자리매김하였다.

4) 아차르(achar)

고추, 양파, 파, 마늘, 콜리플라워, 야자심, 레몬, 라임, 그린 망고 등의 채소나 과일을 향신료와 함께 소금물, 식초, 또는 오일에 절인 인도의 음식으로 서양의 피클과 유사하다. 아차르는 카레나 빵 등의 다양한 요리에 곁들여 먹는다.

단원정리

침채류는 채소 저장 방법의 하나로 다양한 채소와 양념, 담그는 방법에 따라 여러 종류가 있으며, 공통적으로 소금물에 절여져 삼투압과 미생물의 발효 과정을 통해 특유의 맛과 향을 생성한다. 대표적인 식품으로 김치가 있다.

김치는 배추나 무 등의 채소에 소금, 고춧가루, 젓갈, 마늘, 생강 등을 첨가해 발효시킨 한국의 대표적인 발효 저장식품이다. 김치는 절임 공정과 발효 숙성과정을 거치며, 절임 과정에서 소금 농도에 따라서 발효 숙성에 영향을 미치게 된다. 김치 숙성은 절임 단계부터 미생물의 작용으로 시작되고, 이는 식염농도, 숙성 온도, pH 변화 및 산소의 존재 여부 등에 따라서 조절되며, 숙성 정도에 따라서 관여 미생물군도 달라진다. 김치 숙성 초기에는 *Leuconostoc mesenteroides*, 중반기에는 *Weissella* 속과 *Pediococcus* 속, 발효 후기에는 *Lactobacillus* 계열의 미생물 성장하면서 김치 숙성에 관여한다. 최적의 김치는 pH 4.2~4.5, 산도 0.4~0.75% 범위이며 김치의 맛을 유지하기 위한 저장 및 보관의 적정 온도는 0~5℃에서 이루어진다. 김치는 비타민과 섬유질이 풍부하여 건강에 이롭고, 발효 과정에서 유해균을 억제하는 항균작용을 한다. 비만, 염증, 장내 미생물 균형 개선 등 다양한 건강 기능성도 보고되고 있다. 한국인의 필수 식품인 김치는 영양과 기능성 면에서 세계적인 건강식품으로 주목받고 있다.

피클(pickles)은 채소류 또는 과실류를 소금이나 식초, 향신료에 절여 만든 채소 발효식품이다. 피클은 소금 절임하여 젖산발효한 발효 피클과 발효 없이 식초에 담근 간이 피클 두 가지 유형이 있다. 발효 피클의 경우 소금물 농도와 저장 온도에 크게 영향을 받는다. 일반적으로 소금 농도 2.5~3.0% 일때와 숙성 온도가 높아짐에 따라서 발효가 빠르게 진행된다. 피클은 수천 년 동안 다양한 문화권에서 사용되어 왔으며, 최근에는 다양한 피클로 단순한 저장 음식을 넘어 세계적으로 사랑받고 있는 음식 중 하나이다. 이 외에 채소 발효식품으로는 중국의 자차이, 일본의 츠게모노, 독일의 사우어크라우트, 인도의 아차르가 알려져 있다.

단원평가

1 김치 발효에 관여하는 *Lactobacillus* 계열의 미생물로 주로 발효 후기에 성장하면서 *Leuconostoc* 속보다 3~4배 산 생성능이 있으며 많은 양의 젖산을 생산하는 정상 젖산발효균은 무엇인가?

2 김치의 초기 발효에 관여하는 저온 숙성의 주 발효균은 무엇인가?
① *Leuconostoc mesenteroides* ② *Lactiplantibacillus plantarum*
③ *Bacillus subtilis* ④ *Saccharomyces cerevisiae*

3 다음 중 김치에 대한 설명으로 옳지 않은 것은 무엇인가?
① 김치류는 익어감에 따라 항균작용이 있어 유해균의 작용이 억제된다.
② 냉장 온도인 5℃ 이하에서의 보관은 김치의 저장성을 증가시킨다.
③ 김치의 숙성 중에 산도와 pH의 변화가 김치의 품질을 좌우할 수 있다.
④ 김치의 저장성을 위해서 고염도 처리를 진행해도 김치의 식품영양학적 품질에는 문제가 없다.

4 다음 중 피클에 대한 설명으로 알맞은 것은?
① 피클은 숙성온도가 낮아짐에 따라서 발효가 빠르게 진행된다.
② 피클은 채소류만 소금이나 식초, 향신료에 절여 만든 식품이다.
③ 연화 문제를 위해서 열처리 및 염화칼슘 처리법을 활용한다.
④ 피클의 발효 초기에는 혐기성 잡균이 주로 번식한다.

5 양배추를 원재료로 사용하는 독일식 발효식품으로 잘게 채 썬 양배추를 으깨어 소금에 절이고 이를 4~6주 동안 발효시켜 제조한 채소 발효식품은 무엇인가?

정답 및 해설

1. *Lactiplantibacillus plantarum*
2. ①
3. ④
4. ③
5. 사우어크라우트(sauerkraut)

17 축산 발효식품

1. 발효유
2. 치즈
3. 육류 발효식품

낙농 발효식품은 포유류의 젖을 젖산균이나 효모 등의 미생물로 발효시켜 독특한 풍미와 젖산을 함유한 유제품을 의미하며, 발효유, 유산균 음료, 발효 버터 치즈 등이 있다.

1. 발효유

우유로부터 주로 젖산균에 의해서 제조되는 발효유는 특유의 풍미와 맛을 지니며 조직감을 가진다. 특히 발효유에 함유된 젖산균의 프로바이오틱스로서 역할을 고려할 때 영양뿐만 아니라 기능성이 우수한 발효식품이다. 원래 발효유는 양, 물소, 또는 부분적으로 염소, 소의 우유로부터 제조되었다. 발효유는 전 세계적으로 많은 사람들의 중요한 식품이며 우유만으로 발효된 제품, 채소류 또는 양념류가 혼합된 발효유로서 소비된다.

최근에는 *Bifidus* 유산균 이외에 유용한 유산균주들을 분리하여 발효유에 사용함으로써 생리활성 및 정장작용을 증진시키는 발효유가 제조된다. 최근에는 기능성 물질들을 포함한 다양한 부원료들의 첨가에 의한 발효 유제품의 다양화가 이루어지고 있다.

발효유는 제품의 규격에 따라 발효유, 농후 발효유, 크림 발효유, 농후 크림 발효유 및 발효 버터류로 구별되며 우유나 탈지유를 발효시키는 방법에 따라 발효로 제조된 젖산 발효유와 효모에 의한 알코올 발효로 제조되는 알코올 발효유가 있다. 젖산발효유는 조직 형태에 따라 호상과 액상으로 나누어진다. 젖산균 발효 중 원유만을 살균하여 유산균을 배양시킨 것을 플레인(plain) 요구르트라 하며, 이외에 다양한 과즙을 첨가한 요구르트가 있다. 현재 우리나라에서 시판되고 있는 것은 대부분 액상 요구르트 혹은 액상 발효유와 유산균 음료 등이다.

일반적으로 발효유의 제조에 이용되는 젖산균 중에서 간균(rods)은 산생성능이 높으며, 구균(cocci)은 풍미물질을 생산한다. 발효유의 제조 시에 젖산균 스타터는 단일 균주보다는 혼합 균주를 사용함으로써 단시간에 산 생성과 다양한 향미를 생성할 수 있다. 일반적으로 *Streptococcus thermophilus*와 *Lactobacillus bulgaricus*의 혼합스타터가 이용되며, 이것을 이용할 때는 40~45℃에서 2~3시간 발효시킴으로써 단일 균주의 사용에 비해서 우유의 응고시간이 단축된다. 발효유에 이용되는 젖산균들의 산생성 능력과 단백질 분해산물 생성능은 균주마다 다양하다. 균주들의 종류에 따라 이용하는 대사경로도 다양하며 보통 유당은 정상발효인 glycolysis 이상발효인 bifidus pathway 및 PK(phosphoketolase) pathway를 이용한다.

발효유의 제조에 관여하는 젖산균 중에서 당이나 구연산으로부터 디아세틸(diacetyl)을 생성하는 균주가 있는데, 이들은 당이나 구연산의 분해 산물인 피루브산으로부터 버터의 주요 향기성분인 디아세틸을 생성한다. 이는 발효유의 풍미에 중요하며 디아세틸의 양은 10 ppm 정도가 가장 적절한 향을 나타낸다. 발효유의 디아세틸 함량을 증가시키려면 구연산을 0.2% 정도 첨가한다.

2. 치즈

치즈는 서양에서 가장 오래전부터 이용되어 온 유제품으로 우유에 젖산균 또는 응유효소를 작용시켜 우유 단백질을 응고시킨 다음 유청을 제거하고 숙성 발효시킨 고단백 영양가의 발효식품이다. 치즈의 원료유는 소, 양, 염소, 물소 등으로부터 얻는다. 치즈의 제조과정은 치즈의 종류에 따라서 차이가 있으며 응고 과정, 숙성, 다양한 미생물들의 작용 및 생화학적 변화로 독특한 풍미와 조직감이 결정되는 복잡한 발효 과정이다. 일반적으로 치즈 제조는 원료유의 처리, 우유의 응고, 커드(curd)의 압착과 유청 분리, 성형과 숙성의 단계를 포함한다.

치즈의 품질을 좌우하는 가장 중요한 요소는 우유의 품질로 품종, 비유기, 계절, 환경온도, 사료 및 질병 등에 따라서 현저하게 달라질 수 있다. 일반적인 신선한 우유는 수분 함량이 88%이며 고형분은 12% 전후이며, pH 6.5, 산도 0.16% 이하이다. 우유 단백질 중에서 유청 단백질의 주된 성분인 β-락토글로불린(lactoglobulin)은 열에 불안정하며 산에는 안정하다. 반면에 카제인은 영에 안정하며 산에는 불안정하여 산성 조건에서 침전되어 유청 단백질과 분리된다. 또한, 카제인은 응유효소인 레닌(rennin)의 처리로 응고되어 유청 단백질과 분리된다. 과도한 살균은 우유 단백질의 열변성을 초래하므로 응유효소 레닌에 의한 응고 작용이 불충분하게 되어 치즈 제조에 불리하다. 우유는 치즈 제조 전에 균질화, 여과, 청징화 등의 처리가 이루어진다.

치즈 제조에서 우유의 응고는 가장 중요한 단계로 우유 단백질을 물리적 또는 화학적으로 응고시켜서 커드를 형성하는 과정이다. 또한, 우유 단백질의 응고는 최종 치즈 수율에 영향을 주며, 특히 지방, 단백질, 불용성 염의 농도 등에 의해 치즈 수율이 좌우된다. 최근에는 한외여과 방법을 이용하여 우유 단백질들의 손실을 최소화하여 치즈의 수율을 증가시킬 수 있다.

우유를 산성화시켜 우유 단백질을 응고시키는 데는 젖산균이 이용된다. 치즈 제조에 있어서 젖산균의 작용은 레닌에 의한 커드의 형성을 촉진하며 커드 수축 및 유청 분리를 용이하게 하여 제품 품질의 조직을 양호하게 한다. 또한, 제조 및 숙성 중 유해 미생물의 오염을 방지하며 균체 외의 분해효소에 의해서 카제인(카세인), 지방 등을 분해하여 치즈를 숙성한다.

커드 형성 및 처리 공정은 치즈 제조 용기에서 이루어진다. 이 과정은 응유효소의 첨가로 시작된다. 응고공정은 카제인 micelle을 구성하는 κ-카제인이 응유효소에 의해 절단되어 para κ-카제인이 침전되는 단계로 구성된다. 카제인 입자의 각 표면에 분포하는 κ-카제인이 응유효소 레닌에 의한 선택적 절단으로 친수성을 나타내는 글리코펩타이드가 떨어져 나가면서 카제인 입자가 불안정하게 되어 결국은 침전되어 커드를 형성한다.

우유 중의 단백질이 응고되면 커드와 유청으로 분리된다. 응고된 커드는 적당한 굳기가 되었을 때 커드 절단기로서 절단한다. 이때 연질치즈의 경우는 커드를 크게 절단하여 유청의 제거를 줄인다. 커드의 가열은 커드 수축을 촉진하면서 유청의 분리를 촉진시킨다. 유청의 제거가 불충분한 경우 최종 치즈의 맛에 영향을 줄 수 있다. 유청이 제거된 커드는 일정한 치즈 형태를 만들기 위해서 cheese hoop에 채워 넣고 압착하여 일정한 크기와 모양을 만든다. 이때 식염의 첨가는 치즈의 풍미를 개선하며 잡균의 오염을 방지하고 치즈의 조직을 양호하게 만든다. 최종적으로 제조된 치즈는 일종의 우유 단백질의 응고 형태로 풍미와 맛이 완전하지 못한 생치즈이다.

생치즈는 일정한 온도와 습도가 조절되는 숙성실에서 숙성시킨다. 이 숙성과정에서 미생물학적, 효소 화학적, 생물학적 반응으로 특유한 풍미와 조직감을 가지면서 식품의 가치가 부여된 치즈로 전환된다. 숙성조건은 치즈 종류에 따라 다르지만, 일반적으로 10~20℃, 습도는 80~95% 정도에서 수개월 동안 저장하여 숙성한 치즈의 숙성 정도는 치즈의 pH, 수분 함량, 염의 농도 및 존재하는 미생물군 또는 숙성 시에 첨가되는 스타터 등에 의해서 크게 좌우된다.

치즈의 숙성 중에서 중요한 관리는 치즈에 곰팡이 등의 오염방지 및 수분 증발에 의한 치즈의 수율 감소를 줄이기 위해서 파라핀, 플라스틱 필름 등을 이용하여 포장한다. 주된 숙성관리는 유용한 미생물과 효소들이 잘 작용해서 숙성이 순조롭게 진행되도록 한다.

치즈의 종류는 지역 및 제조 공법에 따라 매우 다양하다(그림 17-1).

그림 17-1 치즈의 종류

3. 육류 발효식품

대표적인 것은 발효소시지를 들 수 있다. 발효소시지란 고기를 발효시켜 만든 소시지로 대표적인 것으로 살라미나 초리조를 들 수 있다. 식품공전에서 실제 발효소시지의 정의는 "식육에 다른 식품 또는 식품첨가물을 가하여 저온에서 훈연 또는 훈연하지 않고 발효시켜 숙성 또는 건조 처리한 것"을 말한다.

발효소시지 역시 다른 소시지류와 마찬가지로 고기 함량은 70% 이상인 것으로 보존료는 소브산, 소브산칼륨 또는 소브산칼슘만을 사용하여야 하는데 그 잔존량은 소브산으로서 2.0 g/kg 이하로 규정되어 있다.

발효소시지 제조공정은 주로 원료육 처리 → 혼합 → 충진 → 발효 → 건조 순으로 진행된다.

이때 발효에 사용할 수 있는 스타터는 유산균으로는 *Lactobacillus coryniformis*

를 제외한 *Lactobacillus*, *Leuconostoc pseudomesenteroides*를 제외한 *Leuconostoc*, *Pediococcus*, *Streptococcus*, *Weissella* 등이 있고 효모로는 *Debaryomyces hansenii*, 곰팡이로는 *Penicillium nalgiovense*가 있다.

발효는 반건조소시지의 경우 일반적으로 약 25℃, 습도 90% 이상에서 2일간 실시하며, 이 기간 스타터는 발효과정에서 첨가한 당류(설탕 또는 포도당)를 젖산으로 생성함으로써 고기의 pH는 감소된다.

발효가 끝나면 발효실 내부 온도를 10℃ 정도로 낮추고 습도를 90%에서 70~75% 정도로 낮추면서 건조하는데, 이때 건조 속도를 단시간에 빨리하게 되면 발효소시지 표면이 막을 형성하게 되어 발효소시지 내부의 수분이 밖으로 빠져나가지 못하고 부패 현상이 일어나므로 주의해야 한다. 발효소시지는 수분 함량에 따라 35% 이하일 경우 건조소시지(dry sausage), 55% 이하일 경우 반건조소시지(semi-dry sausage)로 나눌 수 있다. 전자인 경우, 유럽의 전통적 식품으로서 자연적 발효로 6개월 이상의 장기 발효와 건조로 인해 풍미가 부드럽고 색깔이 좋아 기호도가 매우 높다. 후자인 경우는 단시간 1개월 이내에서 강하게 발효시켜 유기산의 농도가 높아 신맛이 강하다. 단, 두 종류의 발효소시지 모두 훈연 과정을 거치지 않을 수 있지만 훈연 과정을 거치는 경우 고열에 녹거나 변질하지 않도록 냉훈법을 이용한다.

단원정리

낙농 발효식품은 주로 유산균에 의해서 발효된 식품으로 발효유, 유산균 음료, 발효 버터, 치즈 등과 같은 유제품이 있다. 이러한 유제품은 우유를 발효시켜 제조하며 규격에 따라서 발효유, 농후발효유, 크림 발효유, 농후 크림 발효유, 발효 버터류로 구분된다. 발효유는 조직 형태에 따라 호상 발효유와 액상 발효유로 나눌 수 있으며, 현재 우리나라에서 시판되는 발효유는 대부분 액상 요구르트, 액상 발효유와 유산균 음료이다. 발효유 제조에 사용되는 스타터는 일반적으로 단일 균주보다는 ***Streptococcus thermophilus***와 ***Lactobacillus bulgaricus***의 혼합 균주를 사용하며, 40~45℃에서 2~3시간 발효한다. 발효유에 사용되는 유산균들은 균주마다 산 생성 능력과 단백질 분해산물 생성 능력이 다양하다. 또한, 일부 균주는 피루브산으로부터 디아세틸을 생성하며, 이는 발효유의 풍미에 매우 중요하며 10 ppm 정도가 적절하다고 알려져 있다.

치즈는 서양에서 가장 오래된 유제품으로 우유에 유산균 혹은 응유효소를 작용시켜 단백질을 응고하고 유청을 제거한 후 숙성 발효시킨 발효식품이다. 치즈 제조는 원료유의 처리, 우유의 응고, 커드의 압착과 유청 분리, 성형과 숙성의 단계를 포함한다. 치즈의 품질은 주로 우유의 품질에 좌우되며, 이는 품종, 계절, 환경 등에 따라서 달라진다. 이렇게 만들어진 생치즈는 숙성과정에서 미생물학적, 효소 화학적, 생물학적 반응으로 특유의 풍미와 조직감을 가지게 된다.

발효소시지는 고기를 발효시켜 만든 소시지로, 살라미와 초리조가 대표적이다. 제조 과정은 원료육 처리, 혼합, 충진, 발효, 건조 순으로 진행되며, 발효에 사용할 수 있는 스타터로는 유산균, 효모, 곰팡이가 있다. 발효소시지는 수분 함량에 따라 건조소시지(수분함량 35% 이하)와 반건조소시지(수분함량 55% 이하)로 나뉠 수 있다.

단원평가

1 **다음 설명 중에 옳지 않은 것을 고르시오.**

① 발효유는 우유로부터 주로 젖산균에 의해서 제조되는 발효유는 특유의 풍미와 맛을 가진다.

② 우유 단백질을 응고시킨 다음 유청을 제거하고 숙성 발효시킨 식품을 치즈라고 한다.

③ 치즈 제조 시에 응유효소에 의해서 응고되는 주성분은 β-락토글로불린(lactoglobulin)이다.

④ 발효유 제조 시에 일반적으로 *Streptococcus thermophilus*와 *Lactobacillus bulgaricus*의 혼합스타터가 이용된다.

2 **치즈 제조에 있어서 젖산균의 작용에 대해서 서술하시오.**

3 **다음 내용을 읽고 괄호 안에 알맞은 답을 적으시오.**

고기를 발효시켜 만든 소시지를 (①) 라고 한다. (①)의 제조공정은 주로 원료육 처리 - 혼합 - 충진 - (②) - 건조 순으로 진행한다. (①)는 수분함량에 따라서 (③)와 (④)로 나눌 수 있다. 그 중에서도 (③)는 장기 발효와 건조로 인해 풍미가 부드럽고 색깔이 좋아 기호도가 매우 높은 특징을 가지고 있다. 반면에, (④)는 (⑤)의 농도가 높아서 신맛이 강한 특징을 가지고 있다.

정답 및 해설

1. ③
2. 레닌에 의한 커드의 형성을 촉진
   커드 수축 및 유청 분리를 용이하게 하여 제품 품질의 조직을 양호하게 함
   제조 및 숙성 중 유해 미생물의 오염을 방지
   균체 외의 분해효소에 의해서 카제인, 지방 등을 분해하여 치즈를 숙성
3. ① 발효소시지 ② 발효 ③ 건조소시지 ④ 반건조소시지 ⑤ 유기산

18
수산 발효식품

1. 젓갈의 정의
2. 젓갈의 역사
3. 젓갈의 발효
4. 젓갈의 종류

1. 젓갈의 정의

젓갈류는 우리나라의 대표적인 염장식품으로서 어패류의 육이나 내장 및 생식소 등에 다량의 식염을 첨가하여 발효 숙성시킨 수산 발효식품이다(그림 18-1). 다양한 원료를 이용하여 제조된 젓갈류는 독특한 풍미와 맛을 지닌 수산 발효식품으로서 곡류 위주인 동양의 문화에서 전통적으로 중요한 식품소재로 이용되어 왔다. 젓갈은 어패류에 소금을 첨가하여 저장성을 증가시키는 과정에서 주로 어패류 자체에 존재하는 각종 단백질분해효소에 의한 자가소화가 일어나면서 육질이 분해되어 독특한 풍미를 지니는 발효식품이다. 젓갈은 한국의 대표적인 전통 수산 발효식품이며 넓은 의미에서 식해와 액젓(어간장)을 포함한다.

젓갈류는 젓갈과 식해류로 크게 나눌 수 있으며 여기서 식해류는 주로 어류나 패류의 날것에 소금으로 절이고 쌀밥이나 조밥과 고춧가루를 넣어 버무린 뒤 삭힌 것으로 '생선젓'이라고도 한다. 익힌 것으로 자가소화와 젖산발효에 의한 발효식품이다.

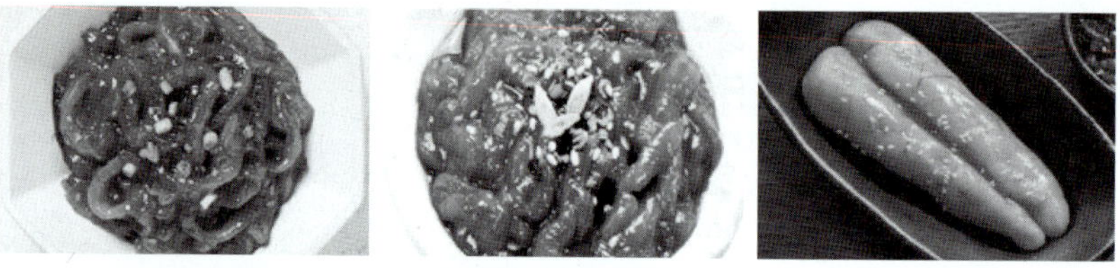

(a) 오징어젓 (b) 창란젓 (c) 명란젓

그림 18-1 대표적 전통 젓갈 식품
자료 : 한성수산식품

2. 젓갈의 역사

우리나라는 3면이 바다로서 바다와 접근성이 좋다고 할 수 있다. 따라서 신석기시대의 식생활을 대표하는 조개를 발효시킨 흔적이 많이 있는데 이를 미루어 이때부터 잡아놓은 조개를 소금에 절여 빗살무늬 토기에 넣고 저장한 '조개젓'을 만들어 먹은 것으로 추정되고 있다.

젓갈에 관한 최초의 기록은 '삼국사기' 신문왕조에서 볼 수 있다. 신라 신문왕이 왕비 김씨를 맞이할 때의 폐백 품목에 쌀, 술, 기름, 꿀, 장, 메주, 포와 함께 젓갈이 들어 있다고 하였다. 이것은 젓갈이 이미 그 당시에 주요한 기본 식품이었음을 뜻하며 이때의 젓갈은 어패류로 담근 것뿐만 아니라 채소류에 누룩, 술지게미 등을 섞어 담근 절임도 있었다고 추측된다.

조선 시대의 젓갈 담그는 법은 소금에만 절인 것, 소금과 술에 기름과 천초 등을 섞어서 담근 것, 소금과 누룩에 담근 것, 소금, 엿기름, 찹쌀밥 등을 섞어서 담근 것 등 크게 넷으로 나눌 수 있으며 종류는 오늘날보다 다양하였다.

또 다른 기록으로는 한나라 무제가 동이족을 쫓아서 산동반도에 이르렀을 때 좋은 냄새가 나서 찾아보게 하니 물고기 창자와 소금을 넣고 흙으로 덮어 둔 항아리에서 나는 냄새였고 이것이 바로 젓갈이었다고 한다.

당시의 산동반도는 우리 겨레의 활동무대였으므로 우리 조상은 일찍부터 젓갈을 조미료로 사용하였고 BC 3~5세기의 중국의 '이아'라는 사전에는 "생선으로 만든 젓갈을 '지(鮨)', 육으로 만든 젓갈을 '해(醢)'라 한다"고 하였다.

3. 젓갈의 발효

젓갈은 어패류의 원료 및 지역에 따라 여러 가지로 그 제법 상의 차이를 볼 수 있으나, 원료의 전처리 방법이나 발효 숙성조건 등은 대부분 유사하다. 젓갈 제조법의 특징은 어패류에 부원료로 소금을 10~20% 내외로 사용하며 제조지역과 젓갈의 종류 따라 차이가 있다. 식염 10% 수준을 사용하는 저염 젓갈은 일부 굴젓이나 명란젓에서 볼 수 있으며 장기저장이 어렵다. 대부분의 젓갈류는 20% 내외의 식염을 포함하며 저장 기간은 3개월 이상에서 수년이 될 수도 있다. 대부분 젓갈의 제조에서 부원료로서 소금만을 이용하는 경우가 대부분이나 간장 또는 고춧가루, 마늘, 파 등의 향신료 및 곡류를 첨가할 수 있다.

젓갈의 숙성기간 2~3개월의 상온 발효에서 물고기 몸체 원형이 유지되는 발효 젓갈을 제조할 수 있으며 동시에 발효 기간을 6~12개월 연장함으로써 젓국(어간장)을 생산할 수 있다.

젓갈의 발효 숙성에서 젓갈의 원료와 소금 농도에 영향을 받는 단백질 분해효소 및 미생물의 역할이 발효 숙성에 영향을 미친다. 일반적으로 영향을 미치는 젓갈은 20% 내외의 소금농도 이하에서 숙성시키게 되므로 숙성 중 내염성균 외에는 그 생육이 저해되며 또한 높은 염 농도 때문에 어육 자체에 존재하는 효소의 활성 저해로 자가소화 과정도 저해될 수 있다. 식해의 경우는 10% 내외의 저염도 하에서 숙성됨으로써 젖산이 생성되고 내염성 효모도 작용하여 알코올 발효와 더불어 독특한 향기 물질이 생성되어 비린내 제거에 도움을 준다. 젓갈류의 숙성은 연중 온도의 변화가 적은 동굴 등을 이용하는 것이 보통이며 숙성온도는 13~15℃가 적당하다.

젓갈 발효 숙성 중 초기에는 지방분해세균이 많이 발견되나 숙성 10일이 지나면서 이들은 거의 사라지고 단백질분해세균, 유산균과 같은 산생산세균이 증가하고 발효 중기가 되면서 효모가 증가한다. 숙성 초기에 발견되는 미생물 속으로는 *Achromobacter*, *Bacillus*, *Brevibacterium*, *Clostridium*, *Flavobacterium*, *Halobacterium*, *Leuconostoc*, *Micrococcus*, *Pediococcus*, *Pseudomonas*, *Sarcina*, *Serratia* 등이 있으며, 효모로는 *Saccharomyces*, *Torulopsis* 속 등이 있다. 이들 중 주로 발견되는 균은 *Bacillus*, *Micrococcus*, *Pediococcus*, *Pseudomonas* 속 미생물이다. 하지만 최근 연구에서는 멸치젓의 경우 *Virgibacillus halodenitrificans*가 우점균으로 단백질분해활성을 나타내고, 새우젓의 경우 *Staphylococcus equorum*이 우점균이며, *Halobacillus trueperi*가 단백질분해활성을 보이는 것으로 나타났다. 이는 젓갈 발효 숙성에 관여하는 미생물이 젓갈 종류에 따라 상이하다는 것을 의미한다. 이외에도 *Kocuria*, *Lentibacillus*, *Nesterenkonia*, *Salimicrobium*, *Salinicoccus*, *Tetragenococcus*, *Oceanobacillus*, *Salinivibrio* 속 미생물 등이 최근 연구에 의해 발견되었다.

젓갈은 발효과정에서 어육 자체의 자가소화효소가 미생물에 의해 분해되어 소화흡수가 잘 되고 단백질이 아미노산으로 분해되어 고유한 감칠맛과 독특한 풍미를 내며, 비타민 B_1, B_2, 칼슘 등이 풍부하다.

주로 밥과 함께 반찬으로 먹거나 음식의 간을 낼 때, 김치를 담글 때 많이 쓰이며 젓갈을 담글 때 사용되는 재료의 종류, 부위, 제조법에 따라 그 종류가 매우 다양하다.

젓갈의 산업적 생산을 위해서는 먼저 원료의 확보가 요구된다. 젓갈 품질의 균일도는 위생적인 제품생산이 필요하며 이를 위해서 제조공정의 표준화 및 식품위해요소 중점관리기준(hazard analysis critical control point, HACCP)의 적용이 요구된다. 또한, 발효 숙성에 관여하는 미생물을 분리 및 규명하며 이들을 효과적으로 접종함으로써 발효기간을 단축하고 품질을 균일화하는 방법이 가능하다.

4. 젓갈의 종류

젓갈은 수산물이 가장 많이 잡힐 때 염장하므로 지방마다 담그는 종류와 시기가 다르다. 우리나라의 젓갈 종류는 약 140여 종에 이른다. 찌개나 국의 간을 맞출 때는 새우젓을, 나물을 무칠 때는 멸치젓으로 만든 멸장을 넣는데 간장(진간장)만으로 간을 한 것과는 달리 독특한 맛을 가진다. 종류는 다음과 같이 크게 나눌 수 있다.

1) 생선을 이용해서 담근 젓갈

생선류를 소금이나 양념에 절여 만드는 젓갈이다. 오징어젓갈이나 낙지젓, 멸치젓(제주도에서 고기를 먹을 때 많이 곁들여 먹는 멜젓 포함)과 같은 것들이 해당한다. 특히 생선을 토막 내어 엿기름과 찹쌀 등을 버무려 삭히는 것들도 있는데 이는 젓갈보다는 '식해'라는 이름으로 불리고 있다. 보통 생선의 살을 이용해서 담근 젓갈들은 발효를 거치게 되면서 특유의 식감이 생성되어 씹는 맛이 좋은 특징을 가지고 있다.

2) 생선의 내장(또는 기관)을 이용해서 만든 젓갈

생선의 살이 아닌 생선 속의 내장이나 알을 이용해서 담근 젓갈이다. 대표적으로는 명란젓과 창난젓, 갈치속젓이 있다. 내장 또는 알로 만들어진 젓갈이므로 생선 살로만 만든 젓갈들에 비해서 독특하고 다양한 풍미와 식감을 즐길 수 있다. 개성이 강한 맛을 지니고 있기에 호불호가 강한 젓갈 중 하나이기도 하다.

3) 조개류로 만든 젓갈

젓갈 중에서도 가장 역사가 오래된 것이라고 볼 수 있는 젓갈이다. 조개뿐만 아니라 굴이나 소라, 전복과 같은 것들을 이용해서 젓갈을 만들 수도 있다.

4) 갑각류로 만든 젓갈

새우나 게를 이용해서 젓갈로 만든 음식이다. 새우젓과 간장게장 같은 것들이 갑각류로 만든 젓갈에 속한다. 특히 새우젓 같은 경우 어느 시기에 어떤 새우로 젓갈을 담그느냐에 따라 이름이 다르다. 즉, 6월에 잡은 새우로 만든 것을 육젓, 5월에 잡은 새우로 만든 것을 오젓이라고 한다. 보통은 육젓을 가장 좋은 상품으로 취급하고 있다.

단원정리

젓갈류는 어패류의 육이나 내장 등에 소금을 10~20% 첨가하여 발효 숙성시킨 한국의 전통 수산 발효식품으로 제조지역과 젓갈의 종류에 따라 차이가 있다. 젓갈은 원료의 전처리 방법이나 발효 숙성 조건은 유사하고 소금만을 이용하는 경우가 대부분이나 간장 또는 파, 마늘 등 향신료와 곡류를 첨가할 수 있으며, 단백질 분해효소에 의한 자가소화로 독특한 풍미를 지닌다.

젓갈의 발효 숙성은 원료와 소금 농도에 영향을 받는 단백질 분해효소 및 미생물의 역할에 좌우된다. 일반적으로 20% 내외의 소금 농도에서 내염성균이 주요 역할을 하며, 숙성 초기에는 다양한 미생물이 관여하다가 시간이 지남에 따라서 효모가 증가한다. 젓갈 발효 숙성에 관여하는 주요 미생물은 젓갈 종류에 따라서 다양하다. 젓갈은 지방마다 담그는 종류와 시기가 다르며 우리나라의 젓갈 종류는 약 140여 종에 이른다. 생선을 이용해서 담근 젓갈, 내장을 이용해서 만든 젓갈, 조개류로 만든 젓갈, 갑각류로 만든 젓갈 크게 4분류로 나눌 수 있다.

단원평가

1 다음 중에서 젓갈에 대한 설명으로 옳지 않은 것은?

① 젓갈은 어패류의 원료와 지역이 달라도 항상 같은 제법을 볼 수 있다.

② 고유의 감칠맛과 독특한 풍미를 내며 비타민 B1, B2, 칼슘 등이 풍부하다.

③ 생선을 토막내어 엿기름과 찹쌀 등으로 버무려 삭이는 것을 식해라고 한다.

④ 새우젓 같은 경우에는 시기와 새우에 따라서 젓갈의 이름이 다를 수 있다.

2 젓갈의 발효 숙성에 영향을 미치는 요인은?

정답 및 해설

1. ①
2. 원료, 소금 농도에 영향을 받는 단백질 분해효소 및 미생물

19 유기산

1. 초산
2. 젖산
3. 구연산

미생물 발효에 의해 생산되는 유기산은 70여 종으로 해당경로 및 TCA 경로를 통해 합성된다. 배지로는 포도당을 주로 사용하나 산업적으로 원가가 경제적인 포도당 공급원으로 폐당밀 등을 사용한다. 발효 유기산에는 초산, 젖산, 구연산(citric acid), 숙신산(succinic acid), 푸마르산(fumaric acid), 사과산(malic acid) 등이 있으며, [표 19-1]과 같이 생산균주도 효모, 세균, 곰팡이 등으로 다양하다.

표 19-1 발효 유기산의 종류와 각각의 대표적 생산균주

발효 유기산	대표적 생산균주
acetic acid	*Acetobacter aceti*
propionic acid	*Propionibacterium shermanii*
pyruvic acid	*Pseudomonas aeruginosa*
succinic acid	*Bacterium succinicum*
tartaric acid	*Gluconobacter suboxydans*
fumaric acid	*Rhizopus delemar*
malic acid	*Levilactobacillus brevis*
itaconic acid	*Aspergillus terreus*
α-ketoglutaric acid	*Candida hydrocarbofumarica*
citric acid	*Aspergillus niger*
isocitric acid	*Candida brumptii*
gluconic acid	*Aspergillus niger*
2-keto-gluconic acid	*Pseudomonas fluorescens*
kojic acid	*Aspergillus oryzae*

발효에 의해서 생산되는 여러 종류의 유기산들은 식품 제조 및 다양한 용도로 사용된다. 사람들이 처음 사용한 것은 초산 미생물(*Acetobacter* spp.)이 알코올 음료를 발효하여 만든 초산을 식초로 사용한 것이었다. 그 후에 ***Aspergillus niger***라는 곰팡이의 호기성 발효(표면 액체배양 혹은 심부배양)를 통하여 만들어진 구연산(citric acid)은 음료수의 풍미 강화제, 기타 식품용 세제, 의약용 등으로 다양하게 이용되는 산업적으로 중요한 산물이 되었다. 젖산균에 의해 생산되는 강산은 식품용 이외에도 생물분해성 폴리머(biodegradable polymer, bioplastic)인 PLA의 원료, 세제 원료 등으로 사용되고 있다.

유기산 발효는 [그림 19-1]과 같은 대사 경로로 이루어지는데 혼합산(mixed acid) 발효는 대장균과 통성혐기성 미생물에 의해 이루어지며, 이 과정을 통해 젖산, 초산, 에탄올, 개미산(formic acid) 등이 생산된다.

프로피온산(propionic acid)발효는 *Propionibacterium* 등의 장내세균에 의해 생산되며, 이들 미생물 중의 일부는 비타민 B_2 등의 산업적 생산에 이용되기도 한다. 부티르산(butyric acid) 발효는 *Clostridium* 속의 균주에 의해 수행되는데 이들은 혐기성 미생물이고, 포자를 형성하며, 또한 아세톤, 부탄올, 프로판올 등의 알코올, 산 등을 만드는 데에 사용된다.

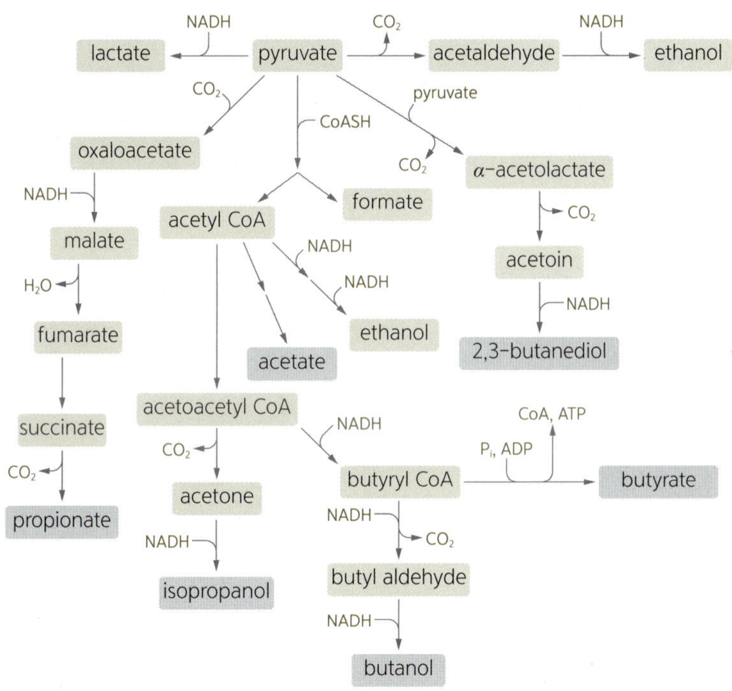

그림 19-1 유기산의 발효 중 대사

1. 초산

초산이 주성분인 식초는 우리에게 가장 오래된 발효식품 중 하나이다. 기원전 5천 년부터 바빌론 사람들이 방부제나 조미료로 활용했다는 기록이 남아있을 만큼 인류 미식

(美食)의 역사는 식초와 함께한다. 식초는 양념으로서 음식의 기호성을 증진시킬 뿐만 아니라 당뇨, 변비, 고혈압, 신장병, 비만, 피로회복, 골다공증 등의 효능이 있는 것으로 알려져 있다.

식초발효는 알코올발효와 초산발효로 이루어진다. 제품의 초산의 농도는 약 3~4% 정도이고 총 산도는 4.5~5.5%이다. 대부분은 발효를 통한 양조식초이고 공업용으로는 아세틸렌(acetylene)을 통하여 화학적으로 합성된 공업용 초산도 있다.

종류로는 원료에 따라 나누며 포도 식초(wine vinegar)는 포도주를 주원료로 하고 정치 발효법 및 유가식 발효법으로 발효한다. 발효 후 단백질과 다른 콜로이드상의 물질을 여과 제거한 후 살균하여 제품화한다. 최종 제품에는 산도가 5~7%이며 적포도주로 하였을 경우 약간의 떫은맛과 쓴맛이 있다. 비교적 작은 규모로 생산되며 발효 기간이 길다는 단점이 있다. 사과 식초는 높은 당을 함유하는 사과를 이용하여 발효하며 합성 식초인 경우는 초산 3~5%로 하고 설탕 및 조미료와 다른 유기산을 혼합하여 제조되기도 한다.

1) 균주

양조 식초에 사용하는 균주로는 *Acetobacter* 속이 사용되며 여기에는 *A. aceti*, *A. acetosus*, *A. suboxydans*, *A. oxydans* 등이 있다. 호기성의 그람음성균이다. 포자를 형성하지 않으며 간균으로서 최적 생육 조건은 30℃, pH 3.5~6.5이다.

2) 발효 기작

식초 제조는 [그림 19-2]와 같이 에탄올로부터 아세트알데하이드(acetaldehyde)로 가는 단계와 아세트알데하이드로부터 초산으로 가는 경로로 나누어지며 각각 반응에서 alcohol dehydrogenase와 aldehyde dehydrogenase와 같은 효소가 필요하다.

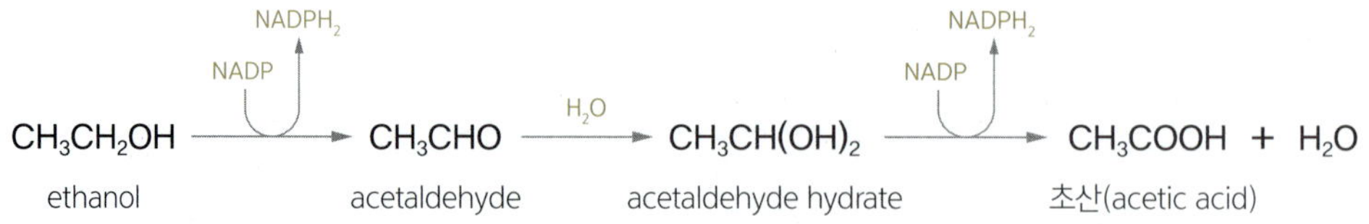

그림 19-2 초산발효 기작

이론적으로 1 g의 에탄올로부터 1.304 g의 초산이 만들어지지만, 일반적으로 수율이 80%로서 약 1 g의 초산이 생산된다.

3) 제조과정

발효 중 오염을 방지하기 위하여 발효 배양액을 1% 이상의 산도와 15% 이하의 에탄올 농도로 조절되어 진다. 발효법은 다음과 같다.

(1) 정치발효(stationary process)

재래식 방법으로서 소규모 제조에 사용한다. 발효액의 에탄올 농도는 5~8%, 산도는 2% 이상으로 조절하여 발효한다. 발효 조건은 36~38℃에서 1~3개월 정도 행하며 숙성은 5~10℃에서 교반하면서 2~3개월 동안 발효하고 여과한다.

(2) 속성발효(quick vinegar process)

발효조(generator, 또는 fermenter)에 [그림 19-3]과 같이 밤나무 톱밥을 채우고 발효액

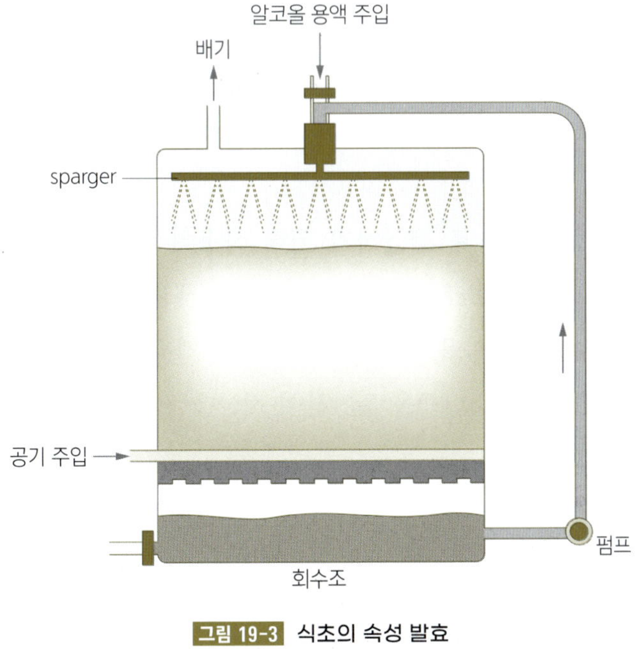

그림 19-3 식초의 속성 발효
자료 : 백현동 외, 2024

의 에탄올 농도는 10%, 산도는 1%로 조절한 다음 산도가 10% 정도 될 때까지 8~10일 동안 발효한다.

(3) Submerged process(Frings acetator)

배양액의 에탄올 농도 5%, 산도는 7% 정도로 하고 30℃에서 2일 동안 발효하되 산도가 11~12% 되게 한다. 이 방법은 여과가 어려워 벤토나이트(bentonite)와 같은 여과보조제가 필요하다.

2. 젖산

젖산발효(lactic acid fermentation)는 알코올 발효와 더불어 무기호흡 과정을 식품에 이용하는 대표적인 사례이다. 즉 젖산발효는 해당과정(glycolysis)을 거쳐 생성된 피루브산이 NADH를 산화시켜 NAD^+로 만들면서 젖산이 되는 과정이다.

당류를 사용하여 젖산을 주요 산물로 배출하는 세균을 젖산균(또는 유산균)이라 하는데, 이들은 주로 그람양성의 간균 혹은 구균으로서 통성 혐기성 미생물이며, 까다로운 영양요구성을 갖는다. 주요 젖산 생산미생물에는 *Lactobacillus* spp., *Leuconostoc* spp., *Lactococcus* spp., *Streptococcus* spp., *Pediococcus* spp., *Enterococcus* spp., *Bifidobacterium* spp. 등의 세균과 *Rhizopus oryzae*, *Mucor rouxii* 등의 곰팡이 균주가 있다.

산업적으로 젖산을 대량으로 생산하기 위해 사용하는 미생물로는 *Lactobacillus delbrueckii*, *Lactobacillus bulgaricus* 등의 호열성 미생물을 사용하며, 탄소원으로 설탕, 포도당, 유청, 당밀 등을 사용하고, 질소원으로는 맥아, 옥수수침지액 등을 사용한다. 생산된 젖산은 탄산칼슘($CaCO_3$)을 첨가하여 젖산을 침전시키는 방법을 사용한다.

3. 구연산

구연산(시트르산)은 칼 셸레(Carl Whilhem Scheele)에 의해 레몬즙에서 최초로 분리된 후 TCA 회로의 중간 산물로서 동물과 식물군에서도 무독성임이 확인되어 청량음료의 산미료, 잼, 젤리 제조 시의 응고 촉진제 그리고 다른 식품이나 의약품 산업에 발효 구연산이 널리 이용되고 있다.

주로 유럽, 미국, 중국에서 생산되며 45% 정도가 인접 국가로 수출되고 있다. Bayer사와 ADM사가 각각 약 17% 정도의 시장을 점유하고 있으며 최대 규모의 생산회사이다. 이외의 생산회사로서는 독일의 Jungbunzlauer, Cargill 및 Citrique Beige 등이 있다. 특히 중국은 전 세계 생산량의 약 24% 정도의 대규모 생산시설을 갖추고 있으나 순도가 낮은 제품을 주로 생산하고 있다.

구연산 발효는 당류를 분해하여 시트르산을 축적하는 발효이며, 주로 곰팡이를 발효미생물로 사용한다. 구연산은 당으로부터 해당과정과 오탄당인산경로(pentose phosphate pathway)를 통해 생성되는 acetyl-CoA와 보충(anaplerotic) 반응으로 공급되는 oxaloacetic acid의 축합반응에 의해 TCA 회로에서 최초로 생성된다. TCA 회로에서는 citrate synthase, isocitrate dehydrogenase 및 succinate dehydrogenase 등에 의해 구연산 생합성이 조절되고 있다. 구연산 축적속도는 citrate synthase의 활성과 acetyl-CoA와 oxaloacetic acid의 농도에 의해 결정되며 이 효소는 탄소수가 많은 fatty ester, ATP, 구연산, succinyl-CoA에 의해 활성이 저해된다. 이처럼 구연산의 축적은 일단 세포 내에서 어느 정도의 구연산이 축적 되면 구연산에 의해 isocitrate dehydrogenase 활성이 저해되어 더 이상의 구연산 분해가 억제되어 구연산 축적이 일어난다.

1893년 Wehrner에 의하여 *Penicillium* 속의 곰팡이가 당으로부터 구연산을 생산한다는 것이 알려진 이후에 *Penicillium purpurogenum*, *Aspergillus niger*, *A. wentii*, *A. saitoi*, *A. awamori*, *A. fumaricus*, *Botrytis cinerea*, *Mucor piriformis*, *Trichoderma viride* 등의 구연산 생산 미생물들이 선별되었으며, *Candida lipolytica*, *C. tropicalis*, *C. guillermondii*, *C. parapsilosis*, *C. zelyanoides* 등의 효모와 세균인 Arthrobacter paraffineus 등은 탄화수소로부터 구연산을 생산한다는 것이 알려졌다. 1923년 Pfizer

사에서 *Aspergillus niger*를 이용하여 15%의 당을 함유한 무기영양결핍 저 산도배지에서 구연산을 생산하여 구연산의 공업적 생산이 가능하게 되었으며, 1927년에 Fernbach는 배지의 pH를 1.8로 낮춤으로써 살균이 불필요하며 100~200 g/L의 당을 사용하여 65% 이상의 구연산을 생산하는 특허를 얻었다. 현재 구연산은 주로 *Aspergillus niger*를 사용하여 망간 혹은 철분의 농도가 조절된 배지에서 표면배양 혹은 액상배양을 통하여 생산된다. 구연산은 비교적 저가의 화학물질이므로 당밀과 같은 저렴한 기질을 주로 사용하고, 대규모의 생산시설을 이용하여 생산 단가를 최소화하여야 경제성을 가지게 된다.

단원정리

유기산은 미생물 발효에 의해서 생산되며 해당 경로 및 TCA 경로를 통해 합성된다. 발효 유기산에는 초산, 젖산, 구연산, 숙신산, 푸마르산, 사과산 등이 있으며 효모, 곰팡이, 세균 등 생산 균주도 다양하게 알려져 있다. 유기산은 식품 제조 및 다양한 용도에 사용되고 있으며 *Acetobacter* 속을 활용하여 만든 식초가 사람들이 처음 사용한 것이다.

유기산 발효 대사 중에 혼합산 발효로 젖산, 초산, 에탄올 등이 생산되며, *Propionibacterium*은 프로피온산을, *Clostridium* 속의 균주는 부틸산과 다양한 알코올, 산을 생성한다.

식초는 가장 오래된 발효식품 중 하나이며, 식초 발효는 알코올 발효와 초산 발효로 이루어진다. 대부분 양조식초이며 초산의 농도는 약 3~4%이다. 양조식초에 사용하는 균주로는 *Acetobacter* 속으로 *A. aceti*, *A. acetosus*, *A. suboxydans*, *A. oxydans* 등이 있다. 발효 방법으로는 정치발효(stationary process), 속성발효(quick vinegar process), Submerged process(Frings acetator)가 있다.

젖산은 젖산발효(lactic acid fermentation)를 통해서 만들어진다. 젖산발효는 알코올 발효와 더불어 무기호흡 과정을 식품에 적용한 사례이다. 당류를 사용하여 젖산을 주요 산물로 배출하는 세균을 젖산균(또는 유산균, lactic acid bacteria)라고 하며 주요 미생물로는 *Lactobacillus* spp., *Leuconostoc* spp., *Lactococcus* spp., *Streptococcus* spp., *Pediococcus* spp., *Enterococcus* spp., *Bifidobacterium* spp. 등의 세균과 *Rhizopus oryzae*, *Mucor rouxii* 등의 곰팡이 균주가 있다.

구연산(시트르산)은 레몬즙에서 최초로 분리된 후 TCA 회로의 중간 산물이다. 산미료, 응고 촉진제, 다른 식품이나 의약품 산업에 발효 구연산이 널리 이용되고 있다. 구연산 발효는 당류를 분해하여 시트르산을 축적하는 발효로 주로 곰팡이를 사용한다. *Penicillium* 속의 곰팡이가 당으로부터 구연산을 생산한다는 것이 알려진 이후에 *Aspergillus niger*, *A. awamori*, *A. saitoi* 등의 다양한 구연산 생산 미생물들이 선별되었다. 현재는 주로 *A. niger*를 사용하여 생산되고 있다.

단원평가

1 구연산 생산에 관여하는 주요 곰팡이는?

2 식초 제조에 이용하는 세균의 특징이 아닌 것은?

① 알코올에 대한 내성이 강해야 한다.

② 내산성이어야 한다.

③ 초산을 산화해야 한다.

④ 산생산이 많아야 한다.

3 젖산발효에 사용되는 젖산균에 대한 설명으로 옳지 않은 것은?

① 그람양성의 간균이다.

② 그람양성의 구균이다.

③ 혐기성 미생물이다.

④ 주요 젖산 미생물로는 *Lactobacillus* 속이 있다.

정답 및 해설

1. *Aspergillus niger*
2. ③
3. ③

20
아미노산

1. 아미노산 생합성
2. 산업용 아미노산 발효
3. 글루탐산 발효
4. 라이신 발효

1. 아미노산 생합성

아미노산은 생체 내 단백질을 구성하는 기본 물질로서 다양한 용도로 사용된다.

글루탐산나트륨(monosodium glutamate, MSG)과 알라닌은 식품의 풍미제로 사용되며, 메티오닌, 라이신, 트레오닌, 트립토판 등은 곡류에 상대적으로 적은 양이 함유되어 있으므로 가축의 사료 첨가물로 사용된다. 프롤린의 용도는 아미노산 수액제와 혈압 강하제로 이용되며, 오르니틴, 시트룰린, 아르기닌은 요소(urea) 사이클에 관여하는 아미노산으로 혈중 암모니아를 요소로 배설시키는 역할을 하므로 간 기능 장애의 치료제의 역할을 한다. 아스파라긴산은 피로 회복제, 암모니아 해독제, 아미노산 수액의 원료, 풍미 개량제, 화장품용, 생분해성 킬레이트제 등으로 이용된다. 히스티딘은 아미노산 수액제를 비롯하여 위궤양 치료제, 순환기계 치료제의 원료 및 식품첨가물로 이용된다.

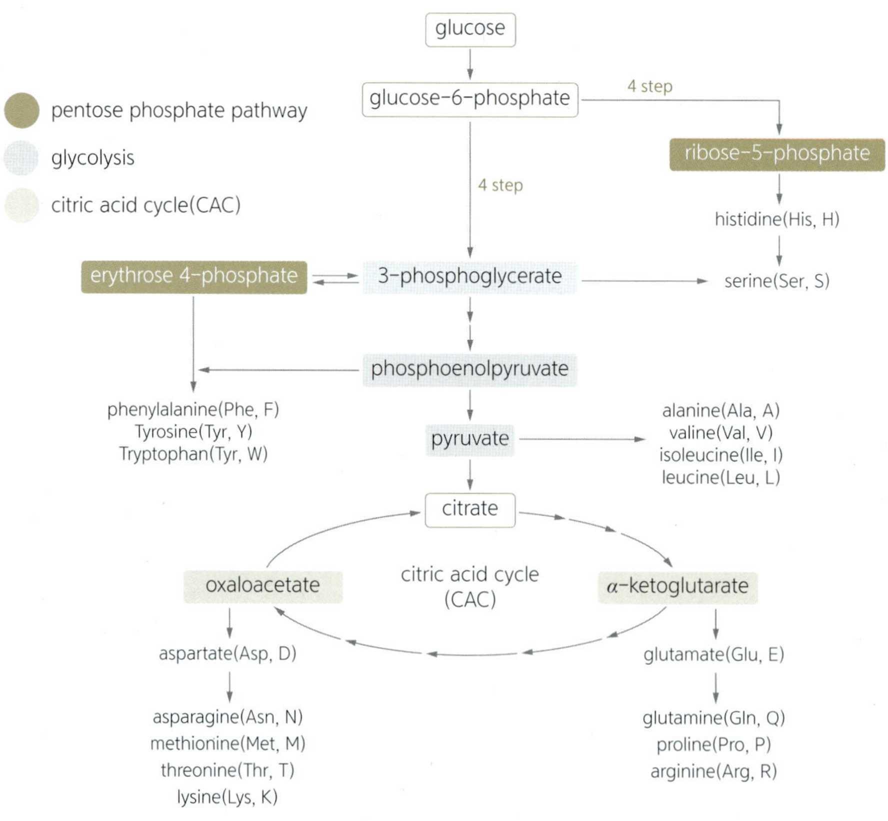

그림 20-1 아미노산 합성 경로

미생물은 일반적으로 단백질 합성에 필요한 20개의 아미노산을 합성할 수 있다. 그 경로는 [그림 20-1]과 같다.

아미노산의 탄소 골격은 해당작용, 인산-5탄당 경로(pentose phosphate pathway) 및 TCA 회로 등의 대사경로를 통해 공급되며, 합성경로 별로 글루탐산 계열(글루탐산, 글루타민, 프롤린, 아르기닌), 아스파르트산 계열(아스파르트산, 아스파라긴 라이신, 메티오닌, 트레오닌, 이소류신), 피루브산 계열(알라닌, 류신, 발린), 세린 계열(세린, 글리신, 시스테인), 방향족 아미노산 계열(페닐알라닌, 트립토판, 티로신) 및 히스티딘으로 나눌 수 있다.

2. 산업용 아미노산 발효

아미노산은 단백질의 가수분해, 화학적 합성 또는 미생물을 이용한 발효로 생산되고 있다. 최근 유전정보를 포함한 다양한 종류의 대사 분석 기술 및 미생물 조작 기술의 발전으로 발효에 의한 아미노산 생산이 주를 이루고 있다.

1) 미생물에 의한 아미노산 생산 방법

(1) 직접 발효법(direct fermentation)

산업적인 아미노산 생산에 있어서 당밀 등의 값싼 탄소원을 이용하여 미생물에 의한 직접 발효법으로 생산하는 것이 가장 경제적인 생산공정이다. 아미노산 발효에 주로 이용되는 미생물은 코리네형 세균(*Corynebacterium* 속)과 대장균이다. 대장균의 경우에는 축적된 유전학적 정보와 잘 개발된 재조합 DNA기술을 바탕으로 코리네형 세균보다 생산균주의 개발 및 개량이 용이하다는 장점이 있다.

세포 내 아미노산의 생산에는 정교한 대사조절 기작이 관여하고 있어서 이러한 대사조절을 해제하여야만 특정 아미노산을 대량 생산할 수 있다. 미생물도 자신이 필요로 하는 양 이상의 아미노산의 생합성을 억제하는 대사제어 기작이 존재하기 때문에 특정 아미노산을 대량으로 생성, 축적하기 위해 대사제어 기작을 해제할 필요가 있다. 미생물에 변이유발제(mutagen)를 사용하여 야생균주를 돌연변이 시킨 후, 특정 대사 유발물질을 생산하지 못하는 영양요구성 변이주(auxotrophic mutant)를 분리하여 라이신, 알라닌, 발린 등의 아미노산 생산에 이용하고 있다. 또한, 아미노산 생산에 관여하는 중요 조절 부위 효소가 되먹임조절(feedback regulation) 작용을 받지 않게 하도록 대사조절 물질과 유사한 구조를 갖는 유사체(analog)에 대하여 성장 저해를 받지 않는 유사체 내성 돌연변이주를 선별하는 방법 등이 사용되었다.

유전자조작 기술에 의한 균주 개발과 관련해서는 초기에 특정 아미노산을 생산하는 대사 회로를 증폭하거나 경쟁 관계에 있는 대사경로를 차단하는 방법을 사용하였다. DNA 염기서열 분석기술이 발달하면서 지놈(genome) 상에서 되먹임저해 해제와 같은 필요한 부위만을 조작하여 기본 균주를 제작하고, 이를 바탕으로 DNA chip 실험에 의한 전사체(transcriptome), 단백질체(proteome), 대사체(metabolome) 분석 결과를 융합하여 세포 내 대사흐름(metabolic flux)을 최적화함으로써 아미노산을 고농도로 생산하는 연구가 시도되고 있다.

(2) 전구물질 첨가 및 효소법

특정 대사물질이 균체 성장을 저해하거나, 처음부터 합성하기 어려운 경우에 전구물질을 첨가하는 방법이 이용되어왔다. 예를 들어 세린을 생산하기 위하여 글리신을 첨가한다거나, 이소류신을 생산하기 위해 알파-아미노부티르산(α-aminobutyric acid)을 이용하는 것이 그 사례이다.

효소반응을 이용한 아미노산 생산 사례로는 대장균의 aspartase를 사용하여 푸마르산(fumaric acid)으로부터 L-아스파르트산(L-aspartic acid)을 제조하거나, *Erwinia herbicola*의 tyrosine phenollyase 효소를 사용하여 피루브산으로부터 신경 관련 의약품 전구물질인 pyrocatechol을 이용하여 DOPA(3,4-dihydroxylphenylalanine)를 생산하는 것 등이 있다.

3. 글루탐산 발효

글루탐산은 가공식품에 첨가하여 감칠맛(umami)을 내는 조미소재이다. 1969년 일본의 Kinoshita에 의해 *Corynebacterium glutamicum*으로 부터 비오틴이 제한된 상태에서 성장할 때 배지 중에 글루탐산이 축적된다는 사실이 발견된 후에 2008년 현재 전 세계 시장 규모가 150만 톤 정도로 추정되며, 중국에서 65만 톤 정도가 생산되고 있다.

글루탐산 발효에 사용되는 균주는 *Corynebacterium glutamicum*을 비롯하여 *Corynebacterium lactofermentum*, *Corynebacterium flavum*, *Corynebacterium divaricatum* 등이 알려져 있다. 이들은 그람양성의 호기성 균주이며 단간균 혹은 타원형의 운동성이 없고, 포자를 형성하지 않는 균주이다. 이들 균주는 모두 비오틴 요구성이 있으며, 알파-케토글루타르산은 산화능이 약하고 환원적 아미노화 능력이 강하여 글루탐산 생산에 적합한 특징을 갖고 있다.

글루탐산의 발효를 위해서 포도당, 설탕, 맥아당 등을 시험적으로 사용할 수 있으나, 공업적인 생산을 위해서는 당밀과 전분 당화액이 사용되고 있다. 당밀에는 비오틴 함량이 높으므로 페니실린이나 계면활성제를 첨가하여 균체 농도를 적절히 제어해야 한다. 질소원으로는 통상 암모니아가 사용되지만, 과량으로 첨가하면 글루타민이 생성될 수 있어 주의를 요한다. 글루탐산 발효는 호기적 발효이므로 산소를 계속해서 공급하여야 한다. 산소가 부족하면 젖산 또는 숙신산이 축적되며, 산소가 과량 공급되면 알파-케토글루타르산이 축적된다.

즉, TCA 회로에서의 중간대사물인 isocitrate는 isocitrate dehydrogenase에 의하여 다음과 같이 된다.

$$\text{Isocitrate (in TCA cycle)} + NAD^+ \rightarrow \alpha\text{-ketoglutarate} + CO_2 + NADH$$

다음 단계로 glutamate dehydrogenase에 의하여

$$\alpha\text{-ketoglutarate} + NH_4^+ + NADH + H^+ \rightarrow \text{glutamic acid} + NAD^+ + H_2O$$

가 된다. 여기서 이 효소는 succinate로 가는 산화적 활성이 낮아야 한다.

4. 라이신 발효

라이신은 분자 내에 두 개의 아미노기를 갖는 염기성의 필수아미노산으로 주로 식품이나 사료의 영양강화제로 사용되고 있다. 자연계에는 대두박이나 어분에 많이 들어있으며, 소맥, 옥수수 등에는 함량이 비교적 낮은 편이다. 라이신은 전 세계적으로 연간 100만 톤 정도 생산이 되며, 일본의 아지노모토(Ajinomoto), 미국의 ADM(Archer Daniels Midland)사, 우리나라의 CJ제일제당(주) 등이 주요 생산업체이다

라이신의 대사경로 및 제어는 [그림 20-2]와 같다. 대사적으로 라이신은 트레오닌, 메티오닌, 이소류신과 함께 아스파르트산 계열(aspartic acid family)의 아미노산으로서 분지 대사경로 및 조절 기작을 보인다. 즉 원료 물질인 아스파르트산에 대해 라이신과 트레오닌, 메티오닌은 서로 경쟁관계에 있으므로 라이신 고생산을 위해서는 트레오닌(이소류신 포함)과 메티오닌의 생산을 억제할 필요가 있다. 또한, 아스파르토키네이스(aspartokinase)에 의해 아스파르트산이 아스팔틱-인산(aspartyl phosphate)으로 전환되는 첫 단계 반응이 라이신과 스레오닌에 의해 공동으로 저해되므로 이들에 의한 대사조절이 해제되어야 한다. 이러한 사실을 바탕으로 하여 라이신 고생산균주가 제작됐으며, 이 둘 균주가 갖는 공통적인 특징은 라이신의 유사체(예: aminoethyl cysteine 등)에 대한 내성과 메티오닌 혹은 트레오닌 생산으로 갈라지는 단계인 homoserine dehydrogenase가 결손된 메티오닌, 트레오닌에 대한 영양 요구성이다.

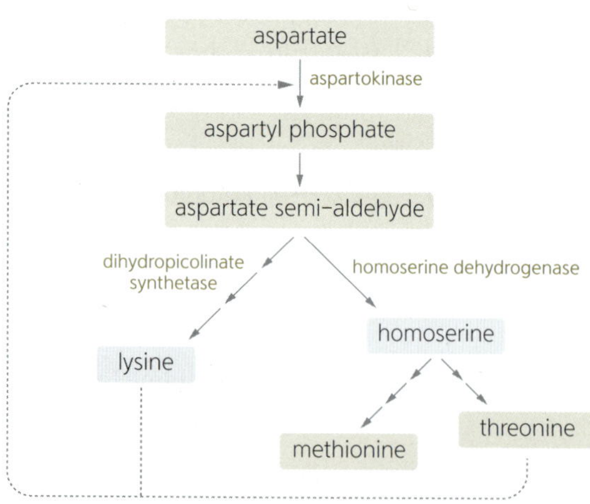

그림 20-2 라이신의 대사경로 및 제어

라이신 생산균주 개발을 위한 새로운 접근방법으로써 특성이 다른 여러 종류의 산업용 라이신 균주의 유전자 염기서열을 분석하여 야생균주와 다른 변이를 찾아내고 이 변이주들 중에서 라이신 생산에 유리한 변이주만을 야생균주에 선별적으로 축적함으로써 불필요한 변이를 갖지 않는 건전한 라이신 생산균주를 제작하는 일들이 시도되고 있다. 이는 라이신 생산미생물의 지놈 분석이 완료되고, 대량 염기서열 분석이 비교적 저렴한 가격으로 가능하며, 코리네형 미생물과 관련되는 유전자조작 도구들이 발전함으로써 가능한 일이 되었다.

아미노산은 글리신, 메티오닌, 시스테인, 발린 등을 제외하고는 대부분 발효법으로 생산된다. 발효법은 회분식, 유가식, 연속식 발효가 있으나, 유가식 발효가 널리 이용되고 있다. 아미노산 생산균주를 개발하는 전략으로는 영양요구성 균주나 유사물질에 대한 내성균주를 제작함으로써 아미노산 대사의 전형적인 특징인 되먹임 조절(feedback regulation)을 해제하는 방법이 사용되고 있다. 주 개량은 인공 변이법, 유전자재조합법, 세포융합법 등이 이용되었으며, 최근에는 오믹스(omics) 기술에 의한 대사공학 등의 체계적인 방법(systems methodology)이 도입되고 있다.

발효에 의해 생산되는 아미노산 중에서 시장규모가 큰 것은 조미료로 사용되는 글루탐산나트륨(monosodium glutamate, MSG)으로서 세계 수요는 150만 톤이며, 생산 국가는 중국, 유럽, 일본, 태국, 인도네시아, 한국, 미국 등 세계적으로 산재해 있다. 사료 첨가제로 사용되는 아미노산은 라이신, 트레오닌, 트립토판 등의 필수아미노산 들이며 개발도상국의 육류 섭취 증가에 힘입어 지속적으로 그 수가 증가할 것으로 전망된다. 세계 라이신 시장은 20억 달러로 2008년까지만 해도 일본 아지노모토사가 주도했지만, 인도네시아, 브라질 중국에 라이신 공장을 가진 CJ제일제당(주)가 2009년에 세계 라이신 시장 1위로 올라섰다. 이 밖에 독일의 BASF, 미국의 ADM(Archer Daniels Midland)사 등이 주요 생산 업체 들이다. 트레오닌은 제2 필수아미노산으로 라이신 사용이 증가하면서 소비량이 같이 증가하고 있는 품목으로서 아지노모토사, CJ제일제당(주) 등이 주요 생산 업체이다.

페닐알라닌, 아스파라긴산, 글리신 등은 다이어트용 고감미료의 원료로 수요가 증가하고 있다. 발린, 이소류신, 류신 등과 같은 분지(branched) 아미노산은 간기능 개선에 유효하며 또한 신체 활력을 높여주는 성분으로써 건강식품용으로 사용된다. 트레오닌,

세린 등은 보습 등의 기능으로 화장품용으로 사용되고 있다. 프롤린, 글루타민, 아르기닌 등도 숙취 해소, 간 기능 보호 등의 의약용, 건강 기능성 식품용으로 사용되고 있으며, 의약용 아미노산은 아미노산 수액제, 환자용 영양제 및 시약용 등이 주요 소비 사례이다. 의약용으로 이용하려면 pyrogen-free가 되어야 하므로 고순도 정제공정 및 품질관리가 필요하다.

식품, 사료용 아미노산은 양적으로는 95% 이상을 차지하지만, 가격은 전체 아미노산의 50% 정도로 부가가치가 낮다. 반면 의약용 등은 금액으로 25% 이상을 점유한다. 따라서 업체들은 식품, 시료용은 가격경쟁력 확보를 위하여 대량생산과 균주개량을 통한 생산성 향상에 주력하고 있으며, 부가가치가 높은 의약용, 정밀화학 용도의 아미노산은 고도의 품질관리에 노력을 기울이고 있다.

단원정리

아미노산은 단백질 구성의 기본 물질로 식품 풍미제, 사료 첨가물, 치료제 등 다양한 용도로 사용된다. 아미노산의 탄소 골격은 해당작용, 인산-5탄당 경로, TCA 회로 등을 통해 형성되며, 주요 합성 경로로 글루탐산, 아스파르트산, 피루브산, 세린, 방향족 아미노산 계열로 나눌 수 있다.

아미노산은 주로 발효법으로 생산되고 있다. 발효법은 회분식, 유가식, 연속식 발효가 있으나 유가식 발효가 널리 이용되고 있다. 또한, 단백질 가수분해, 화학적 합성 또는 미생물을 이용한 발효법을 통해서 생산되고 있다. 주로 이용되는 미생물은 코리네형 세균(*Corynebacterium* 속)과 대장균이며, 미생물에 의한 아미노산 생산법으로는 야생균주에 의한 방법과 영양요구변이주에 의한 방법과 같은 직접 발효법, 전구물질 첨가법 및 효소적 방법이 있다. 최근에는 오믹스 기술에 의한 대사공학 등의 방법이 도입이 되고 있다.

글루탐산은 감칠맛을 내는 대표적인 조미 소재로 글루탐산 나트륨(monosodium glutamate, MSG)를 생산하는 국가는 중국, 유럽, 일본, 태국, 인도네시아, 한국, 미국 등 세계적으로 산재해 있다. 글루탐산 발효에 사용되는 균주는 *Corynebacterium glutamicum*을 비롯하여 *Corynebacterium lactofermentum*, *Corynebacterium flavum*, *Corynebacterium divaricatum* 등이 알려져 있다. 글루탐산 발효에는 당밀과 전분 당화액이 사용되며, 질소원으로는 암모니아가 사용되나 과량 투입 시 글루타민 생성에 주의해야 한다. 산소 공급이 중요한 호기적 발효로, 산소 농도에 따라 젖산, 숙신산 또는 α-케토글루타르산이 축적될 수 있다.

이 외에 발효로 생산되는 아미노산들은 사료 첨가제, 다이어트용 고감미료 원료, 건강식품용, 화장품용, 의약용 등으로 다양한 분야에서 활용되고 있다. 식품 및 사료용 아미노산은 대량생산과 가격 경쟁력이 중요하며 의약용 아미노산은 고순도 정제와 품질관리가 중요하다.

단원평가

1 아미노산 발효 형식 중에서 미생물에 의한 발효법에는 어떤 것이 있는가?

2 글루탐산 발효에 주로 사용되는 균주는?

3 글루탐산의 발효 조건에서 영양원에 대한 설명으로 옳지 <u>않은</u> 것은?

① 비오틴의 농도가 높으면 글루탐산의 축적이 많다.

② 비오틴 농도가 높으면 균체 증식이 높다.

③ 비오틴 농도가 높으면 젖산만 축적한다.

④ 비오틴의 농도가 높으면 당 대사는 EMP 경로가 주 경로가 된다.

정답 및 해설

1. 직접 발효법(야생균주에 의한 방법, 영양요구변이주에 의한 방법)
   전구물질 첨가법
   효소적 방법
2. *Corynebacterium glutamicum*
3. ①

21 핵산

1. 핵산 관련 물질
2. 핵산의 화학
3. 퓨린과 피리미딘의 대사
4. 데옥시리보뉴클레오티드의 생합성
5. 정미성 뉴클레오티드 생산

1. 핵산 관련 물질

조미료의 원료로서 쇠고기 맛을 내는 IMP, 송이버섯 맛을 내는 GMP 등의 퓨린 뉴클레오티드(purine nucleotide) 등이 생산되고 있으며 CMP, UMP, TMP 등의 정미성을 갖지 않는 퓨린뉴클레오티드 등과 ATP, NAD, FAD, CoA 및 cAMP 등의 기능성 핵산물질들이 미생물을 이용하는 시스템에 의해 생산되고 있다. 이 중에서 양적으로나 가격적으로 가장 많이 생산되는 것은 조미료 원료인 IMP와 GMP이다. 미생물을 이용하여 이들 정미성 핵산 물질들을 생산하는 방법은 전구물질인 XMP, 구아노신, 이노신 등을 생산한 뒤에 효소적 혹은 화학적 방법으로 GMP 또는 IMP로 전환시키는 방법과 미생물에 의해 포도당으로부터 직접 IMP를 생산하는 직접 발효 등이 있다. 한국의 ㈜대상과 CJ제일제당㈜, 일본의 Ajinomoto사, 중국의 Star Lake 등이 주요 산업체이다.

2009년 정미성 핵산 제품의 전 세계 시장은 3억 달러이며 연간 10% 정도의 성장세를 보이고 있다. 인도네시아와 중국에 공장을 보유한 CJ제일제당㈜는 1억 4천만 달러의 수출을 기록하며 40%를 점유하고 있고, 2위는 일본의 Ajinomoto사이다.

2. 핵산의 화학

핵산은 생물의 증식이나 생명의 유지에 필수적이며 각 세포 특유의 단백질을 합성하는데 필요한 유전정보를 보존, 전달, 번역하는 기능을 하고 있다. 핵산은 뉴클레오타이드의 중합체(polymer)이며 뉴클레오타이드는 퓨린 염기(adenine, guanine), 피리미딘 염기(cytosine, thymine, uracyl), 인산이 결합된 리보스(ribose) 또는 2-데옥시리보스(deoxyribose)로 구성되어 있다. 오탄당으로서 2-데옥시리보스를 구성성분으로 하는 핵산을 DNA(deoxyribonucleic acid)라 하며, 리보스를 가지는 핵산을 RNA(ribonucleic acid)라 한다.

DNA는 유전정보를 간직하고 보존한다. 원핵세포의 DNA는 환상(closed circle)으로 꼬여진 이중나선(double helix)으로 존재하며 단백질과 결합하여 있지 않다. 진핵세포의 DNA는 2가닥이 꼬여진 이중 나선구조로 되어 있고 히스톤(histone)이라는 단백질과 결합되어 있으며 세포의 핵막 내에 chromatin(염색질)으로 존재한다.

RNA는 구조와 기능에 따라 3가지로 구분된다. tRNA(transfer RNA)는 특정한 아미노산과 결합하여 단백질 생합성 장소로 아미노산을 운반하는 역할을 한다. rRNA(ribosomal RNA)는 단백질 생합성을 하는 장소, 즉 리보솜을 구축하는 RNA이다. mRNA는 DNA와 상보적인 염기배열을 가지도록 합성된 단쇄의 폴리뉴클레오티드(polynucleotide)이며 DNA가 가진 유전정보의 전사(transcription)와 번역(translation)에 관여한다.

1) 핵산의 구성 성분

(1) 핵산의 염기

핵산을 가수분해하면 염기, 오탄당 및 인산이 생성되며 염기는 퓨린(purine) 염기와 피리미딘(pyrimidine) 염기가 있다(그림 21-1). 이들 염기는 모두 질소를 함유하는 헤테로고리형 화합물이다. 퓨린 및 피리미딘 염기는 평면구조로 되어 있고 수소결합에 적합한 =N−H, =N−, =C=O 등의 원자단을 가지고 있는 등의 특성이 있어 핵산의 입체 배위(conformation)를 나타내는 데 중요한 역할을 한다.

① 퓨린 염기

핵산 및 핵산 관련 화합물에 함유된 퓨린 염기는 아데닌과 구아닌이며 둘 다 DNA와 RNA에 포함되어 있다. 아데닌은 퓨린 골격의 6위치에 아미노기가 치환된 구조이며 구아닌은 퓨린 골격의 2위치에 아미노기, 6위치에 히드록시기가 치환하여 케토형으로 된 구조로 되어 있다.

② 피리미딘 염기

주된 피리미딘 염기는 우라실, 티민, 시토신 3종류이다. 이 중 우라실과 티민은 5위치의 메틸기의 유무에 따라 구분된다. 시토신은 DNA, RNA 양쪽 모두에 함유되어 있고 우라실은 RNA, 티민은 DNA에 함유되어 있다.

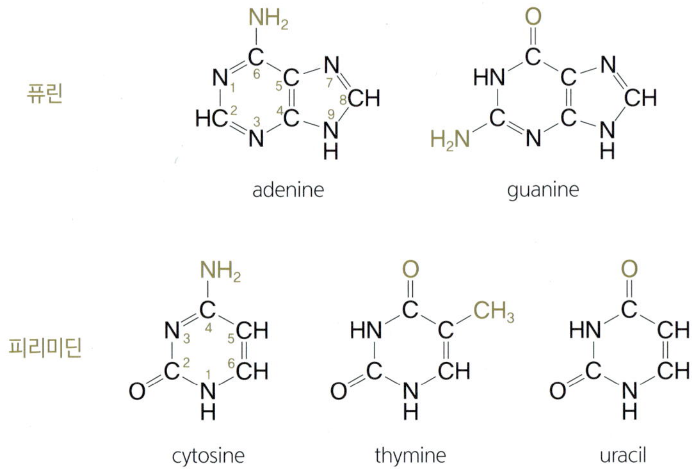

그림 21-1 염기 종류 및 구조

여기서 핵산 염기와 D-리보스(또는 2-데옥시-D-리보스) 연결된 물질이 뉴클레오시드이다. D-리보스는 RNA, 2-데옥시-D-리보스는 DNA를 구성하는 오탄당이다.

(2) 뉴클레오타이드

핵산 염기, D-리보스(또는 2-데옥시-D-리보스), 인산 3종류의 분자가 결합한 핵산을 구성하는 기본 단위가 뉴클레오타이드이다. 뉴클레오타이드는 뉴클레오시드의 오탄당에 인산이 에스테르 결합으로 연결된 구조로 되어 있다. 뉴클레오타이드 유도체 중에서 생화학 반응에서 중요한 작용을 하는 것은 인산 무수물형 뉴클레오타이드이다. 이 중에서도 특히 중요한 것은 [그림 21-2]와 같은 구조의 아데노신-5′-트리포스페이트(adenosine-5′-triphosphate, ATP)이다.

ATP가 ADP와 무기인산으로 가수분해될 때 다량의 이용가능한 에너지(자유에너지)를 방출하므로 생물체 내에서 에너지 흐름의 주된 담체가 되며 많은 에너지가 있어야 하는 생체반응에 관여한다. 이 외에 중요한 보효소인 NAD, NADP, FAD, 코엔자임 A, 비타민 B_{12} 등도 뉴클레오타이드 유도체이다.

(3) RNA와 DNA

RNA와 DNA는 [그림 21-3]과 같이 뉴클레오타이드가 phosphodiester 결합으로 연

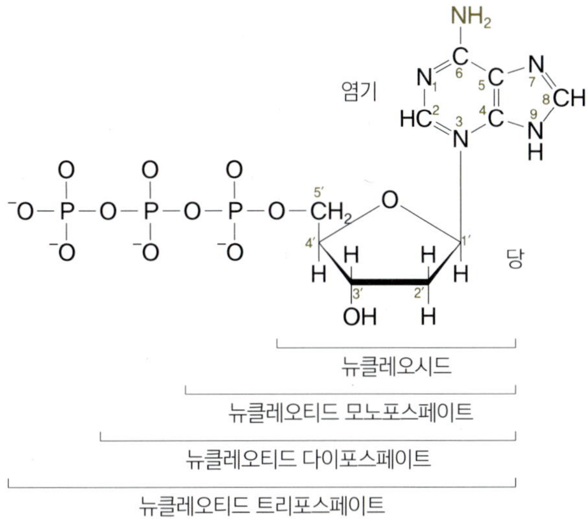

그림 21-2 ATP의 분자구조 및 구조 내 명칭

결된 고분자 화합물이다. 여기서 RNA를 구성하는 오탄당은 D-리보스고 함유된 염기는 아데닌, 구아닌, 우라실, 시토신이며 주로 세포질 중에 존재한다. RNA에는 messenger RNA(mRNA), ribosomal RNA(rRNA), transfer RNA(tRNA)의 3종류가 보통의 세포 중에 함유된 RNA이다. 한편 DNA를 구성하는 오탄당은 2′-deoxy-D-ribose이고 함유된 염기 성분은 아데닌, 구아닌, 시토신, 티민이다.

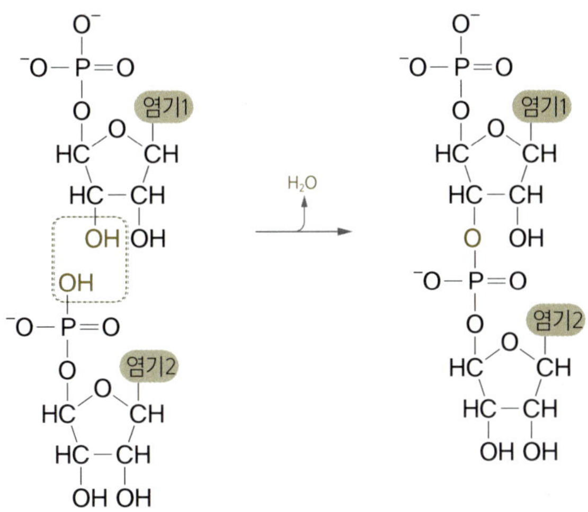

그림 21-3 Phosphodiester 결합

3. 퓨린과 피리미딘의 대사

퓨린 및 피리미딘은 생합성 경로(*de novo* synthesis)에 의해 생체 내에서 만들어지며 분해되어 만들어지는 뉴클레오타이드나 염기는 재생경로(salvage pathway)에 의해 재활용된다.

1) 퓨린 생합성

퓨린 생합성 경로는 리보스-5-포스페이트에서 합성되는 phosphoribosyl diphosphate(PRPP)에서부터 시작하여 11단계의 반응을 거쳐 IMP(inosine monophosphate)를 생성한다. IMP로부터 AMP와 GMP 생성이 생성되며 AMP는 adenylate kinase에 의해 ATP로 전환된다. 그림에 퓨린 고리를 구성하는 9개 원자의 기원을 나타내었다. 글리신, CO_2 및 tetrahydrofolate(FH_4) 유도체는 탄소 원자를 공급하고 글루타민과 아스파르트산은 질소 원자를 공급한다.

퓨린 생합성의 경로는 [그림 21-4]에서 보는 바와 같이 처음 두 단계를 담당하는 효소인 PRPP synthase와 PRPP amidotransferase가 최종산물들인 AMP, ADP, GMP, GDP 등에 의해 저해를 받는다. 그뿐만 아니라, IMP로부터 GTP와 ATP로 갈라지는 각각의 경로는 각각의 산물들인 GMP와 AMP에 의해 저해되지만 다른 경로의 산물인 GTP는 AMP 생합성을 촉진하고, ATP는 GMP 생합성을 촉진함으로써 이들 성분의 균형있는 생합성이 이루어지도록 하는 기능이 있다.

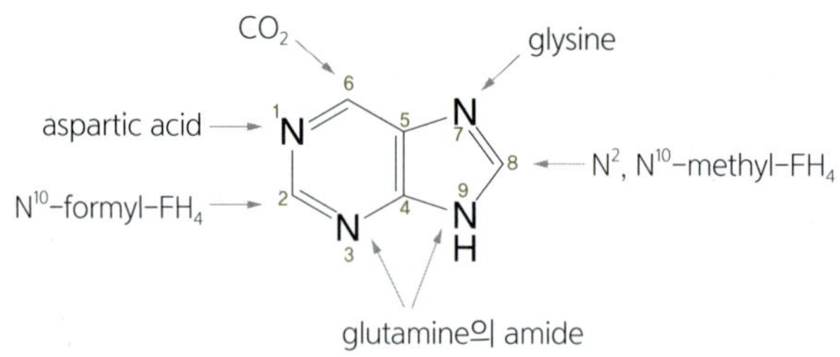

그림 21-4 퓨린 구조의 형성 기원

2) 피리미딘 생합성

피리미딘 고리는 carbamoyl phosphate와 아스파르트산(aspartic acid)으로 구성된다. 퓨린 고리와는 달리 고리 구조가 완성된 후에 리보스-5-인산에 연결된다. 리보스-5-인산의 공여체는 역시 PRPP이다. 피리미딘 고리의 생합성에는 아스파르트산, NH_3, CO_2가 필요하며 이들이 피리미딘 고리에서 어느 부분을 구성하는가를 [그림 21-5]에 나타내었다.

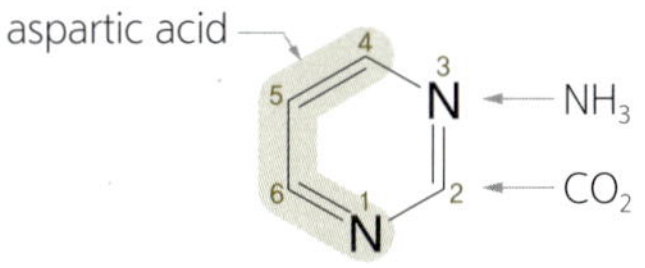

그림 21-5 퓨린 구조의 형성 기원

피리미딘 생합성은 글루타민으로부터 유래한 NH_3와 CO_2가 carbamoyl phosphate synthetase의 작용으로 carbamoyl phosphate를 형성하는 반응으로부터 시작된다(그림 21-6). 계속해서 carbamoyl phosphate의 인산기가 이탈하면서 carbamoyl기가 아스파르트산에 전달되고, PRPP로부터 리보스-5-인산을 전달받고, 이산화탄소가 이탈되면서 UMP가 만들어진다. UMP는 UDP, 다시 UTP로 전환된 후 최종적으로 CTP가 생성된다.

여기서 피리미딘 생합성 경로의 조절은 생합성의 초기단계 효소인 carbamoyl phosphate synthetase와 aspartate carbamoylase가 그의 산물인 UMP와 CTP에 의해 저해됨으로써 이루어진다.

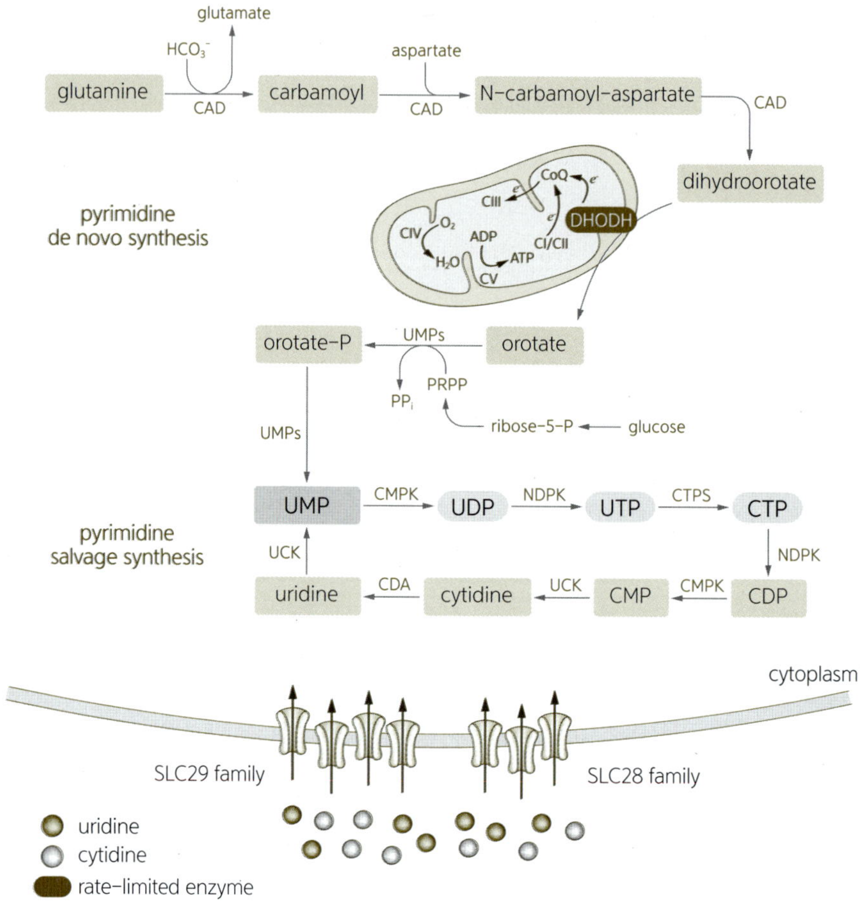

그림 21-6 피리미딘의 생합성 경로

3) 재생경로(salvage pathway)

[그림 21-7]에서와 같이 핵산이 분해되거나 외부로부터 섭취된 아데닌, 구아닌 및 하이포잔틴과 같은 퓨린계 염기들은 adenine phosphoribosyl transferase나 hypoxanthine-guanine phosphoribosyl transferase의 작용으로 PRPP와 반응하면 AMP, GMP 및 IMP 등의 뉴클레오타이드가 생성되며 이들은 핵산 구성요소로 재이용된다. 이것을 재생경로(salvage pathway)라 한다.

피리미딘도 [그림 21-8]에서와 같이 각각의 효소에 의해 뉴클레오타이드로 전환되어 DNA 혹은 RNA의 원료로 재사용된다.

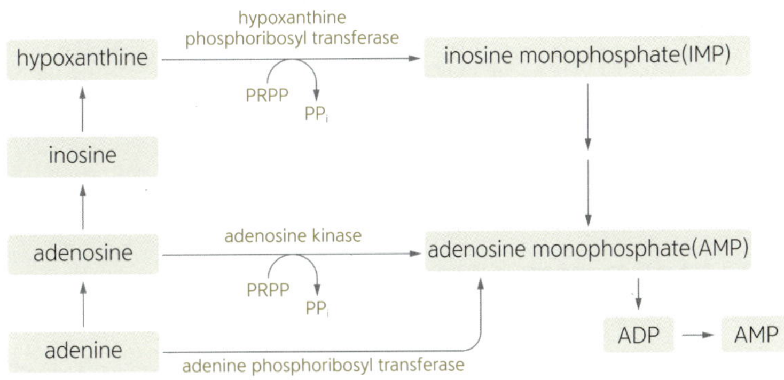

그림 21-7 퓨린계의 재생경로

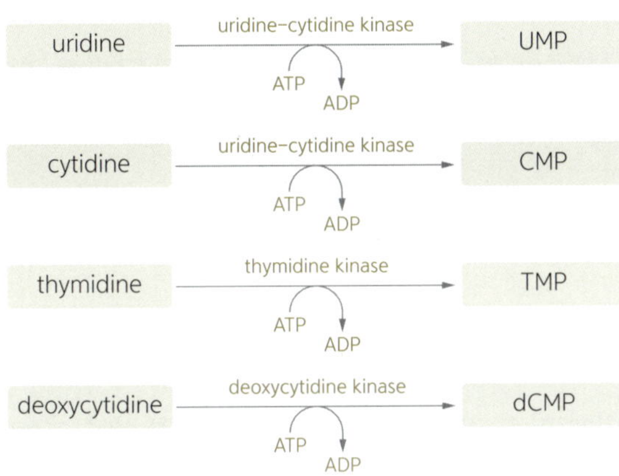

그림 21-8 피리미딘계의 재생경로

4. 데옥시리보뉴클레오티드의 생합성

Ribonucleotide가 데옥시리보뉴클레오티드(deoxyribonucleotide)로 환원되는 반응은 dinucleotide 수준에서 진행된다. 이때 NADH로부터 리보스 단위로 전자전달이 일어난다(그림 21-9). 전자는 NADPH에 의해 제공되며, glutaredoxin reductase 또는 thioredoxin reductase에 의해 전달된다. 이 반응에 관여하는 효소인 ribonucleotide reductase는 산화환원반응 동안 전자전달에 관여하는 redox-active thiol기를 갖는다. rNDP를 dNDP로 환원시키는 과정에서 효소는 산화되고, 다시 thioredoxin이나, glutaredoxin에 의해 환원된다. 즉 최종적인 전자의 공급원은 NADPH이다.

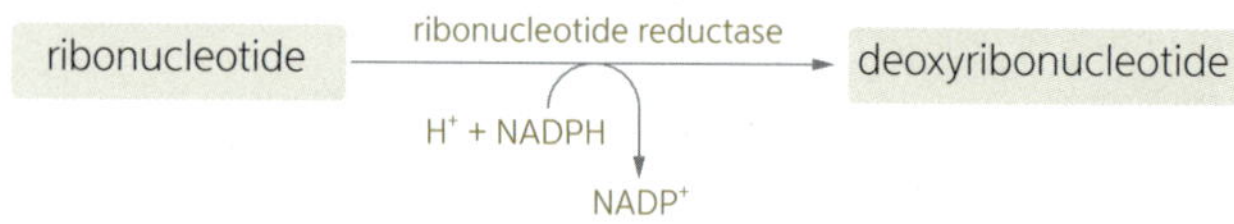

그림 21-9 RNA로부터 DNA의 합성

5. 정미성 뉴클레오티드 생산

정미성 뉴클레오타이드인 IMP와 GMP가 MSG와 더불어 맛의 상승효과가 뛰어나기 때문에 IMP와 GMP의 수요가 급격히 증가하였다. 이들의 생산 방법은 초기에는 효모 핵산을 효소법에 따라 분해하여 생산하다가, 1960년대 이후부터 미생물에 의한 직접 발효법에 따라 좀 더 저가의 방법으로 대량생산 체계를 구축한 후, 1980년대에서는 효소전환법을 개발함으로써 생산성이 획기적으로 증가하게 되었다.

1) IMP 생산

생물공정에 의한 IMP 생산 방법으로는 ① 미생물 변이주를 이용하여 포도당으로부터 IMP를 직접 발효법에 따라 생산하는 방법, ② 전구물질인 이노신을 생산한 뒤에 효소(phosphotransferase)에 의해 인산기를 도입하는 효소 전환법, ③ 전구물질인 이노신을 생산한 뒤에 화학적으로 인산기를 도입하는 화학적 인산화법 등이 있다. 화학적 인산화법은 직접 발효법보다 단위 batch 당 생산성이 높다는 장점이 있다.

(1) 직접 발효법

미생물의 대사를 통해 포도당으로부터 IMP가 직접적으로 만들어지는 방법이다.

(2) 발효법 및 효소적 인산화

발효를 통해 이노신을 얻은 다음 phosphotransferase를 통해 pyrophosphate로부터 한 개의 인산기를 받아 IMP가 합성되는 방법이다.

(3) 발효법 및 화학적 인산화

발효법으로 이노신을 생산하고 이로부터 IMP 제조는 [그림 21-10]과 같이 화학적으로 합성하는 방법이다.

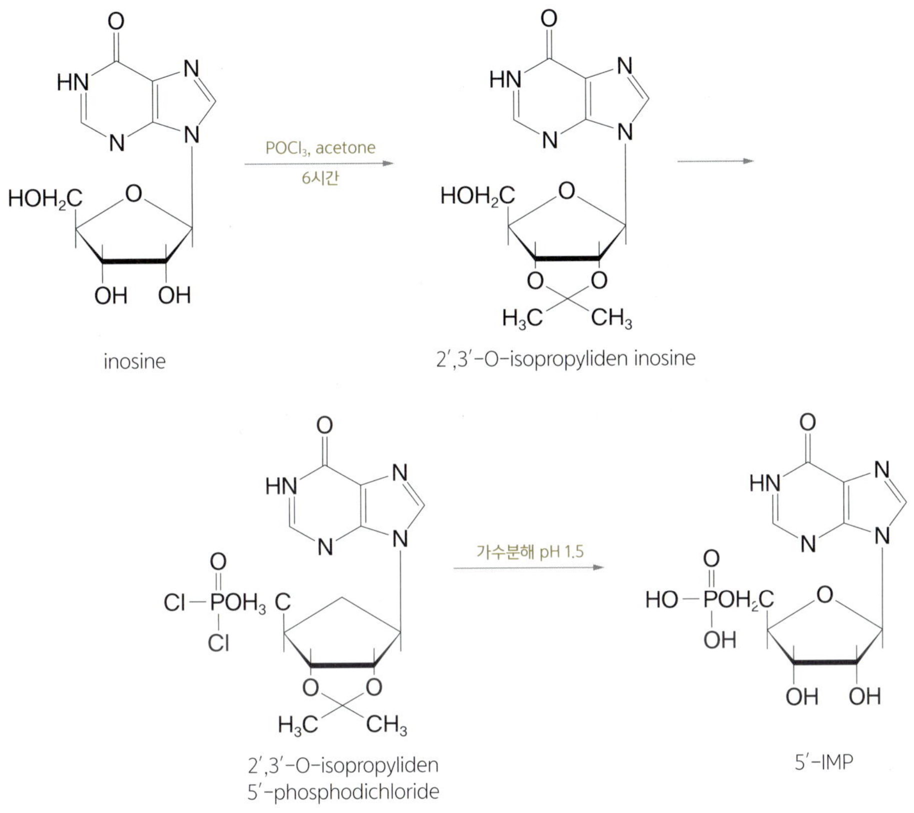

그림 21-10 Inosine의 화학적 인산화
자료 : 유주현 외, 2008

2) GMP 생산

GMP는 대사적인 특성 때문에 직접 발효에 의해 생산할 수 있는 미생물을 제작하기가 매우 어렵다. GMP 생산 방법으로는 ① 전구물질인 XMP를 발효로 생산한 뒤에 효소(XMP aminase)에 의해 전환시키는 방법, ② 전구물질인 구아노신을 발효에 의해 생산하고 이어서 효소(GIKase, phosphotransferase)를 이용해 인산화하는 방법, ③ 전구물질인 구아노신을 발효로 생산하고 화학적으로 인산화하는 방법 등이 있다.

(1) XMP 발효법 및 효소적 amination

GMP synthetase(또는 XMP aminase)에 의해 XMP가 암모니아를 결합하여 GMP가 만들어지며 이때 ATP가 필요하다. ATP는 pyrophosphate(PPi)가 된다.

(2) 구아노신 발효법 및 효소적 인산화

구아노신은 phosphotransferase에 의해 이루어 지며 pyrophosphate로부터 인산을 받아 GMP가 된다.

(3) 구아노신 발효법 및 화학적 인산화

발효법으로 5-aminoimidazole-4-carboxamide ribotide(AICAR)를 만들고 다음 단계부터 아래와 같은 화학적 방법으로 합성한다.

즉, AICAR를 가성소다가 함유된 메탄올 용액에 녹이고 CS_2를 첨가하여 180℃에서 3시간 가열하면 2-mercaptoinosine을 얻는다. 이를 다시 과산화수소 첨가하여 산화시키면 inosine-2-sulfonic acid를 얻을 수 있고 이 생성물에 암모니아 첨가로 아미노화시키면 구아노신을 얻을 수 있다. 마지막으로, phosphoryl chloride($POCl_3$)에 의하여 인산화하여 GMP를 얻는다.

단원정리

핵산은 생물의 생명 유지와 증식에 필수적이며, 유전 정보를 보존하고 전달하는 역할을 한다. 뉴클레오타이드의 중합체인 핵산은 퓨린(아데닌, 구아닌) 및 피리미딘(우라실, 티민, 시토신) 염기, 인산, 리보스 또는 2-데옥시리보스로 구성된다. 리보스를 포함하는 핵산은 RNA, 2-데옥시리보스를 포함하는 핵산은 DNA라고 한다.

퓨린과 피리미딘은 생합성 경로(*de novo* synthesis)에 의해서 생체 내에서 만들어지고, 분해되어 만들어지는 뉴클레오타이드나 염기는 재생 경로(salvage pathway)에 의해 재활용된다. 퓨린 생합성은 PRPP에서 시작하여 11단계 반응을 거쳐 IMP를 생성하며, 이후 AMP와 GMP로 전환된다. 퓨린의 생합성 경로는 최종 산물들에 의해 저해를 받아 균형 있는 생합성을 유지한다. 피리미딘 생합성은 글루타민으로부터 유래한 NH_3와 CO_2가 carbamoyl phosphate synthetase의 작용으로 carbamoyl phosphate를 형성하는 반응으로부터 시작되어 UMP, UDP, UTP, 그리고 CTP로 전환된다. 핵산이 분해되거나 퓨린계 염기들은 PRPP와 반응하여 뉴클레오타이드로 전환되어 재사용되는데 이것을 재생경로(salvage pathway)라고 한다. Deoxyribonucleotide의 생합성은 ribonucleotide가 NADPH를 전자 공급원으로 사용하여 환원되는 과정을 통해 이루어진다.

MSG와 더불어 맛의 상승 효과로 정미성 뉴클레오타이드인 IMP와 GMP의 수요가 증가하면서, 초기에는 효모 핵산 분해로 생산했으나, 1960년대 이후 미생물 발효법 구축과 1980년대의 효소 전환법 개발로 대량 생산이 가능해졌다. IMP 생산법으로는 ① 직접발효법, ② 효소적 인산화 발효법, ③ 화학적 인산화 발효법이 있다. GMP 생산법으로는 ① XMP 발효법 및 효소적 amination, ② 구아노신 발효법 및 효소적 인산화 방법, ③ 구아노신 발효법 및 화학적 인산화 방법이 있다.

단원평가

1 Nucleotide를 구성하는 성분이 아닌 것은?

① amino acid
② H_3PO_4
③ deoxyribose
④ base

2 다음 중 정미성이 없는 물질은 무엇인가?

① 5′-inosinic acid
② 5′-guanylic acid
③ 5′-cytidylic acid
④ 5′-xanthylic acid

3 퓨린(purine)을 생합성할 때 purine의 골격 구성에 필요한 물질이 아닌 것은?

① CO_2
② alanine
③ aspartic acid
④ formyl THF

4 피리미딘(pyrimidine)이 생합성될 때의 출발물질로 옳은 것은?

① ADP
② D-deoxyribose
③ ribose-5′-phosphate
④ carbamoyl phosphate

5 정미성 뉴클레오타이드인 IMP 생산법 3가지에 대해서 서술하시오.

정답 및 해설

1. ①
2. ③
3. ②
4. ④
5. 1) 미생물 변이주를 이용하여 포도당으로부터 IMP를 직접 발효하여 생산함
   2) 전구물질 이노신을 생산하여 효소에 의해 인산기를 도입하는 효소 전환법으로 생산함
   3) 전구물질 이노신을 발효를 통해 생산하여 화학적으로 인산기를 도입하는 화학적 방법으로 생산함

22
항생물질

1. 항생물질의 역사
2. 항생물질의 분류
3. 생산균주의 분리
4. 균주의 생산성
5. 생산균주의 개량
6. 발효생산
7. 항생물질 종류 및 발효
8. 항생물질의 추출 및 정제

1. 항생물질의 역사

항생물질이란 1942년 셀먼 왁스먼(Selman Abraham Waksman)에 의하여 '미생물이 생산하는 화학물질로 다른 미생물의 생육 또는 대사를 저해시키는 물질'이라고 정의되었다. 그러나 그 이후 고등식물이 만드는 항생물질이 발견되었고 그 외에 항종양제나 항바이러스 항생물질도 보고되었다. 그러므로 넓은 의미의 항생물질이란 '생명체가 만드는 저분자의 생리활성 물질로, 다른 생명체의 생육을 저해시키는 물질'로 정의되고 있다. 따라서, sulfa drug과 같이 합성에 의하여 만들어진 것과 리소자임(lysozyme)과 같은 고분자물질은 항생물질에 포함시키지 않고 있다.

Tyndall이 1876년에 곰팡이와 세균 사이에서 길항현상(antagonism)을 발견한 이후 여러 사람에 의하여 항생물질에 관한 연구가 진행되다가 1929년 플레밍에 의하여 최초로 페니실린이라는 항생물질이 발견되었다. 플레밍은 포도상구균이 자란 평판배지가 우연히 푸른곰팡이에 오염되어 생육함에 따라 세균의 생육이 저해되는 현상을 관찰하였다. 이러한 현상은 푸른곰팡이가 세균의 생육을 억제하는 물질을 만드는 것으로 생각하고 이 유효물질을 분리하여 페니실린이라 명명하였다. 그러나 페니실린이 실제 임상적으로 사용되기 시작한 것은 1940년 Florey, Abraham 및 Chain 등에 의하여 페니실린의 결정성 물질이 분리된 이후이며, 이것을 페니실린의 재발견이라고 하였다. 이후 1945년에 페니실린을 치료약으로 실용화한 플레밍은 Flory, Chain과 함께 노벨 생리의학상을 수상하였다.

이러한 페니실린 발견이 항생물질에 관한 연구의 동기가 되어 Waksman은 방선균에 관한 연구를 시작하였다. 그 결과 1944년 Streptomyces griseus가 생산하는 스트렙토마이신이 발견되어 곰팡이 이외의 미생물에서도 항생물질이 생산될 수 있다는 사실이 증명되었다.

이러한 페니실린과 스트렙토마이신 발견에 따라 새로운 항생물질의 개발 연구가 활발히 진행되어 테트라사이클린(tetracycline), 클로람페니콜(chloramphenicol), 에리트로마이신(erythromycin), 카나마이신(kanamycin) 등의 새로운 항생물질이 발견되었고 그 후 미토마이신(mitomycin) C와 아드리아마이신(adriamycin) 등과 같은 항암제도 개발되었다. 현재까지 알려진 항생물질은 6,000여 종에 달하고 있으며 이 중 90여 종이 임상용으로 사용되고 있다. 또한 항생물질에 관한 연구는 세균, 진균뿐만 아니라 암 및 바이러스에 의한 질병에도 유효한 항생물질을 생산하려는 연구가 계속 진행되고 있다.

2. 항생물질의 분류

병원체를 사멸시킴으로써 인간을 이들의 감염으로부터 지켜주는 물질인 항생물질에는 항생제(antibiotics), 항바이러스제(antivirals), 항진균제(antifungals), 항암제(antineoplastics), 구충제(antiparasitics) 등이 있다. 항생물질은 미국생물학회의 제안에 따라 화학구조, 생산균, 제조법, 생물 활성의 기작 등에 따라 구분한다. 화학구조에 따른 분류로는 carbohydrate-containing antibiotics, macrocyclic lactones, quinones, amino acid 및 그 유도체, heterocyclic antibiotics containing nitrogen, heterocyclic antibiotics containing oxygen, alicyclic derivatives, aromatic antibiotics, aliphatic antibiotics 등으로 구분한다. 대표적인 항생제인 β-락탐계 항생제와 아미노글리코시드계 항생제가 있다.

3. 생산균주의 분리

처음으로 발견된 항생물질은 곰팡이가 생산하는 페니실린이었으나 현재 시판되고 있는 항생물질 중 약 80%는 방선균이 생산하고 있다. 그러므로 항생물질 생산균 중 방선균은 중요한 항생물질 생산균주로 취급되고 있다. 일반적으로 항생물질 생산균은 토양으로부터 분리하는데 토양 1 g 중에 세균은 10^8, 방선균은 10^7, 곰팡이는 10^6 정도가 존재하고 있다. 그러므로 분리하고자 하는 균의 종류에 따라 pH, 온도, 배지 조성 등을 달리하여 항생물질 생산균을 분리한다. 배양온도 및 배양시간은 세균의 경우 27~30℃에서 1~2일, 방선균은 27~30℃에서 2~5일, 진균은 25℃에서 2~7일이 적당하다.

4. 균주의 생산성

분리된 균주의 항생물질 생산 유무 검토는 분리균을 평판배지에 생육시켜 비교하는 방법과 액체배양하여 비교하는 방법이 있다. 평판배지에 생육시켜 비교하는 방법은 분리균과 검정균이 잘 자랄 수 있는 평판배지에 cross streak하여 성장 상태를 관찰한다. 분리균이 항생물질을 생산할 경우에는 검정균과의 교차 부위에 생육 저지대가 형성된다. 배양액으로 검정할 때는 분리균을 적당한 액체배지에 진탕 배양한 후 이 배양액을 직경 8 mm 정도의 여과지에 묻혀 검정균이 도말된 평판 배지에 놓거나 작은 스테인리스 용기에 일정량의 배양액을 넣어 배양하면 분리균이 항생물질을 생산할 때 생육 저지환이 형성된다. 항균력 측정에 사용되는 검정균으로서 그람양성균은 *Bacillus subtilis*, *Staphylococcus aureus*, 그람음성균은 *Escherichia coli*, *Salmonella typhi*, *Proteus vulgaris*, 곰팡이는 *Aspergillus niger*, 효모는 *Candida albicans* 등이 주로 사용된다. 또한 특정한 항생물질에 내성인 검정균을 사용하면 내성균이 유효한 항생물질 생산균을 분리하는 데 효과적이다.

5. 생산균주의 개량

항생물질 생산균의 대부분은 방선균이고 약간의 곰팡이와 세균이 있다. 이러한 항생물질 생산의 공업화를 위하여서는 생산균주를 개량하여 생산성을 높이는 것이 필요하다. 따라서 우수한 균주의 선별이나 적당한 배양 조건의 선택이 다른 발효공업과 같이 중요하다. 항생물질 생산균의 개량은 단포자 분리법과 인공돌연변이 방법을 이용하고 있다. 단포자 분리법은 균주 중 생산성이 높은 포자만을 분리하여 발효시키는 방법이고, 인공돌연변이 방법은 생산균에 자외선, X선, γ선의 조사 또는 아질산(nitrous acid), 질소 머스터드(nitrogen mustard), 니트로소구아니딘(nitrosoguanidine) 등의 변이 유기제를 처리하여 변이주를 분리한 후 생산성을 검토하는 방법이다. 예를 들어 페니실린 생산균의 개량과정을 살펴보면 1929년 알렉산더 플레밍에 의해 발견된 페니실린 생산균인 *Penicillium notatum*은 1~2 unit/mL의 페니실린 생산성을 나타내었으나 단포자 분리법에 따라 분리된 Penicillium chrysogenum 1951.B25 균주는 1,000 unit/mL로 생산량이 증대되었다. 다시 이 균주로부터 자외선과 X선 조사 등의 방법에 의하여 황색 색소를 생성시키지 않는 균주가 분리되어 색소를 제거하는 공정이 필요 없이 용이하게 백색의 페니실린 결정을 정제할 수 있게 되었다. 그 후 계속된 우수한 생산균주의 분리와 배양조건의 개량에 따라 1962년에는 1만 unit/mL 이상의 페니실린 생산이 가능하게 되었고, 1969년에는 3만~4만 unit/mL까지 생산량이 증가되었다. 이와 같이 페니실린 생산균주의 개량 연구방법은 다른 항생물질 생산균에 대하여도 똑같은 방법을 적용시켜 생산성이 높은 균주의 분리가 가능하게 되었다. 특히 세팔로스포린(cephalosporin) C의 경우 1955년 발견 당시 *Cephalosporium acremonium*에 의한 생산은 미량이어서 추출 정제가 매우 곤란하였으나 높은 생산성의 균주가 분리되어 공업화가 가능하게 되었다.

6. 발효생산

항생물질 생산균을 배양할 경우 항생물질 생산에 미치는 영향인자는 여러 가지가 있다. 그러므로 항생물질 생산성을 증대시키기 위해서는 배지 조성, 배양 온도, 통기 조건 등 일반적인 미생물 생리에 대한 지식뿐만 아니라 생물 공학적 이론도 필요하다.

1) 배지 조성

항생물질 생산을 위한 기본배지로 사용되는 영양원은 다른 발효공업의 경우와 같다. 탄소원으로는 포도당, 수크로스, 유당, 덱스트린, 전분, 당밀 등이 사용되고 질소원은 옥수수침지액, 육즙, 펩톤, 대두분말, 효모추출물 등이 사용되고 있다. 무기염류로는 KH_2PO_4, $MgSO_4$, KCl, $FeSO_4$, $ZnSO_4$, $CuSO_4$ 등이, 생육인자로는 비오틴(biotin), 피리독신(pyridoxine), 티아민(thiamine), 리보플라빈(riboflavin), 니코틴산(nicotinic acid) 등이 사용되고 pH 저하를 방지하기 위하여 $CaCO_3$를 첨가하기도 한다. 이와 같은 영양원을 잘 조합하여 최대의 항생물질 생산을 위하여 배지조성 검토를 한 후 발효를 행한다.

2) 발효생산

미생물의 일반적인 생육 곡선과 유사하게 항생물질 생산균도 나타내는데 미생물 생육이 활발하게 진행되는 생육 시기(growth phase)와 균의 생육이 최고에 달한 정지기(stationary phase)로 나눌 수 있다. 따라서 발효라는 것은 공급된 영양원을 이용하여 세포의 구성물질과 2차대사산물을 생산하는 과정이다. 저분자의 영양원은 세포의 기능 유지에 필요한 성분인 단백질, 다당류, 지방, 스테로이드 등을 합성하고 그 외 대사 과정 중에서 생산되는 2차 대사산물이 축적되게 한다. 따라서 이러한 2차 대사산물은 균의 생육 후에 주로 생산이 되어 정지기 이후 발효액 중에 축적되므로 이러한 시기를 생산기(production phase)라고 한다. 발효에 있어서 영양원으로 사용되는 유당과 암모니아는 균체의 증식에 따라 점점 감소하는 반면 페니실린은 발효액 중에 축적된다. 포도당을 첨가시켜 주는 것은 배양 초기에 있어서 균체의 생육을 위한 것으로 균체가 생육됨에 따라 포도당은 점점 소비된다.

7. 항생물질의 종류 및 발효

1) β-락탐계 항생물질

β-락탐(Lactam)계 항생물질의 종류 및 각각의 생산균주는 [표 22-1]과 같다.

표 22-1 β-락탐계 항생물질 종류 및 생산균주

β-락탐계 항생물질	균주
6-aminopenicillanic acid	*E. coli, Bacillus megaterium, Pleurotus ostreatus*
페니실린 G & C	*Penicillium chrysogenum, Fusarium oxysporum*
cephamycin C	*Acremonium chrysogenum, Streptomyces lactamdurans*
clavulanic acid	*Streptomyces clavuligerus*

(1) 페니실린

β-락탐계 항생물질은 재래식과 비재래식으로 나눈다. 재래식 물질로는 페니실린계

(penicillin계)와 세팔로스포린계(cephalosporin계)가 있고, 비재래식은 cephamycin, acephem, oxapenem, carbapenem 및 monocyclic β-lactam 등이 있다. 현재 생산되는 페니실린계 항생제는 천연계(G, V)를 비롯하여 aminopenicillin(amoxicillin, ampicillin), 포도상구균에 내성을 가진 penicillinase-resistant penicillin(oxacillin, cloxacillin), 넓은 spectrum을 가진 항녹농균용의 penicillin(azlocillin, carbenicillin, piperacillin), β-lactamase inhibitor(clavulanic acid) 등이 있다.

페니실린은 대부분 재조합 *E. coli*(G형)나 *Fusarium oxysporum*(V형)을 이용하여 유가식 발효로 생산한다(그림 22-1). 약 60일 정도 발효(pH 6.4~6.8)하면 40~50 g/l이 축적된다. 발효 종료액은 유기용제인 butyl acetate로 추출한 후 균체는 진공여과기로 여과한다. 색소 등의 불순물은 활성탄 및 이온교환수지로 제거하고, 정제 여액은 potassium acetate로 행하여 K염으로 회수한다. 페니실린의 회수율은 90% 이상이다.

Lilly사는 생합성 회로상의 expandase나 hydroxylase의 활성을 높이기 위해 cefEF 유전자를 2배로 증폭하여 CPC 생산량을 15% 상승시켰다. 또한 부산물의 생성을 줄이기 위해 cefEF 유전자를 증폭시킨 재조합 *A. chrysogenum*의 발효로 불순물인 deacetoxycephalosporin C(DAOC)의 농도를 획기적으로 감소시키는 데 성공하였다.

페니실린이 처음 분리된 것은 *Penicillium notatum*이었으나 현재 공업적으로 사용되는 균주는 *Penicillium chrysogenum*이다. *Penicillium chrysogenum*에 의해 생합성되는 페니실린은 주로 penicillium G, V의 두 종류지만 현재 임상적으로 사용되고 있는 것은 내성균주의 출현으로 반합성 페니실린이 주로 사용되고 있다. 페니실린은 6-aminopenicillanic acid(6-APA)를 모핵으로 가지고 있다. 이러한 6-APA의 side chain인 R기에 유기합성에 의하여 새로운 유도체를 만드는데 이러한 페니실린을 반합성(semi-synthetic) 페니실린이라 한다. 반합성 페니실린은 생합성에 의하여 얻어진 페니실린 G, V를 페니실린 acylase의 효소처리로 6-APA를 만든 다음 R에 부분합성 방법으로 반합성 페니실린을 만든다. 이러한 반합성 페니실린의 장점은 그람음성균에도 유효하고 페니실린 내성균주에도 효력을 나타낸다는 점이다. 또한, 페니실린 G는 산에 불안정하여 경구 투여용으로는 부적당하나 반합성 페니실린은 내산성이 있어서 경구용으로도 사용이 가능하게 되었다. 예를 들면 페니실린 생산기에서는 주로 배지 중에 존재하는 유당을 이용하게 되는데 유당은 포도당에 비교하여 균에 의한 분해 이용이 느리므로 페니실린 생산 시기에 있어서 생산성을 향상하는 주된 탄소원으로 작용하게 된다. 또한, 페니실린 생산원가를 절감시키기 위하여 가격이 비싼 유당 대신에 생산 시기에 포도당을 다시 첨가하는 방법도 이용하고 있다. 그 외 발효과정 중에 첨가되는 소포제는 대두유, 면실유 등이 있고, 이는 소포제 효과 이외에 에너지원으로도 이용하여 항생물질 생산을 촉진시킨다. 이러한 소포제는 균이 생산하는 지질가수분해효소에 의하여 지방산과 글리세린으로 분해되어 유당과 같이 탄소원으로 사용된다. 항생물질의 실제 발효생산에 있어서 중요한 기술의 하나는 전구체(precursor)의 사용이다. 예를 들면 페니실린 G 발효에 있어서 전구체로서 phenyl acetate를 첨가하면 발효액 중에 페니실린 G가 축적된다.

발효 종료액은 35℃로 급냉한 상태에서 제균한다. 여액을 이온교환수지로 처리 시 pH 2로 감소하면 불순물(페니실린N)이 제거된다.

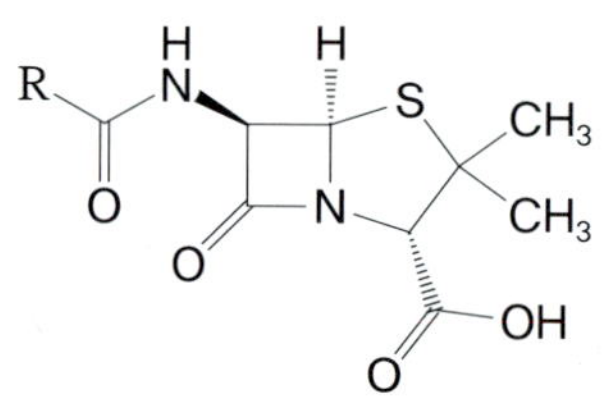

그림 22-1 페니실린의 구조

(2) 세팔로스포린

*Cephalosporium acremonium*이 생산하는 세팔로스포린(cephalosporin)은 그람음성 및 그람양성균에 항균력이 있으나 항균력이 약하다. 페니실린과 같이 대표적인 β-lactam 항생물질의 하나로 항균력을 강하게 한 반합성 세팔로스포린이 임상적으로 사용되고 있다. 페니실린과 비교하여 볼 때 항균 스펙트럼이 넓어 그람음성균에도 유효하고 페니실린 내성균에도 효과가 있다.

2) 아미노글리코시드계 항생물질

아미노글리코시드계에 속하는 대표적인 항생제는 스트렙토마이신, 카나마이신, 가스가마이신(kasugamycin), 네오마이신(neomycin) B, 발리다마이신(valdamycin) A 등이다. 이들 항생물질의 구조는 다른 아미노산과 glycoside 결합하고 있는 streptidine 또는 deoxystreptamine을 구성단위로 하고 있다. Aminoglycoside 항생물질은 단백질 합성을 특이적으로 저해하고 세균 세포막에 손상을 주어 저분자량의 세포 내용물질을 밖으로 유출해 세균을 사멸시킨다.

(1) 스트렙토마이신

스트렙토마이신은 1944년 미국의 생화학자 셀먼 왁스먼(Selman Waksman)에 의해서 *Streptomyces griseus*의 산물로서 발견되었고 페니실린이 효과가 없는 그람음성균, 특히 결핵균에도 탁월한 효과가 있다. 스트렙토마이신은 당을 전구체로 하는 항생물질의 대표적인 것으로 그 생합성은 D-포도당으로부터 중간체로서 myo-inositol을 거쳐 생합성된다.

스트렙토마이신 발견 이후 *Streptomyces humidus*에 의한 dihydrostreptomycin, *Streptomyces reticuli*, *Streptomyces griseocarneus*에 의한 hydroxystreptomycin, *Streptomyces griseus*에 의한 mannosidostreptomycin 등의 생산이 알려졌다. Hydroxystreptomycin은 스트렙토마이신보다 독성이 약하며 직접 발효에 의해서도 만들어지거나 주로 스트렙토마이신을 백금촉매의 존재 하에서 환원시켜 제조한다. 발효는 포도당 2.5%, 대두추출물 4%, NaCl 등을 주성분으로 한 배지를 이용하여 24~30℃에서 7~8일 배양하고 기질로 사용되는 포도당은 스트렙토마이신을 구성하고 있는 streptidine, streptose와 N-methyl-L-glucosamine으로 전환되어 스트렙토마이신을 형성하게 된다. 발효 후 이온교환수지로써 정제한다.

(2) 카나마이신

*Streptomyces kanamyceticus*가 생산하는 카나마이신(kanamycin)은 1957년 Umezawa 등에 의하여 발견되었다. 스트렙토마이신 내성의 결핵균에도 유효하며 유도체에 따라 카나마이신 A, B, C 3종류가 알려져 있다. 발효생산은 27℃에서 4~5일, pH는 8.0~8.6에서 최고에 달한다.

(3) 가스가마이신

가스가마이신(kasugamycin)은 1965년 우메자와(Umezawa) 등에 의하여 발견된 항생물질로 *Streptomyces kasugaensis*가 생산하며 벼의 도열병에 사용되고 있다. 이 항생제는 D-chiro-inositol, kasugamine, glycine imine으로 구성되어 있다. 탄소원으로서는 maltose가 사용되고, 27℃에서 6~7일간 배양하면 최고 1,200 μg/mL의 가스가마이신을 생산할 수 있다.

(4) 겐타마이신

겐타마이신(gentamicin)은 1963년 파텔 와인스타인(Patel M. Weinstein) 등에 의하여 보고된 항생물질로 구조는 그림 15-14와 같다. 생산균주는 *Micromonospora purpurea* 또는 *Micromonospora echinospora*이며 *Streptococcus*를 제외한 그람양성균에 유효하고 그람음성균 중에는 *Pseudomonas aeruginosa*에 유효하다. 겐타마이신의 생산은 28°C에서 6~7일간 배양하면 최대의 생산성을 나타내며 저농도의 Co^{2+} 이온은 생산을 촉진시킨다.

3) 펩타이드 항생물질

폴리믹신(polymyxin) B는 펩타이드 항생물질의 하나로 *Bacillus polymyxa*가 생산한다. 일반적으로는 펩타이드 항생물질은 펩타이드 결합으로 연결되어 있고 한 개 이상의 D-amino acid가 함유되어 있다. 특히 폴리믹신 B는 펩타이드 항생물질 중에서 독성이 적고 그람음성균에게만 유효한 항생물질이다.

4) 테트라사이클린

테트라사이클린(tetracycline)이 처음 발견된 것은 1948년 *Streptomyces aureofaciens*의 배양액으로부터 분리된 aureomycin(7-chlortetracycline)이다. 그 후 1950년에는 *Streptomyces rimosus*의 배양액으로부터 tetracycline(5-hydroxytetracycline)이 발견되었다. 테트라사이클린은 광범위한 세균성 질환에 유효하며 정균작용이 있고 그람양성 및 음성세균에 광범위한 항균 스펙트럼을 가지고 있다.

5) Non-polyene macrolide 항생물질

대표적인 것으로는 에리트로마이신(erythromycin)이며 가장 많이 사용되고 있는 macrolide 항생물질 중의 하나이다. 1952년 *Streptomyces erythraeus*로부터 분리되었고 그람양성균에 유효하며 그람음성균과 진핵세포에는 효과가 없다. 에리트로마이신은 프로피오네이트로 구성되어 있다.

6) Polyen marcrolide 항생물질

대표적인 것은 nystatin(또는 fungicidin)이며 *Streptomyces noursei*가 생산하는 polyene macrolide 항생물질로 4개의 이중 공유결합이 있고 곰팡이, 효모 등의 진핵세포에 유효하다. 그러나 독성이 강하여 임상적으로 사용하는 데는 곤란한 점이 있다.

7) 클로람페니콜

*Streptomyces venezuelae*의 배양액에서 분리된 클로람페니콜(chloramphenicol)은 그람양성 및 음성세균에 유효하며 현재는 합성법에 의하여 생산되고 있다.

8) 기타 항생물질

(1) 반코마이신

이 항생물질은 *Streptomyces* 속이 생산하고, 주로 그람양성 세균에 유효한 항생물질이다. 최근 항생물질의 남용으로 인하여 methicillin 내성 황색 포도상구균(methicillin-resistant *Staphylococcus aureus*, MRSA)이 생겨 의료분야에 큰 문제가 되고 있으나, 반코마이신(vancomycin)에 의하여 치료되므로 매우 중요한 항생물질로 알려져 있다.

(2) 테이코플라닌

테이코플라닌(teicoplanin, teichomycin)은 *Actinoplanes teichomyceticus*가 생산하는 당펩타이드(glycopeptide) 종류의 항생제이고, *Staphylococcus*와 그람양성 혐기성 세균에 대하여 강한 활성을 갖고, 그람음성 세균에도 항균 활성을 갖고 있다. 이 항생물질은 발효액을 이온교환수지와 흡착수지를 사용하여 정제하고 있다. 분리한 물질에는 teicoplanin A21로부터 A22까지 혼합되어 무정형으로 분리되고 있다. 그중에서도 teicoplanin A22가 활성이 강하다.

(3) 아드리아마이신과 다우노마이신

항암제로서 미토마이신(mitomycin) C, 악티노마이신(actinomycin) D, 블레오마이신(bleomycin) 등을 사용하고 있으며, 많은 종양 바이러스 또는 에이즈 바이러스에는 DNA의 역전사효소가 중요한 작용점이고, 아드리아마이신(adriamycin)과 다우노마이신(daunomycin)이 그 저해제가 된다. 아드리아마이신은 anthracycline계 항생물질이고, 다우노마이신의 14-hydroxy의 유도체로 화학 합성해서 얻을 수 있었으나, 그 후 다우노마이신 생산균인 *Streptomyces peucetius* var. *caecius*의 변이주를 배양하여 분리한 아드리아마이신은 다우노마이신과 같이 DNA의 합성과 RNA의 합성을 저해한다. 이 항생물질은 종양 치료제로 많이 사용하고 있고, 국내에서도 국산화되었다. 이 항생물질의 부작용은 골수의 비가역적인 손상, 백혈구 염색체의 손상, 구경의 염증과 궤양 및 탈모 등이 알려졌다.

(4) 미토마이신

1956년 *Streptomyces caespitosus*의 배양액으로부터 분리되었으며 불안정한 염기성 물질로 산성에서는 활성이 소실된다. 미토마이신(mitomycin)은 적자색-자색의 항종양 항생물질이고 그람양성균 및 그람음성균에 대하여 강한 항균력을 가지고 있으나 독성이 강하다. 특히 미토마이신 C는 항종양제로 임상적으로 사용되고 있다.

(5) 리파마이신

*Streptomyces mediterranei*에 의해 생산되고 그람양성균 및 그람음성균에 대하여 항균력이 있으며 독성도 적다. 리파마이신(rifamycin) 유도체 중에서도 리파마이신 SV는 그람양성균에 대하여 강한 항균력을 가지고 있다. 또한, 경구용으로도 사용할 수 있고 체내에서의 분포가 양호하므로 현재 결핵 치료제로서 널리 사용되고 있다.

8. 항생물질의 추출 및 정제

항생물질은 대부분이 수용성이므로 배양액으로부터 유기용매나 흡착제 처리로 분리할 수 있다. 산성·중성·염기성 물질에 따라 추출 방법이 약간씩 다르나 일반적인 천연유기화합물의 분리 정제방법에 따른다.

1) 항생물질의 추출

(1) 용매 추출법

배양액을 물과 혼합되지 않는 유기용매와 혼합하여 항생물질을 유기용매로 추출하는 방법이다. 예를 들면 페니실린 배양액을 pH 2로 하여 부틸아세테이트(butyl acetate)로 추출하고 약알칼리로 처리하면 페니실린은 수층(water layer)으로 이행된다. 이 수층을 산성으로 하여 부틸아세테이트로 추출하면 페니실린은 다시 용매 층으로 이동되는데 이러한 조작을 반복하여 농축된 페니실린 용액을 얻을 수 있다.

(2) 흡착제법

각종 흡착제, 예를 들면 활성탄, 알루미나(alumina), 산성백토, 양이온 및 음이온 교환수지 등을 이용하여 배양액 중의 항생물질을 흡착제에 흡착시킨 후 유기용매로 용출시키는 방법이다. 이온교환 수지는 스트렙토마이신, 네오마이신, 카나마이신 등의 공업적 생산에 이용되고 있다.

(3) 침전법

항생물질 배양액의 pH를 변화시키면 항생물질이 침전되는 경우가 있다. 무기 또는 유기 침전제를 가하여 불용성의 염으로 분리하는 것도 가능하다. 예를 들면 oxytetracycline의 배양액에 $MgCl_2$, $BaCl_2$ 용액을 가하여 pH를 9.0으로 조절하면 oxytetracycline은 불용성의 염으로 침전된다.

(4) 직접 농축법

용매추출이나 흡착제 등에 의하여 추출할 수 없을 때는 배양여액을 직접 감압농축하여 분리하는 방법도 있다.

2) 항생물질의 정제

위와 같은 방법으로 추출한 항생물질은 불순물이 혼입되어 있으므로 특별한 경우를 제외하고는 정제하여야 한다. 정제법은 천연 유기화합물의 정제에 사용되는 일반적인 방법을 이용하나 항생물질은 산, 알칼리, 열, 자외선 등에 불안정한 경우가 많으므로 유의할 필요가 있다. 정제방법은 흡착 크로마토그래피, 분배 크로마토그래피, 물과 에테르와 같이 혼합되지 않는 2가지의 용매를 사용하여 다른 용해도를 갖는 몇 종이 혼합물에서 분배계수의 차에 의해서 분리하는 향류분배(countercurrent distribution), 승화 등의 방법이 사용되고 제품화를 위해 재결정 등을 이용하기도 한다.

단원정리

항생물질은 미생물이 생산하여 다른 생명체의 생육을 저해하는 물질로, 1929년 Fleming이 푸른곰팡이에서 분리한 페니실린을 발견하며 주목받기 시작했다. 이후 방선균에 관한 연구를 통해 스트렙토마이신이 발견됨에 따라서 곰팡이 이외의 미생물에서도 항생물질이 생산될 수 있다는 사실이 증명되었다. 이를 통해서 새로운 항생물질과 항암제가 개발되었고, 현재 약 6,000여 종의 항생물질이 알려져 있다. 이 중에서 약 90여 종이 임상적으로 사용되고 있으며, 세균, 진균, 암, 바이러스 관련 질병을 대상으로 한 연구도 지속되고 있다.

현재 시판되고 있는 항생물질 중 약 80%는 방선균이 생산하고 있으며, 항생물질은 미국생물학회의 제안에 따라서 화학구조, 생산균, 제조법, 생물활성의 기작 등에 따라서 구분지으며 대표적인 항생제는 β-락탐계 항생제와 aminoglycoside 항생제가 있다.

항생물질 생산균을 배양할 경우에 배지 조성, 배양 온도, 통기 조건 등 항생물질 생산에 미치는 영향 인자가 중요하다. 항생 물질 생산을 위한 배지는 기본배지로 다른 발효 공업의 경우와 같으며, 발효 중 미생물의 생육 곡선과 유사하게 생육시기와 정지기로 나눌 수 있다. 발효는 영양원을 이용하여 세포 구성 물질과 2차 대사산물을 생산하는 과정으로, 2차 대사산물은 주로 정지기 이후에 생산되며 영양원은 균체 증식에 따라서 감소하고 항생물질은 발효액 중에 축적하게 된다.

항생물질 추출법으로는 용매 추출법, 흡착제법, 침전법, 직접농축법이 있으며, 추출한 항생물질은 불순물이 포함되어 있어 일반적으로 정제를 필요로 하며, 정제 시 항생물질이 산, 알칼리, 열, 자외선에 불안정할 수 있어 주의해야 한다. 정제 방법으로는 흡착 크로마토그래피, 분배 크로마토그래피, 향류분배, 승화 등이 사용되며, 제품화를 위해 재결정 과정을 거치기도 한다.

단원평가

1 항생물질의 정의에 대해서 설명하시오.

2 β-lactam계 항생물질로 Fleming에 의해서 발견되어 현재까지 유용하게 활용하고 있는 물질과 이를 생산하는 균주와 올바르게 연결되어 있는 것은?

① penicillin – *Penicillium chrysogenum*

② penicillin – *Acremonium chrysogenum*

③ streptomycin – *Streptomyces lactamdurans*

④ vancomycin – *Streptomyces clavuligerus*

3 다음은 항생물질 추출방법에 대한 설명이다. 옳지 않은 것을 고르시오.

① 항생물질은 대부분 염기성으로 배양으로부터 유기용매나 흡착제 처리로 분리한다.

② 배양약을 물과 혼합되지 않는 유기용매와 혼합하여 추출하는 방법을 용매 추출법이라고 한다.

③ 항생물질 배양액의 pH를 변화시켜 침전물을 통해서도 항생물질을 얻을 수 있다.

④ 배양여액을 직접 감압 농축하여 분리하는 직접 농축법을 이용하는 방법도 있다.

4 항생물질 생산의 공업화를 위해서 생산 균주를 개량하여 생산성을 높이고 있다. 다음 중 현재 이용하고 있는 항생물질 생산균의 개량법에는 어떠한 방법이 있는지 답하시오.

5 최근 항생물질의 남용으로 인하여 methicillin-resistant *Staphylococcus aureus*이 생겨 의료분야에 커다란 문제가 되고 있다. 이를 해결하기 위한 중요한 항생물질로 알려져 있는 이 항생물질은 무엇인가?

정답 및 해설

1. 생명체가 만드는 저분자의 생리활성 물질로, 다른 생명체의 생육을 저해시키는 물질'
2. ①
3. ①
4. 1) 단포자 분리법: 생산성이 높은 포자만을 분리하여 발효시키는 방법
   2) 인공돌연변이 방법: 생산균에 자외선, X선, γ선의 조사 또는 nitrous acid, nitrogen mustard, nitrosoguanidine 등의 변이 유기제를 처리하여 변이주를 분리한 후 생산성을 검토하는 방법
5. vancomycin, 반코마이신

23
생물전환

1. 인삼성분의 생물전환
2. 스테로이드계 호르몬의 생물전환

생물전환(bioconversion)이란 미생물 발효 중 여러 가지 효소에 의하여 기질의 성분이 새로운 물질로 전환되는 것을 말하며 화학적 변화에 따라 생리적 기능성이 증가하는 것을 목적으로 최근 널리 연구되고 있다. 미생물 발효와 생물전환으로 생산되는 주요 생리활성 물질로는 알칼로이드, 스테로이드, 백신 등을 들 수 있다. 최근에는 인슐린, 인터페론, 사람의 성장 호르몬(human growth hormone)과 같은 치료용 생리활성 물질들이 인간 유전자가 도입된 다양한 재조합 미생물로부터 생산되고 있다. 이 분야는 현재 많은 발전이 이루어졌으며, 더욱 많은 재조합 치료제가 상용화될 것으로 전망된다. 여기서는 그의 대표적인 예로 인삼 성분 및 스테로이드의 생물전환에 대해 설명하고자 한다.

1. 인삼성분의 생물전환

1) 인삼의 주요 생리활성 성분

사포닌(saponin)이란 수용액에서 비누처럼 미세한 거품을 내는 데서 붙여진 이름이다. 일반적으로 사포닌 성분은 물의 표면장력을 낮추므로 쉽게 거품을 내고 용혈작용을 나타낸다. 그러나 인삼 사포닌은 약성이 온화하고 독성이 없을 뿐만 아니라 용혈작용이 거의 없다는 것이 밝혀졌다. 인삼 사포닌을 타 식물계 사포닌과 구별하기 위해서 인삼(ginseng) 배당체(glycoside)란 의미로 '진세노사이드(ginsenoside)'라고 부른다. 식물계에 존재하는 대부분의 사포닌은 oleanane계이고 인삼 사포닌은 타 식물계에 거의 존재하지 않는 dammarane 계열의 triterpenoid 사포닌으로 알려져 있으며, 화학구조에 따라 아래와 같이 크게 3가지 그룹으로 나눌 수 있다.

protopanaxadio (PPD). protopanaxatriol(PPT), oleanolic acid

인삼 사포닌은 주로 비당부분에 따라 4환성의 담마린(dammarane)계 사포닌과 5환성의 oleanane계 사포닌 2종류로 크게 나뉜다. 담마린계 사포닌은 다시 비당부분에 붙어 있는 수산기(-OH)의 수에 따라 2개인 경우 protopanaxadiol계 사포닌(PPD), 3개인 경우 protopanaxatriol계 사포닌(PPT)으로 나누어진다(그림 23-1).

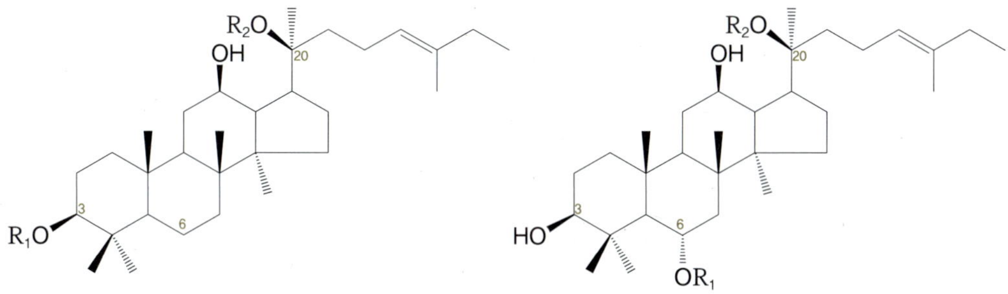

PPD type ginsenoside

ginsenoside	R_1 (C-6)	R_2 (C-20)
Rb1	Glc(2→1)Glc	Glc(6→1)Glc
Rb2	Glc(2→1)Glc	Glc(6→1)Arap
Rc	Glc(2→1)Glc	Glc(6→1)Araf
Rd	Glc(2→1)Glc	Glc
Rg3	Glc(2→1)Glc	H
F2	Glc	Glc
Rh2	Glc	H
compound K	H	Glc
aglycon-PPD	H	H

PPT type ginsenoside

ginsenoside	R_1 (C-6)	R_2 (C-20)
Re	Glc(2→1)Rha	Glc
Rf	Glc(2→1)Glc	H
Rg1	Glc	Glc
Rg2	Glc(2→1)Rha	H
Rh1	Glc	H
F1	H	Glc
aglycon-PPT	H	H

그림 23-1 protopanaxadiol(PPD)계와 protopanaxatriol(PPT)계의 ginsenoside 종류

진세노사이드의 주요 약리작용으로는 중추신경계를 비롯하여 내분비계, 면역계, 대사계 등에 영향을 미쳐 신체기능 조절에 다양한 효과를 발휘한다. 지금까지 고려인삼 중에 함유된 30여 종의 진세노사이드 중에 현재 10여 종 이상의 개별 진세노사이드에 대한 약리작용이 밝혀지고 있다. 이들 진세노사이드들은 서로 비슷한 작용을 하거나 서로 반대되는 작용을 나타내기도 한다. [표 23-1]은 진세노사이드 종류 및 이들의 약리작용을 소개하였다.

사포닌 성분은 주로 식물에 광범위하게 분포되어 있으나(750여 종의 식물에 함유), 일부 해양 동물인 해삼, 불가사리 등에도 함유하고 있다.

표 23-1 진세노사이드의 건강 기능성

진세노사이드	건강 기능성
Ro	항염증제, 항혈전증, 평활근 세포증식 억제, 항간염, 혈관확장
Rb1	중추신경계의 안정성 억제 및 정신, 통증 완화, 부신피질호르몬의 자극, 기억력 향상, 유리 지방산의 감소, 신경세포 생존 촉진, 간손상 보호, 골수세포에서의 DNA, RNA, 단백질의 합성 촉진, 혈관확장, 혈전증 및 지질과산화 억제, 콜레스테롤의 대사촉진, 항염증, 신장 사구체의 비대 억제
Rb2	탄수화물과 지방의 대사 촉진, 항당뇨, 질소대사, 단백질 및 지질 합성 촉진, 평형 유지 및 콜레스테롤 저하 및 동맥경화, 암 독소에 대한 길항작용, 평활근 세포 증식, DNA, RNA, 코르티코스테론의 자극, 식욕 개선, 항산화제 합성 촉진, 간장에서의 ATP 공급 활성화, 콜레스테롤 대사 촉진, 면역 조절, 간 증식과 DNA 합성, 항 혈전증, 진통작용
Rc	간 및 골수의 DNA, RNA 및 단백질 합성 촉진, 지질 합성, 진통제, 코르티코스테론 분비 촉진, 프로스타사이클린 생합성 촉진, 신장 사구체 비대 억제
Rd	부신 피질 호르몬 자극, 코르티코스테론 분비 촉진, 신장 사구체 비대 억제
Re	부신피질호르몬 자극, 코르티코스테론 분비 촉진, 혈관 확장, 고온에 대한 스트레스 감소, 평활근 세포증식 억제, 골수 내 DNA, RNA, 단백질, 지질 합성 촉진, 콜레스테롤 대사 촉진, 간 손상 보호
Rg1	면역증강, 혈소판응집 억제, 기억력 및 학습기능 증강, 피로 회복, 항스트레스, 항염, 항신장염, 유해 자극에 의한 고온 환경 및 내인성 발열로부터 방어, 신경세포 생존율 향상, 간에서 줄기세포 증식 및 DNA 합성 촉진, 부신 피질 호르몬 시뮬레이션, 콜레스테롤 대사 활성화, 간 손상에 대한 보호
Rf	통증 억제, 지질 과산화 감소, 알코올로 인한 뇌 손상에 대한 방어
Rg2	혈소판 응집 억제, 아세틸콜린 유도 카테콜아민 분비 억제 및 세포 내 칼슘 유입 억제, 항혈전증, 평활근 세포 증식 억제
Rg3	암세포 전이 억제, 혈소판 응집 및 혈전 억제, 간 손상 보호, 항암제 내성 억제, 혈관 이완
Rh1	간 손상 억제, 혈소판 응집 억제
Rh2	암세포 증식 억제, 암세포, 종양 증식 억제, 항암제 활성 증가
Rk1, Rk2, Rk3, Rg5	혈관 확장 효과, 항암효과, 뇌신경 세포 보호 효과

2) 진세노사이드(ginsenoside)의 생물전환

사포닌의 화학구조는 크게 당부분(glycone)과 비당부분(aglycone)으로 구성된 배당체이다. 이러한 사포닌이 체내에서 흡수될 때는 인체 장내에 있는 특정 미생물에 의해 분해되어 체내로 흡수된다.

장내 미생물에 의한 사포닌 변화

1) 체내에서 분해된 일부 사포닌은 Rg3, 컴파운드 K(compound K)와 같은 형태로 장에 흡수되어 혈액에서 순환
2) 장내 미생물에 의하여 분해되지 않고 남아 있는 Rb1, Rd, Rg1 등은 혈액에서 검출되지 않고 6시간 후 소변으로 배설

또한 진세노사이드(Rb1)가 구강 섭취 시 혈액에서 검출되지 않고 대사체의 형태 M1(CK)로 검출된다. 이는 진세노사이드 Rb1, Rd, Rg3, Rg1 및 Re의 생체 흡수율은 각각 1.18%, 2.36%, 2.63%, 6.06%, 및 7.06%로 나타나지만, 컴파운드 K(compound K)와 같은 소수의 사포닌은 생체흡수율이 34% 정도로 높게 나타나는 이유이다.

프로토파낙사디올(protopanaxadiol)계인 진세노사이드 Rbl, Rb2, Re 등과 프로토파낙사디올계인 진세노사이드 Re, Rgl, Rf 등이 알려져 있으며, 이들의 대장 내에 서식하는 장내 세균의 작용을 받아 컴파운드 K와 같은 화합물로 전환되어 강한 암세포 독성과 암전이 억제활성을 나타낸다. 구체적으로 장내 세균의 대사를 받는 과정을 보면 먼저 프로토파낙사디올계 화합물인 진세노사이드 Rb1, Rb2, Re 등은 진세노사이드 F2를 거쳐 컴파운드 K로 대사된다. 이러한 대사반응은 장내에 우세 균종인 박테로이드(*Bacteroides*) 속, 푸조박테리움(*Fusobacterium*) 속, 프레보텔라(*Prevotella*) 속 등에 의해 촉매된다. 또한, 프로토파낙사디올계 화합물인 진세노사이드 Re, Rgl, Rf 등은 이들 속 균주에 의해 진세노사이드 Rhl 또는 Fl으로 대사되고 더 나아가 프로토파낙사디올로 대사된다. 프로토파낙스디올인 Rb1, Rb2, Rc, Rd는 ginsenoside F2를 거쳐 컴파운드 K로 전환된다(Eom et al., 2018; Park et al., 2022).

사람의 장내세균은 개인별로 차이가 있으므로 인삼 성분을 섭취하는 개개인에 따라 그 효능과 섭취율이 각각 다르게 나타난다. 이에 홍삼을 미리 유용한 미생물로 발효시킴으로써 홍삼의 체내 흡수율을 증대시키고자 연구가 진행되고 있다.

즉, *Bacillus* spp.는 진세노사이드 Rc, Rb1, Rb2를 Rd로 생물전환시킨다.

Rb1 → Rd → F2 → Compound K

Rb2 → Compound O → Compound Y → Compound K

Rc → Compound Mc (by A. niger only)

Compound Mc → Compound K (by A. *niger* only)

Re → Rg1 (by A. *niger* only)

Re → Rg2 (by A. *usami* only)

Rg1 → Rh1 (by A. *usami* only)

한편, 유산균에 의한 진세노사이드 생물전환은 [그림 23-2]와 같이 진행된다.

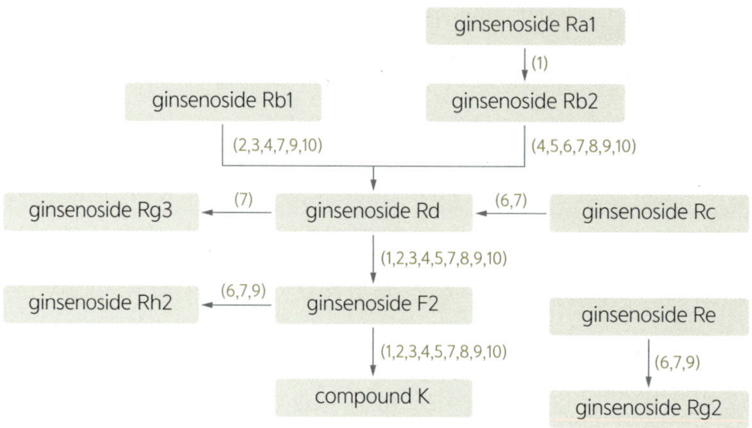

Microbial enzyme
(used microorganism; optimized condition)

(1) *B. breve* K-110; 45℃, pH 6.0[34]
(2) *Leu. citreum* LH1; 30℃, pH 6.0, 72h [35]
(3) *L. rossiae* DC05; 30℃, pH 7.0 [34]
(4) *L. rhamnosus* GG; 40℃, pH 6.0 [40]
(5) *Bifidobacterium* sp. Int57, *Bifidobacterium* sp. SJ32 [75, 76]
(6) *L. delbrueckii*[74, 75]
(7) *B. longum* RD47; 40℃, pH 5.0 and 7.0 [72]
(8) *L. pentosus* DC101; 30℃, pH 7.0, 72h [73]

Microbial fermentation

(4) *L. rhamnosus* GG; mixture of ginseng bacterial suspention(19:1), 40℃, 48 or 96h [40]
(9) mixed culture of B. *minimum* KK-1 and B. *cholerium* KK-2 [33] (0.5 mg ginsenoside with 250 mg bacterial suspension, 37℃, 20h)
(10) mixed culture of *Saccharomyces cerevisiae*, *L. acidophilus*, *L. plantarum*, *L.brevis*, and *Bacillus subsilis*; 6 L water + 300 g red ginseng [38]

그림 23-2 유산균 발효 및 그 효소에 의한 진세노사이드 생물전환
자료 : Lee et al., 2017

2. 스테로이드계 호르몬의 생물전환

1) 스테로이드의 유형 및 기능

스테로이드(steroid)는 사이클로알칸 고리(cycloalkane ring) 4개가 결합된 공통의 기본

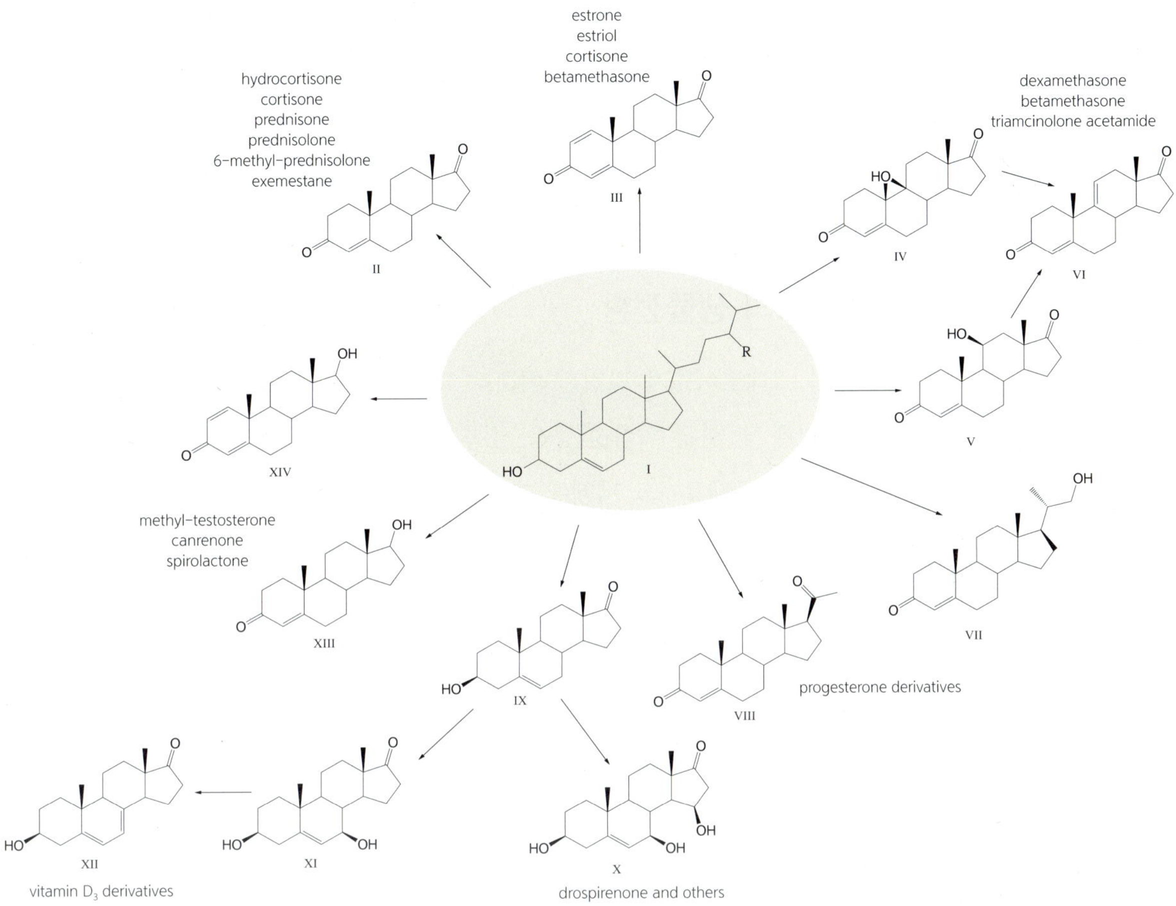

그림 23-3 phytosterol 유래 스테로이드 화합물

자료 : Donova, 2022

구조를 가지고 있는 테르페노이드(terpenoid) 지질이자 유기 화합물이다(그림 23-3). 이러한 스테로이드 계열 화합물에는 콜레스테롤(cholesterol), 시토스테롤(sitosterol), 에르고스테롤(ergosterol) 등으로 대표되는 스테롤(sterol)과 담즙산(bile acid), 코르티코이드(corticoid), 비타민 D, 성호르몬 등이 포함된다.

이러한 화합물들은 동물 및 식물 등의 생명체에서 다음과 같은 필수적인 생명 기능을 수행한다; ① 세포 증식 및 분화 조절, ② 척추동물의 번식을 위한 성호르몬 역할, ③ 전해질 및 포도당 항상성 제공, ④ 세포 내 수용체 결합을 통한 신호전달 경로 조절, ⑤ 세포 간 상호작용에서 신호분자 역할. 특히 진핵생물에서는 콜레스테롤에서 호르몬,

담즙산 및 기타 필수 스테로이드가 생성되는데, 콜레스테롤은 세포막의 중요한 구성요소로서 막 유동성 및 세포 분화, 증식에 중요한 역할을 한다. 뿐만 아니라 스테로이드 제제는 높은 생물학적 활성으로 인해 제약분야에서 매우 중요한 소재로 활용되고 있으며, 항생제와 함께 제약시장의 중요한 부문을 차지하는 화합물 제제이다.

2) 스테로이드의 생물전환

1950년대 초반 스테로이드가 발견된 이래로 기존의 유기합성법이 가지고 있는 단점, 즉 복잡한 합성단계 및 환경 위험성 등을 극복하고자 미생물 생명공학 기술이 이를 대체하게 되었다. 특히 스테로이드 제제에 대한 수요 증가로 인해 고생산 수율을 갖는 친환경적인 미생물 생명공학 기술의 개발이 가속화 되어 왔다. 미생물 기반의 스테로이드 개발은 한 단계의 생물전환을 통한 단일 스테로이드 화합물의 구조변형 및 미생물 내 대사 경로변경 기반의 연속적인 생물전환 유도를 통한 다양한 스테로이드 화합물의 생산을 가능하게 한다. 또한 이러한 미생물 기반의 생물전환은 잠재적인 약리학적 활성을 가진 새로운 스테로이드 유도체의 생산을 가능하게 한다. 미생물에 의한 스테로이드의 생물전환 반응의 예는 많이 알려져 있으며 특히 히드록시화반응(hydroxylation), 탈수소반응(dehydrogenation), 수소화반응(hydrogenation), 에폭시화반응(expoxidation), 측쇄 및 핵의 분해반응(side chain and ring cleavage) 등이 대표적이다.

스테로이드계 부신피질 호르몬의 일종인 코르티손(cortisone)의 생산은 스테로이드의 미생물학적 생물전환의 대표적인 사례이다. 1949년 Philip Hench 및 그의 동료들이 코르티손 주사가 중증 류머티즘 관절염 치료에 효과적임을 발견하면서 코르티손의 공업적 대량생산이 시도되었다. 초기에는 담즙산으로부터 확보할 수 있는 디옥시콜산을 원료로 활용하여 37단계의 공정을 통해 합성하였으나, 이후 Peterson 등이 미생물을 활용하여 progesterone으로부터 11α-hydroxyprogesterone을 생산하는 공정을 개발함으로써 미생물의 생물전환에 의한 스테로이드계 호르몬의 공업적 제법이 시작되었다고 볼 수 있다.

세부적으로 살펴보면, 우선 식물 스테로이드인 diosgenin으로부터 합성한 progesterone을 *Rhizopus nigricans* 및 *Aspergillus ochraceus* 등의 곰팡이를 활용하여 11α-

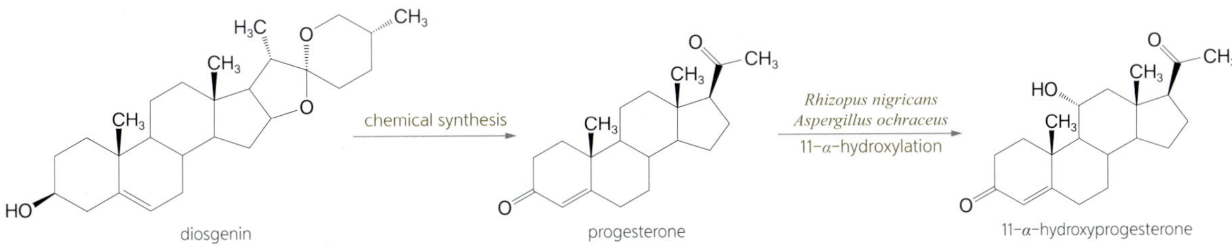

그림 23-4 progesterone의 생물전환을 통한 11α-hydroxyprogesterone 생산

hydroxyprogesterone으로 히드록실화하고 이후 합성법을 통해 cortisone을 만든다(그림 23-4).

또한 cortisone보다 활성이 강한 hydrocortisone(cortisol) 및 prednisone, prednisolone, triamcinolone 등을 생산하기 위하여 *Arthrobacter simplex*, *Rhodococcus*, *Bacillus pulvifaciens*, *Corynebacterium*, *Mycobacterium*, *Fusarium* 등의 미생물을 활용하여 cortisone 및 hydrocortisone 화합물 구조 내 C1의 탈수소화반응을 진행시킨다(그림 23-5).

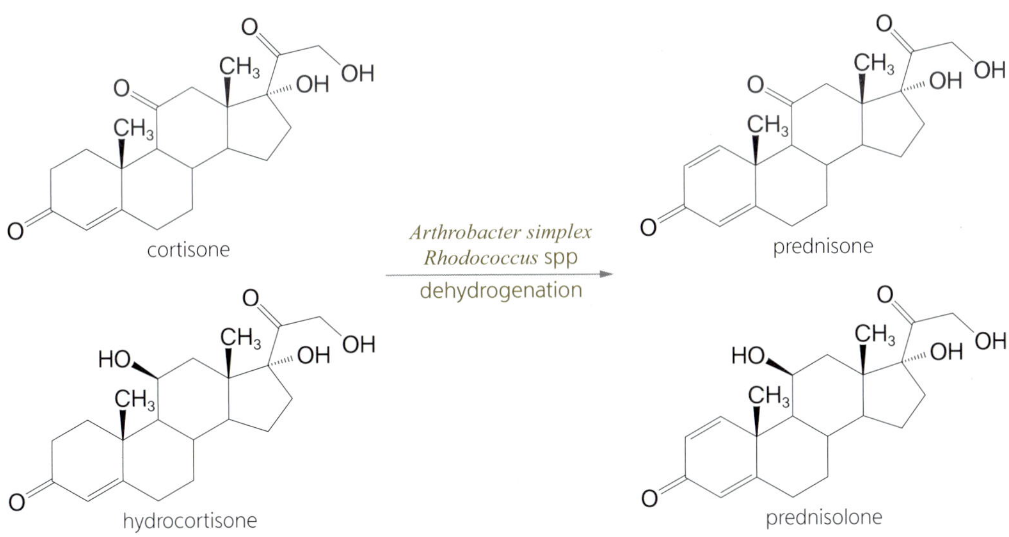

그림 23-5 cortisone 및 hydrocortisone의 생물전환을 통한 prednisone 및 prednisolone의 생산

이러한 생물전환 반응 시 C1 부분의 탈수소화반응을 유도하기 위해 일반적인 배양배지(glucose, peptone, corn steep liquor, pH 7.0)에서 목적하는 미생물(예: Arthrobacter simplex)을 배양한 후 소량의 알코올에 용해된 hydrocortisone 분말을 첨가하여 생성물인 prednisolone의 결정을 배지 내에서 석출한다. 이러한 방법을 pseudo-crystallofermentation이라고 하며 90% 이상의 수득률로 prednisolone을 확보할 수 있다.

최근에는 새로운 미생물공학 기술의 발전으로 이종 발현 유전자의 도입을 통해 테스토스테론(testosterone) 및 볼데논(boldenone), 프로게스테론(progesterone) 등과 같은 상업적 가치가 높은 스테로이드 호르몬을 피토스테롤(phytosterol)로부터 단일단계 생물전환을 통해 생산할 수 있게 되었다. 특히 one-pot 상태에서 다단계의 미생물학적 전환 방법 및 화학-미생물학적 조합 생합성 방법에 기반한 새로운 생물전환 방법은 피토스테롤에서 더 많은 주요 스테로이드 중간체를 생산할 수 있게 한다. 따라서 적절한 미생물 균주의 선택 및 스테로이드 대사경로의 재설계, 화학 유도체화, 곰팡이에 의한 스테로이드의 옥시작용화(oxyfunctionalization), 효과적인 하류생물공정 최적화 등이 생물전환 기반의 스테로이드 생산에 중요한 요인이라고 볼 수 있다.

단원정리

미생물 발효 중 여러 가지 효소에 의하여 기질의 성분이 새로운 물질로 전환되는 것을 생물 전환(bio-conversion)이라고 한다. 생물전환은 화학적 변화에 따라 생리적 기능성이 증가하는 것을 목적으로 최근 널리 연구되고 있다. 생물 전환으로 생산되는 주요 생리활성 물질로는 알칼로이드(alkaloid), 스테로이드(steroid), 백신(vaccine) 등을 들 수 있으며, 최근에는 인슐린(insulin), 인터페론(interferon), 사람의 성장 호르몬(human growth hormone)과 같은 치료용 생리활성 물질들이 인간 유전자가 도입된 다양한 재조합 미생물로부터 생산되고 있다. 현재 빠르게 발전되고 있으며 더욱 많은 재조합 치료제가 상용화될 것으로 전망된다.

인삼 사포닌은 진세노사이드(ginsenoside)라고도 불리며, 타 식물계에 거의 존재하지 않고는 dammarane 계열의 triterpenoid 사포닌이다. 진세노사이드는 화학 구조에 따라 protopanaxadiol(PPD), protopana-xatriol(PPT), oleanolic acid의 세 그룹으로 나눌 수 있다. 이 성분은 내분비계, 면역계, 대사계 등에 영향을 미쳐 다양한 약리 작용을 한다고 알려져 있다. 체내에서 장내 미생물에 의해 다양한 형태로 흡수되며, 흡수율은 종류에 따라 다르다. 특히, 프로토파낙사디올계 진세노사이드는 암세포 독성과 억제 활성을 보인다고 알려져 있다. 개인의 장내 세균은 개인별로 차이가 있기에 개개인에 따라서 그 효능과 섭취율이 다르게 나타난다, 이를 기반으로 홍삼의 흡수율을 높이기 위해 유용 미생물 발효에 의한 생물전환 연구도 진행 중 이다.

스테로이드는 사이클로알칸 고리(cycloalkane ring) 4개가 결합된 공통의 기본 구조를 가지고 있는 테르펜류 지질이자 유기 화합물이다. 스테로이드 계열의 화합물에는 스테롤, 담즙산, 비타민 D, 성호르몬 등 필수적인 생명 기능을 수행하는 화합물을 포함한다. 동물 및 식물 등의 생명체에서 필수적인 생명 기능을 수행하며 높은 생물학적 활성으로 제약 분야에서 중요하게 사용되고 있다. 미생물 기반 생물전환 기술은 새로운 스테로이드 유도체 생산을 가능하게 하며, 코르티손(cortisone)과 같은 호르몬의 미생물 전환이 대표적인 사례이다. 최근에는 이종 발현 유전자를 이용해 테스토스테론 등 상업적 가치가 높은 스테로이드를 호르몬을 피토스테롤로부터 단일 단계로 생산할 수 있다. 생물전환 기반의 스테로이드 생산에 중요한 요인으로는 적절한 미생물 균주의 선택, 대사 경로 재설계, 화학 유도체화, 곰팡이에 의한 옥시작용화, 하류생물공정 최적화 등이 있다.

단원평가

1 생물전환(bioconversion)의 정의에 대해서 설명하시오.

2 다음 중 인삼의 생리활성 성분으로 옳은 것은?

① ginsenoside ② vaccine

③ insulin ④ interferon

3 다음 중 스테로이드(steroid)에 대한 설명으로 옳지 않은 것은?

① 스테로이드 계열의 화합물에는 아드레날린이 있다.

② 스테로이드는 테르펜류(terpenoid) 지질이자 유기 화합물이다.

③ 사이클로알칸 고리 4개가 결합된 공통 기본 구조를 가지고 있다.

④ 스테로이드는 동물과 식물의 생명체에서 세포 증식 및 분화 조절 기능을 수행한다.

4 미생물 기반으로 스테로이드를 생산하는 데 사용되는 미생물이 아닌 것은 무엇인가?

① *Escherichia coli* ② *Rhizopus nigricans*

③ *Bacillus pulvifaciens* ④ *Corynebacterium*

정답 및 해설

1. 미생물 발효 중 여러 가지 효소에 의하여 기질의 성분이 새로운 물질로 전환되는 것을 말한다.
2. ①
3. ①
4. ①

24
생리활성 물질

1. 생리활성 물질의 정의
2. 비타민
3. 식물 성장호르몬
4. 조효소의 생산
5. 펩타이드 호르몬
6. 면역응답 조절물질
7. 항종양 물질

1. 생리활성 물질의 정의

동·식물, 미생물 등 생물 전반에 있어서 생태계 상호 간에 또는 개체 내에서 생리 활성에 관여하는 매개물질이 있다. 이러한 물질은 호르몬, 비타민, 곤충 pheromone, 독소 등 비교적 복잡한 화학구조를 하고 있으며, 생물의 생리현상 발현에 중요한 기능이 있다. 이처럼 동·식물, 미생물에 의하여 생산되어 어떤 생물에 대하여 특이한 생리활성을 나타내는 물질을 생리활성 물질이라고 한다. 이러한 생리활성 물질은 인간에게도 효과를 나타내어 예로부터 질병의 예방과 치료에 응용되어 왔다. 최근 과학의 발달에 따라 생체 내에 있어서 생리활성 물질의 상호작용을 과학적으로 해석하여 인간의 건강 유지와 증진, 환경의 보존과 개선, 식량의 확보와 증산에 이용하는 방법을 개발하려고 노력하고 있다. 또한, 유용한 생리활성물질의 생산에 미생물을 이용하려는 시도가 진행되고 있다.

2. 비타민

비타민은 미량의 성분으로 동물의 생리 기능을 지배하고 있으나 동물체 내에서는 합성되지 않기 때문에 체외로부터 영양분으로 섭취하여야 하는 유기화합물이다. 일반적으로 비타민은 식물이나 미생물에 의하여 생합성되는 것으로 알려져 있다. 특히 미생물 발효에 의하여 공업적으로 생산되는 비타민은 비타민 B_2, B_{12}, β-carotene, ergosterol 등이 있고 비타민 C와 같이 제조공정 일부를 발효법을 활용하는 경우도 있다. 따라서 주로 화학합성에 의하여 생산되었던 비타민은 점점 미생물에 의한 발효법으로 생산되고 있다.

비타민 중에서 주로 미생물 발효로 생산되는 것은 비타민 B_2(리보플라빈) 및 구조가 복잡하여 합성할 수 없는 비타민 B_{12}(cobalamin) 등이다. 그리고 비타민 B_1(thiamine), B_5(pantothenic acid), B_6(pyiridoxine), H(biotin) 등 많은 경우 생물학적으로 생산을 하기 위한 목적의 연구 논문이 발표되고 있다. 이들 비타민은 기존의 화학적 합성법에 따라 대부분 생산되었으나, 생물공학적인 방법은 제조법이 바뀌면서 경제적 이익은 물론 제품의 친환경적인 이미지로 인해 추가적인 경쟁력을 확보해 나가는 중이다. 대표적인 사례가 일본의 카네카(Kaneka)사에서 효모에 의해 생산되는 코엔자임 Q_{10}과 독일 바스프(BASF)사에서 유전자 재조합 곰팡이 균주(*Ashbya* sp.) 의해 생산되는 비타민 B_2(리보플라빈)이다. 특히 BASF사의 비타민 B_2 생산은 기존의 합성공법이 8단계인데 비해 1단계로 간소화시킴으로써, 폐기물은 96%, CO_2 배출은 33%, 원재료비는 64% 절감효과를 얻을 수 있었다.

1) 비타민 B_2

비타민 B_2(또는 리보플라빈)는 FMN(flavin mononucleotide), FAD(flavin adenine dinucleotide)의 형태로 생체 내 산화반응에 중요한 역할을 하고 있어서 의약품으로서의 용도가 증가하고 있다. 비타민 B_2는 *Eremothecium ashbyii*에 의하여 발효생산이 행하여지고 있다. 이 균주는 식물 병원균으로 생산량은 높으나 변이가 잘 일어나는 결점이 있어서 현재는 같은 분리균주로부터 얻어진 *Ashbya gossypii*를 이용하고 있다. *Candida* 속 효모, *Clostridium* 속 세균 등도 비교적 많은 양의 비타민 B_2를 생산한다. 최근에는 생명공학 기술의 발전과 함께 미생물의 유전자 재조합 및 돌연변이 균주 제작을 통해 비타민 B_2의 생산성이 더욱 향상되었다(표 24-1).

표 24-1 주요 비타민 B_2 생산균과 생산성

균주		특징	생산성(g/L)
세균	*Bacillus subtilis* KCCM 10445	돌연변이	26.8
	Corynebacterium ammoniagenes	유전자 재조합	15.3
	Lactococcus lactis subsp. *cremoris* NZ9000	유전자 재조합	0.024
	Escherichia coli RF05S-M40	유전자 재조합	2.7
곰팡이	*Ashbya gossypii* W122032	유전자 재조합	13.7
	Eremothecium ashbyii NRRL 1363	야생균주	2.85
	Aspergillus terreus	야생균주	1.0
효모	*Candida famata* ATCC 20849	돌연변이	20
	Candida guilliermondii XS-3	유전자 재조합	0.003
	Saccharomyces cerevisiae NH-268	돌연변이	3.4

자료 : Averianova et al., 2020

2) 비타민 B_6

비타민 B_6는 pyridoxal, pyridoxine, pyridoxamine의 세 가지 유도체를 말하며 이것들의 인산 ester는 아미노산 대사, 아민 산화반응 등 생체 내 효소반응에 관여하고 있다. 거의 모든 미생물에 존재하나 다량으로 생산 축적하는 것은 없다. 주로 공업적 생산에 사용되는 균주는 *Klebsiella* 속, *Flavobacterium* 속을 이용하고 있다.

3) 비타민 B_{12}(cyanocobalamin)

핵산 생합성에 관여하는 비타민 B_{12}는 항악성 빈혈인자로서 분리되었다. 비타민 B_{12}는 분자 내에 코발트(Co) 금속이온을 함유한 적색의 비타민으로 복잡한 화학구조로 되어있다. 식물 및 동물은 비타민 B_{12}를 자체적으로 합성할 수 없기 때문에 자연계에 존재하는 미생물을 활용하여 비타민 B_{12}를 생산해야만 한다. 또한 의약용 이외에 비타민 B_{12}를 가축 사료에 첨가하여 비싼 동물단백사료를 값싼 대체사료로 활용이 가능하기 때문에 미생물에 의한 비타민 B_{12}의 생산은 산업적으로 더욱 유용하다. 비타민 B_{12} 생합성이 가능한 미생물로는 *Propionibacterium shermanii*, *Butyribacterium rettgeri*, *Clostridium tetanomorphum* 등의 혐기성 미생물과 *Streptomyces olivaceus*, *Nocardia rugosa*, *Bacillus megaterium* 등의 호기성균이 알려져 있다(표 24-2).

표 24-2 비타민 B_{12} 생산균 및 생산성

Species of microorganism	Main component of culture medium	Conditions of fermentation	Vitamin B_{12} production/(mg/L)
Propionibacterium freudenreichii	Glucose	Anaerobiosis, 5,6-dimethyl benzimidazole	206.0
Rhodopseudomonas protamicus	Glucose	5,6-dimethyl benzimidazole	135.0
Propionibacterium shermanii	Glucose	5,6-dimethyl benzimidazole	60.0
Pseudomonas denitrificans	Sucrose	Aerobiosis, betaine	60.0
Nocardia rugosa	Glucose	Aerobiosis	18.0
Rhizobium cobalaminogenum	Sucrose	Aerobiosis	16.5
Micromonospora sp.	Glucose	5,6-dimethyl benzimidazole	11.5

Species of microorganism	Main component of culture medium	Conditions of fermentation	Vitamin B_{12} production/ (mg/L)
Streptomyces olivaceus	Glucose	5,6-dimethyl benzimidazole	6.0
Nocardia gardneri	Hexadecane	Aerobiosis	4.5
Butyribacterium methylotrophicum	Methanol	Anaerobiosis	3.6
Pseudomonas spp.	Methanol	5,6-dimethyl benzimidazole	3.2
Arthrobacter hyalinus	Isopropanol	5,6-dimethyl benzimidazole	1.1

자료 : Survase et al., 2006

4) 비타민 C(아스코르브산)

비타민 C는 의약품으로서의 용도뿐만 아니라 식품의 산화방지제로 널리 사용되고 있다. 비타민 C의 공업적 생산은 Reichsten의 방법으로 합성되는데, D-포도당을 니켈을 촉매로 하여 얻어진 D-소르비톨(sorbitol)로부터 L-소르보스로의 산화과정에 있어서 racemic 형이 생성되기 때문에 수득량이 반감된다. 따라서 산화세균인 ***Acetobacter suboxydans*** 및 ***Gluconobacter roseus*** 등의 미생물 균주를 활용하여 90% 이상의 수득

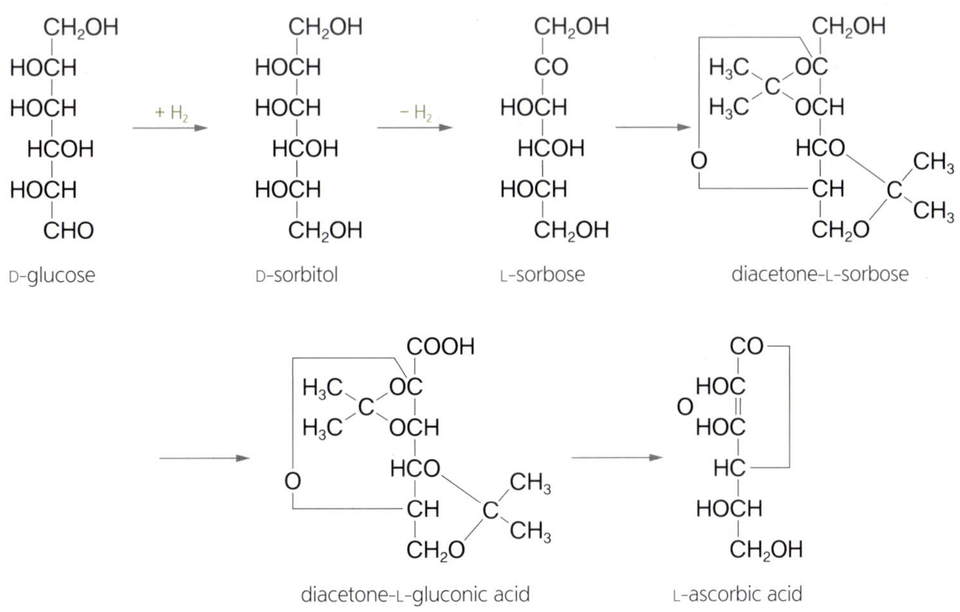

그림 24-1 L-아스코르브산의 합성 경로

률로 L-소르보스를 생성시킨다. 이렇게 얻어진 L-소르보스로부터 공업적 방법에 의하여 L-아스코르브산을 제조한다(그림 24-1).

미생물 발효에 비타민 C의 생산은 [그림 24-2]와 같다. *Pseudomonas fluorescens* 및 *Serratia marcescens* 등의 세균을 활용하여 D-포도당으로부터 2-ketogluconic acid(2-KGA)를 생산하고 이를 methyl ester화시킨 후 비타민 C를 생산하는 방법이다. 이러한 방법 이외에 *Penicillium notatum*을 사용하여 D-포도당으로부터 직접 비타민 C를 생산하는 방법도 알려져 있으며 이의 수득률은 약 45%에 이른다고 알려져 있다.

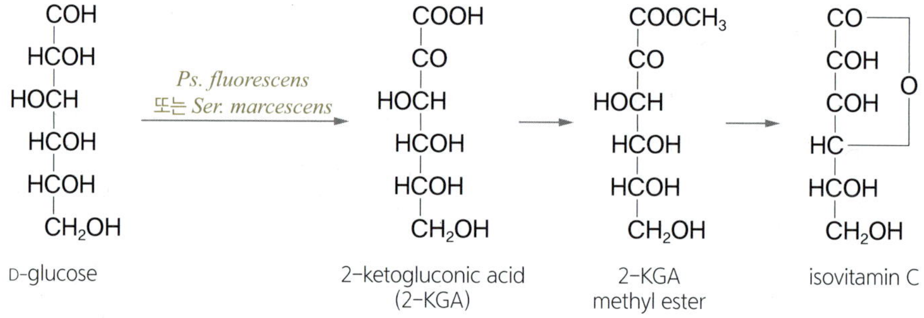

그림 24-2 미생물 활용 비타민 C 생산방법

5) 비타민 A 및 비타민 D

β-카로텐(carotene)을 포함한 카로티노이드(carotenoid)는 프로비타민 A로서 식용 착색제로 사용되고 있는 물질이고 곰팡이, 세균, 효모를 이용한 발효생산이 시도되고 있다. 비타민 A는 *Blakeslea trispora*가 생산성도 높다. 에르고스테롤(ergosterol)은 자외선에 의하여 비타민 D로 변화되기 때문에 프로비타민 D라 한다. 비타민 D는 지용성 물질이고 *Saccharomyces cerevisiae* 등의 효모에 의하여 대량 생산된다. 그 외 *Aspergillus*나 *Penicillium* 속의 일부 균주도 생산을 한다.

3. 식물 성장호르몬

벼에 기생하여 성장을 저해시키는 원인균으로 분리된 *Gibberella fujikuroi*로부터 식물 성장조절 물질인 지베렐린(gibberellin)이 분리되었다(그림 24-3). 지베렐린은 동물과 미생물에는 생리활성을 나타내지 않으나 식물, 특히 식물의 성장 부위에 작용하는 물질로 밝혀졌으며, 지베렐린 A1과 A3의 유도체가 가장 높은 활성을 가지고 있다. 현재 *G. fujikuroi*를 이용하여 포도당, 무기염 등을 첨가한 배지에서 지베렐린 A1, A3가 대량생산되고 있으며 농업이나 원예 등에 다양한 용도로 사용하고 있다.

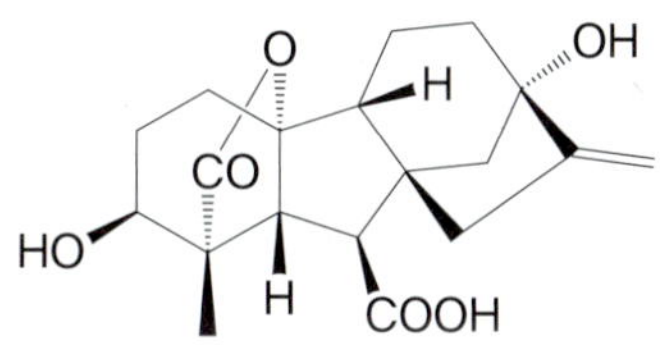

그림 24-3 지베렐린(gibberellin)의 구조

4. 조효소의 생산

생체 내에서 각종의 대사반응에 관여하는 중요한 조효소류의 발효생산이 시도되고 있다. 탄수화물의 대사에 관여하는 티아민피로인산(thiamine pyrophosphate)는 피루브산의 탈탄산 효소의 조효소이고 효모 균체 중에 다량 함유되어 있고 특히 맥주효모 중에 많이 존재한다. 생체 내 산화환원반응에 중요한 역할을 하는 글루타티온(glutathione)도 빵효모 균체로부터 제조하고 있다.

효모균체는 이처럼 비타민, 조효소의 생산에 이용될 뿐만 아니라 각종의 당 nucleotide를 생산하기도 한다. 예를 들면 UDP 포도당은 UMP와 포도당으로부터 고농도의 인산 및 황산마그네슘 존재하에서 생합성된다. 또한 전구체로서 CMP와 phosphorylcholine을 가하여 반응시키면 CDP choline이 합성된다. 그 외 여러 가지의 뉴클레오타이드가 똑같은 방법에 따라 효모로부터 생합성되고 있다.

*Brevibacterium ammoniagenes*에서 이루어지는 뉴크레오타이드의 salvage 합성 활성 및 인산 활성은 ATP 및 NAD 등의 생합성에 이용되고 있고, 최근 pantothenic acid, AMP, cystine을 전구체로 하여 코엔자임 Q_{10}의 생합성도 가능하게 되었다. 또한, 생체의 전자전달계에 관여하는 조효소인 코엔자임 Q_{10}와 시토크롬 C 등이 수소 자화 효모에서 생산되고 있고, 더욱이 유기산과 지방산 대사에 있어서 필수적인 코엔자임 Q_{10}도 탄화수소 자화 미생물에 의한 생산이 되고 있다.

5. 펩타이드 호르몬

1) 효소법에 의한 방법

효소법에 따른 펩타이드의 합성은 일반적으로 펩타이드를 가수분해하는 효소의 역반응을 이용하여 행한다. 현재까지 angiotensin II 관련 물질, 인간 인슐린 substance P 관련 물질 등의 펩타이드 호르몬의 효소적 합성법이 확립되어 있다. 대표적인 예로서 인간 인슐린의 합성을 들 수 있다. Morihara 등은 인간 인슐린과 B-사슬의 30번의 아미노산만이 다른 돼지 인슐린을 원료로 하여 인간 인슐린을 효소적으로 합성하였다. 즉 단백질의 carboxyl 쪽에는 작용하지 않는 기질 특이성이 높은 *Achromobacter lyticus*의 단백질분해효소를 사용하여 돼지 인슐린의 lysine(29)-alanine(30) 사이를 절단한 돼지 인슐린을 얻어서 동일 효소로 threonine-t-butyl ester를 coupling시켜 인간 인슐린을 합성하였다.

2) 유전공학적 방법

유전자 재조합 방법을 이용하여 somatostatin(뇌하수체로부터 성장호르몬의 분비 억제물질), 인슐린, 성장호르몬 등의 펩타이드 호르몬을 생산할 수도 있다. Somatostatin의 경우에는 이의 유전자를 화학적으로 합성하여 세균의 플라스미드에 연결해 세균 속에 도입하여 만들어지는데, 이때 β-galactoside-somatostatin 형태로 얻어지므로 active somatostatin으로 만들기 위해 cyanogen bromide를 처리하게 된다. 또한 인슐린이나 성장 호르몬의 경우에는 진핵세포의 DNA를 원시핵세포 내에 도입시키기 위하여 이들 호르몬을 분비하는 조직의 세포로부터 분리된 mRNA로부터 만들어진 cDNA와 연결시켜 적당한 숙주세포에 도입시켜 생산한다.

한편 새로운 형질을 갖게 된 숙주세포 내에서 만들어진 펩타이드들이 세포 밖으로의 효율적인 분비를 위해서 prototype의 cDNA를 만들어 클로닝하기도 한다.

6. 면역응답 조절물질

면역은 신체의 외부로부터의 침입자로부터 자기를 지키는 방어기구이다. 이 면역을 부활하는 물질과 억제하는 물질이 미생물의 대사산물에서 발견되었다. *Streptomyces olivoreticuli*가 생산하는 베스타틴은 효소 저해제로 발견되었으나, 그 후에 면역 부활 활성이 있다는 것이 밝혀져, 제품화되고 있다. 면역억제 물질은 과잉 면역을 억제할 경우와 장기를 이식할 때 사용하고 있다. 면역억제제 cyclosporine A는 *Trichoderma polysporum*과 *Cylindrocarpon lucidum*의 대사산물로서, FK506은 *Streptomyces tsukubensis*의 대사산물로서 발견되어 시판되고 있다.

7. 항종양 물질

영지버섯과의 담자균이 항암 작용이 있다는 민간요법이 있어 이를 재검토한 결과, 표고버섯, 에노키버섯 등의 식용을 비롯한 많은 담자균의 추출물로부터 항종양성이 있다고 확인하였다. 활성 성분으로서 표고버섯(*Lentinus edodes*)로부터 얻은 렌티난(lentinan)은 분자량이 약 100만의 β-1,6- 또는 β-1,3- 분지를 갖고 있는 β-1,3-glucan이다. 항생물질 중에서도 항종양성을 나타내는 것도 있다. 예를 들면 *Streptomyces caespitosus*가 생산하는 actinomycin 또는 *Streptomyces verticillus*의 bleomycin 등이다.

단원정리

동물 및 식물, 미생물에 의하여 생산되어 어떤 생물에 대하여 특이한 생리활성을 나타내는 물질을 생리활성 물질이라고 한다. 인간에게 효과를 나타내어 예부터 질병의 예방과 치료에 응용되어 오고 있으며, 생리활성물질 생산에 미생물을 이용하려는 시도가 진행되고 있다. 또한, 최근 과학발전에 따라서 생리활성 물질의 상호작용 분석을 통해서 인간의 건강 유지와 증진, 환경의 보존과 개선, 식량의 확보와 증산에 이용하는 방법을 개발하려고 노력하고 있다.

비타민은 동물체 내에서는 합성되지 않아 체외 영양분으로 섭취해야 하는 유기화합물이다. 식물이나 미생물에 의해서 생합성되는 것으로 알려져 있다. 비타민 중에서 주로 미생물 발효로 생산되는 것은 비타민 B_2(리보플라빈) 및 구조가 복잡하여 합성할 수 없는 비타민 B_{12}(cobalamin) 등이 있다. 생체 내 산화 반응에 주요 역할을 하고 있는 비타민 B_2는 미생물인 *Ashbya gossypii*를 이용하여 생산하고 있으며 *Candida* 속 효모와 *Clostridium* 속의 세균 등도 비교적 많은 양을 생산한다고 알려져 있다. 최근에는 생명공학 기술의 발전으로 유전자 재조합과 돌연변이 균주를 통해 B_2의 생산성이 향상되었다. 핵산 생합성에 관여하는 비타민 B_{12}는 식물과 동물이 자체 합성할 수 없어 자연계에 존재하는 미생물에 의해서 생산해야 한다. 생합성 가능한 미생물로는 혐기성 미생물인 *Propionibacterium shermanii*, *Clostridium tetanomorphum* 등과 *Streptomyces olivaceus*와 같은 호기성균이 알려져 있다. 비타민 C는 *Acetobacter suboxydans* 및 *Gluconobacter roseus*와 같은 산화 세균을 이용하여 생산되고 있으며, 비타민 A와 비타민 D는 곰팡이, 세균, 효모를 활용해 발효 생산이 시도되고 있다

비타민 외에도 식물 성장 호르몬, 조효소 생산, 펩타이드 호르몬, 면역응답 조절 물질, 항종양 물질 등이 미생물을 활용하여 생산한 생리활성 물질의 대표적인 예라고 할 수 있다.

단원평가

1 다음 중 생리활성 물질의 설명으로 옳은 것은?

① 단순한 화학구조를 가진 물질로 생리 현상에 영향을 미치지 않는다.

② 동 · 식물, 미생물 등에 의해 생산되며 생태계 상호 간 또는 개체 내에서 생리 활성에 관여하는 물질이다.

③ 인체에만 존재하며, 특정 생리적 기능만을 수행하는 물질이다.

④ 생물의 생리활성과는 무관한 화학 물질이다.

2 비타민(vitamin) B_{12}에 대한 설명으로 옳지 않은 것은?

① 분자 내에 코발트(Co)를 함유하고 있는 적색의 비타민이다.

② 생합성이 가능한 미생물로 *Streptococcus olivaceus*가 있다.

③ 자연계에서는 동물만 합성할 수 있다.

④ 핵산생성에 관여한다.

3 비타민(vitamin) C 생산과 가장 관계가 있는 것은?

① glycine 발효
② propionic acid 발효
③ glutamic acid 발효
④ sorbose 발효

4 *Gibberella fujikuroi*로부터 분리된 지베렐린(gibberellin)은 어떠한 생명체에 활성을 나타내는가?

① 동물
② 식물
③ 미생물
④ 곰팡이

5 다음 중 유전자 재조합 방법을 사용하여 생산할 수 있는 펩타이드 호르몬이 아닌 것은 무엇인가요?

① somatostatin
② insulin
③ growth hormone
④ estrogen

6 표고버섯(*Lentinus edodes*)에서 항종양성을 나타내는 활성 성분은 무엇인가?

① 렌티난
② 글루타티온
③ 코엔자임 Q_{10}
④ thiamine pyrophosphate

정답 및 해설

1. ②
2. ③
3. ④
4. ②
5. ④
6. ①

25
다당류

1. 다당류의 분리 및 정제
2. 다당류의 종류

1. 다당류의 분리 및 정제

배양액으로부터 균체를 제거한 다음 상등액에 준재하는 다당류를 건조하여 분말로 만드는 공정은 각각 다당류의 물성에 따라 가장 적합한 방법을 생각해야 한다. 생산비를 낮추기 위해서는 발효공정뿐만이 아니라 분리 정제의 공정이 중요하다. 잔탄검(xanthan gum)의 경우, 첨가 원료의 당이 소비된 시점에서 배양액을 끓는 온도에 가깝게 가열한 다음, isopropyl alcohol을 첨가하고 다당류를 침전시켜 이것을 건조하여 적당한 분말로 한다. 이것은 다음과 같은 방법을 사용한다. ① 균체를 제거한 배양액을 드럼 건조기 혹은 분무 건조기를 사용하여 건조한다. ② 제4급의 암모늄 화합물을 첨가하여 불용성의 복합체를 만든다. 적당한 금속염을 가하여 불용성의 칼슘염 혹은 알루미늄염으로 침전시키고, 칼슘인 경우 pH 10, 알루미늄의 경우 pH 3.5~4.5의 범위로 조절한다. 커드란(curdlan)의 경우에는 다당류는 물에 녹지 않으므로 알칼리성으로 하여 커드란을 녹이고, 이것을 원심분리한 후 다시 여과제를 사용하여 균체를 제거하고, 그 투명한 액을 중화시켜 침전시키고 다시 물로 세척한 다음, 분무건조하여 분말을 얻는다. 분무건조하는 데는 많은 에너지가 소비되므로 이를 이에 대처하는 여러 가지 방법을 개발해야 할 것이다.

2. 다당류의 종류

대량생산되고 있는 미생물 다당류는 덱스트란과 잔탄검이며 플루란은 현재 생산되기 시작하였다. 스클레로글루칸(scleroglucan)과 커드란은 개발 중이며 시약으로는 판매되고 있다. 항종양성 다당류(antitumor polysaccharide) 혹은 면역증강제로서 kurestin이 시관되고 있으며, 계속해서 렌티난, 시조필란(schizopyllan), 커드란 등이 개발 중이다.

1) 덱스트란

덱스트란(dextran)은 *Leuconostoc mesenteroides*, *Leuconostoc dextranicum* 등의 젖산균에 의하여 수크로스로부터 생산되고, D-포도당을 구성당으로 하는 호모다당류

(homoglycan)이다. 덱스트란을 생산하려면 직접 발효법을 사용하는 방법과 합성효소인 dextransucrase를 사용하는 방법이 있다.

덱스트란이 김치 유산균인 *L. mesenteroides*에 의해 생산되는데, 공업적 규모로 대량 생산하기 위해서는 일반적으로 *L. mesenteroides* NRRL B-512주를 사용하고 직접발효법을 사용하는 방법과 합성효소 dextransucrase를 사용하는 방법이 있다.

공업적 규모로 대량생산 시에는 일반적으로 직접발효법을 활용한다. Sucrose 10~14%를 사용하여 효모추출물, 펩톤 등을 함유한 배지에서 25℃로 배양하면 22~26시간에 덱스트란 생산이 최고로 되고, 원료 수크로스에 대하여 25% 수율이다. 덱스트란의 구조인 포도당이 α-1,6 결합한 것으로 주요 사슬을 이루고 있으며 일부가 1,2-, 1,3-, 1,4- 결합을 하고 있다.

L. mesenteroides NRRL B-512 균주가 만드는 덱스트란은 α-1,6 결합과 그와 다른 결합의 비는 약 19 : 1이다. α-1,6 결합이 많으면, 산과 효소 등으로 잘 분해되지 않으므로 α-1,6 결합이 많은 것을 대용 혈청으로 사용할 때는 필수조건의 하나가 된다.

덱스트란은 Sephadex와 혈장 증량제로 사용한다. 임상용 덱스트란(평균 분자량: 75,000±25,000 Da)은 수술 시 혈압 저하에 의한 자극의 예방, 체액 유지, 혈전 방지 등에, 또 저분자 덱스트란(분자량 40,000 Da)은 혈류 개선, 혈액 sludge 방지, 인공장기에 대용 혈액 등으로 사용한다.

2) 잔탄검

잔탄검은 미생물 다당류 중에서 가장 많이 공업적으로 생산되고 있다. 최초로 미국 NRRL의 연구자에 의하여 생산능이 높은 균주 *Xanthomonas campestris* NRRL B-1459가 선택되고 이 균이 만드는 다당류를 잔탄검이라 하며 1963년에 공업적으로 생산되었다.

잔탄검은 *Xanthomonas campestris* 균주에 의하여 생산되며 중앙의 양쪽에 mannose를 가진 3당류의 측쇄를 갖고 있는 셀룰로스의 치환제이며, 피루브산(pyruvic acid)이 측쇄 말단의 mannose에 결합되어 있다. 피루브산 함량은 점성에 큰 영향을 미친다. 이 다당류의 점성은 온도의 변화, 염류의 첨가, pH의 변화 등에 대하여 안정하므로 식품용, 비식품용 등 여러 방면에 이용된다. 미국의 FDA(Food and Drug

Administration)와 유럽경제공동체(EEC)의 Food Regulation, Category II에 의하여 승인되어 있다. 식품 용도는 주로 안정제이고, 과즙 방향 음료, 가공치즈 등에 이용한다. 또 냉동식품, 통조림, 디저트에서의 안정된 젤화 등에 사용한다. 비식품용의 용도는 석유 유전에서 점활제 또 유전이 통하는 길을 만들기 위하여 압착액 중의 접착제, 산불의 소화제의 조제, 페인트 중의 점증제로도 사용하고 있다.

3) 스클레로글루칸

스클레로글루칸(scleroglucan)은 *Sclerotium glucanicum*, *Sclerotium delphinii*, *Sclerotium rolfsii*, *Sclerotium libertiana*, *Helotium* sp.에 의하여 생산된다. 이 다당류는 세포 외에 축적되는 중성 다당류이며 현재 프랑스의 Ceca사에서 상품화하고 있다. 이것은 β-1,6 결합을 측쇄로 한 포도당을 지니고 β-1,3이 주쇄(main chain)인 글루칸이다. 물에 잘 녹으며 점착성으로 되며, 고온 또는 광범위한 pH 범위에서는 유사소성(pseudoplastic)의 성질을 나타낸다. 동물시험에서 전분과 동등한 열량을 갖고 있으며, 닭과 개에서는 이 다당류는 콜레스테롤의 수준을 저하시키는 효력을 나타낸다. 식품에 대한 코팅제, 젤화제로 사용하고 또 제3기 석유 회수에도 사용한다.

4) 풀루란

풀루란(pullulan)은 불완전균의 한 종류인 *Aureobasidium pullulans*에 의하여 균체 외에 생산되는 다당류의 한 종류이고, maltose가 α-1,6 glycoside 결합 단위로 연결된 다당류이며, *Acrobacter* 속의 pullulanase의 처리에 의하여 maltotriose를 얻을 수 있다. 풀루란은 점착성, 고형점성, 접착성 피막성의 특성이 있어, 식품 분야뿐만 아니라 생화학, 의약품 분야, 일반공업 분야에도 활용하고 있다. 특히 풀루란은 먹을 수 있는 포장재료로 착색, 착향, 맛을 고정하는 필름 재료 등으로 여러 식품에 사용하고 있다. 그 외에 제제, 정제, 혈청 증량제 등의 의약품, 화장품, 인쇄 등에도 사용하고 있다.

5) 커드란

커드란(curdlan)은 전구체인 succinoglucan을 만드는 *Alcaligenes faecalis* var. *myxogenes*, *Rhizobium* sp.에 의하여 생산된다. 커드란은 물에 녹지 않으나 물약 20배의 흡수력을 가지고 있으며, 이 물을 함유한 액을 가열하면 단단한 젤이 된다. 즉, 54~60℃에서 가열하면 녹아 투명하게 되고 다시 80℃를 초과하면 그 온도의 변화에 따라 젤의 강도가 증가하는 성질이 있어 커드란이라는 이름이 지어졌다.

커드란의 구조는 β-1,3의 glycoside 결합으로 되어있으며, β-1,4의 glycoside 결합으로 된 셀룰로스가 섬유상을 나타내는 것에 비하여 β-1,3의 glycoside 결합으로 된 것이 가열 응고성 젤을 잘 형성한다는 것은 흥미롭다. 커드란의 입체구조는 광산란 등의 물리화학적인 측정과 ^{13}C NMR, X-ray, 전자현미경을 사용하여 종합적으로 연구하였다. 상온에서 single helix를 하고 있는 부분이 많고, 물을 함유한 커드란을 고온에서 가열하면 triple helix로 변하고, 소수성의 결합이 증가하여 강한 젤이 된다. 이 성질을 이용하여 젤 여과, 담체, 친화 크로마토그래피용, 고정화 효소의 담체, 식품용으로서 전분 젤, 저칼로리 식품 및 물성을 단단하게 하는 데 사용되고 있다. 또한 항종양성 다당류의 기본 물질로서도 흥미를 끌고 있다. 또한, *Agrobacterium*과 *Rhizobium*의 균주는 화상의 β-1,2 글루칸(중합도 17과 18)을 만들 수 있다. 한편 이들 대부분의 균들은 succinoglycan 혹은 다른 다당류의 단위 물질을 배양액 중에 축적한다.

6) FT-3 다당

FT-3 다당은 *Bacillus subtilis* FT-3 균주에 의하여 생산되는 산성 hetero polysaccharide이다. *Bacillus* 속의 다당류 생산균에는 homoglucan을 생산하는 *Bacillus polymyxa*(mannan), 요산(uremic acid) 등을 함유한 heteroglucan을 생산하는 *B. polymyxa* No. 271(Glc:Man:Gal:UA), *B. subtilis* var. *lactoviscosus*(Rha:Ga1=3:2) 등 여러 균이 알려져 있다. 이들 균이 생산하는 다당류 중에 한천과 비슷한 다당류, 즉 가열 용해한 다음 냉각하면 젤화되는 것은 FT-3 다당뿐이다.

FT-3 다당은 포도당, 효모추출물, 질산나트륨, 기타 무기염으로 된 배지에서 pH 6.8~7.2, 30℃, 4~5일간 배양하여 5~6 g/L의 다당류를 얻는다. FT-3 다당은 산성 hetero

다당(Glc : Gal : Fuc : Glc-UA : O-acetyl = 2 : 2 : 1 : 1 : 1.5)이고 용액 중에서는 단단하고, 긴 봉상의 분자(19.3×2,100 Å)로 용해되는 다당류이다. FT-3 다당을 한천(agar)의 대응으로 이 다당 1%에 한천 1%를 가하여 미생물의 보존에 사용하는 slant에 이용한 결과 생육은 한천배지와 다른 점이 없다.

7) 켈잔

식물병원균(*Xanthomonas* 속)의 대부분의 균주, 예를 들면 *X. campestris*(흑부균), *X. caroteae*(당근의 입고성 병균) 등은 산성 hetero 다당을 생산한다. 미국 NRRL에서는 *X. campestris* NRRL B-1459의 다당류인 켈잔(kelzan)을 공업적으로 응용하기 위하여 광범위한 연구를 하였다. 포도당, K_2HPO_4, $MgSO_4$ 등의 배지에 배양하면 약 50%의 수율로 kelzan(Glc : Man : Glc-UA : O-acetyl : pyr = 2.8 : 3.0 : 2.0 : 1.73 : 0.6)을 얻을 수 있다.

켈잔은 고점성이고 균일하게 분산하고 산에 대해서도 안정하고, 고분자 전해질의 특징으로서 염의 존재는 열에 대한 안정성을 높이는 것과 필름을 형성하는 성질 등으로부터 식품 포장용 필름과 유전 등에 상용하는 윤활제, 화장품 첨가제 등의 용도에 좋다고 한다. 또한 쥐, 개의 사료에 5%를 배합한 동물시험에서도 아무런 영향이 없었다.

8) 베타글루칸

베타글루칸(β-glucan)은 효모 세포벽, 버섯류, 곡류 등에서 발견되는 다당류이다. 다당의 일종인 글루칸은 D-포도당만으로 구성된 포도당 중합체로서 연결 형태에 따라 α형과 β형으로 나누며 특히 베타글루칸은 포도당이 1,3 위치에 β-글루코사이드(glucoside) 결합으로 연결된 기본 골격에 4번 탄소(β-1,4 결합) 혹은 6번 탄소(β-1,6 결합)에 측쇄를 가지며 이러한 측쇄 유무에 의해 구조적인 차이와 물리화학적 성질이 달라진다. 베타글루칸은 체내에서 면역체계를 증폭하는 면역 조절 물질로서 작용하는 것으로 알려져 있다. 따라서 효모의 세포벽이나 버섯으로부터 추출한 베타글루칸은 기능성 건강식품으로 잘 알려져 있다.

9) 시클로덱스트린

시클로덱스트린(cyclodextrin, CD)은 포도당 6~10개가 α-1,4 결합으로 환상구조로 결합된 화합물이고 결정이 잘된다(그림 25-1). 포도당이 6개, 7개, 8개로 구성된 것을 각각 α-, β-, γ- 시클로덱스트린이라고 한다. 시클로덱스트린은 환상구조 안에 공간이 있으므로 여러 종류의 물질을 둘러쌓는 성질이 있어 다양한 용도로 이용될 수 있으리라 기대된다. 예를 들면 휘발성 물질을 둘러쌓아 휘발하지 못하도록 안정화시키는 작용이 있으므로 불쾌한 냄새를 가진 물질을 둘러쌓아 냄새가 나지 않도록 할 수 있다. 이처럼 매우 특이한 성질을 갖고 있으며 현재는 농약, 식품, 의약품에 이용되고 있으나 앞으로 보다 많은 산업 분야에 이용될 것으로 사료된다.

시클로덱스트린의 생산에는 전분 원료를 사용하고, *Bacillus macerans* 또는 호알칼리성 세균에 의하여 공업화되어 있다. 이들의 균이 생산하는 시클로덱스트린 glycosyltransferase라는 효소를 전분에 작용시켜 제조한다.

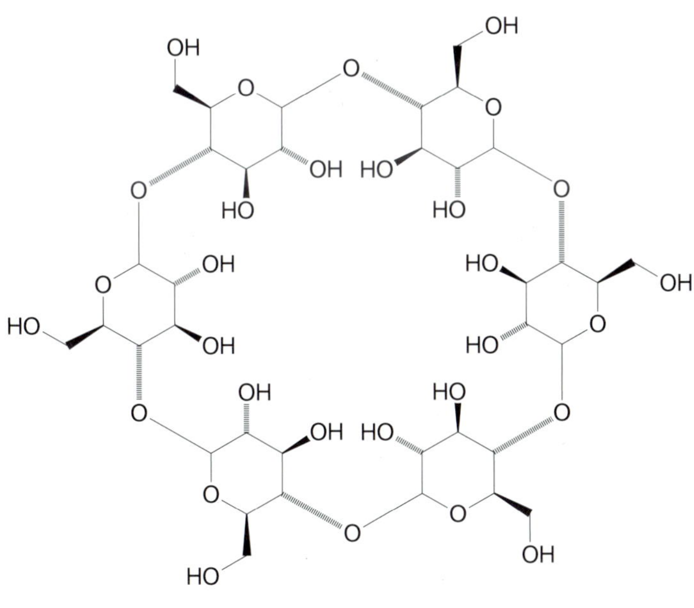

그림 25-1 α-시클로덱스트린

10) 폴리글루탐산(polyglutamic acid)

Polyglutamic acid(PGA)는 *Bacillus* 속이 생산하고, 다량 생산하는 것은 변이주 *B. subtilis* var. *polyglutamicum*을 포도당, 요소 등을 함유한 배지에서 배양하여 균체 외에 많은 양의 PGA를 생산한다. PCA를 정제하는 데는 활성탄의 처리, 황산 침전법과 알코올, 아세톤 등의 유기용매 침전법 등을 사용한다. PGA를 구성하고 있는 성분 중에 글루탐산(glutamic acid)은 D형, L형의 혼합물이고 생성되는 D형과 L형의 비율은 배지 중에 Mn^{2+} 아미노산의 종류에 의하여 변화되며, 그리고 미생물에 의하여 생산되는 PGA 중의 글루탐산 결합 양식은 γ결합이다. 최근에는 유전자 조작을 사용하여 생산균을 개량하여 생산성을 높이는 시도가 이루어졌다.

11) 젤란

젤란(gellan)은 수용성 다당류로서 *Sphingomonas elodea*에 의해서 생산되는 다당류이다. 널리 쓰이는 젤 형성제 중의 하나이며 식품첨가제, 팽윤제, 안성제, 식품의 고정화 등에도 성공적으로 사용되었고 근래 저칼로리 식품 등에도 활용되고 있다.

12) 알긴산

알긴산(alginic acid)은 미역, 다시마와 같은 갈조류에서 주로 생산되는 점질성 다당류이다. 현재 식이섬유로 널리 활용되고 있다. 미생물에 의해 생산되는 알긴산은 대량생산이 가능하며 갈조류의 알긴산과 물리적 특성이 유사하다. 2가 금속에 대한 친화성과 물질에 대한 흡착성이 아주 강하여 점착제 및 정화제로 이용되며 젤 형성제, 응고제로 사용될 경우 내열성이 강하여, 살균 식품 등에 현재 식품첨가제로 많이 사용되고 있으며 다양한 산업적 이용이 가능하다.

13) 셀룰로스

식이섬유로 널리 알려져 있고 식품첨가제나 다이어트 식품 등에 널리 이용된다. 그 유도체 또한 다양한 용도로 활용되고 있다. 미생물에 의해 생산된 셀룰로스는 순도가 높고 품질이 균일한 제품을 얻을 수 있어 고품질의 종이 제조나 스피커의 진 공판 제조 등에 활용되고 있다.

14) 바이오플라스틱

폴리에틸렌(polyethylene) 및 폴리스티렌(polystyrene)과 같은 합성 플라스틱의 폐기물은 자연계에서는 분해되지 않고 매년 쌓이게 되어, 지구상에서 생태계의 파괴라는 환경문제가 일어나고 있으나 미생물이 만드는 바이오플라스틱(bioplastic)은 자연계에 있는 미생물에 의해 분해된다. 미생물의 공유결합 형태의 폴리에스테르(polyester)은 1974에 Wallen과 Rohwedder가 활성슬러지로부터 발견한 것으로 3-hydroxybutyric acid(3HB) 외에 3-hydroxyvaleric acid(3HV)와 3-hydroxycaproic acid(3HC) 등의 3-hydroxyalkanoic acid(3HA)가 포함되어 있고, 현재는 탄소수 4개로부터 12개까지의 여러 종류의 3HA 단위로 조합된 공중합 폴리에스테르가 확인되어 있고, 좋은 성질을 가진 바이오플라스틱이 미생물과 탄소원을 사용하여 발효합성을 하고 있다. 폴리에스테르를 만드는 미생물은 수소세균(*Alcaligenes*), 남조류(*Aphanothece*), 질소고정균(*Azotobacter*), ***Bacillus***, 메탄올 자화균(*Methylobacterium*), 광합성균, 근류균(*Rhizobium*) 등 100여 종이 알려져 있으나 공중합 폴리에스테르 생합성균은 현재까지 10종류 정도가 알려져 있다.

수소세균 *Alcaligenes eutrophus*는 valeric acid와 butyric acid로부터는 공중합 폴리에스테르를 만드나, butyric acid와 4-hydroxybutyric acid로부터 poly(P)(3HB-co-4HB)를 만든다.

미생물에 의한 P(3HB)의 합성은 acetyl-CoA가 β-ketothiolase에 의하여 aceto-acetyl-CoA로 되고, 이것이 환원효소에 의하여 3-hydroxybutyl-CoA로 환원되어 monomer로 되고, 그 다음 polymerase에 의하여 고분자의 polyester가 합성된다. 한편 분해반응은 depolymerase에 의하여 oligomer(평균중합도 $DP_n = 2 \sim 20$)되고, 동시에 oligomer esterase로 인해 3-hydroxybutyrate로 분해되고 acetyl-CoA로 분해된다. 자연환경에서 분해실험에서는 P(4BB) > P(3H3) > P(3HV)의 순으로 분해율이 저하한다. Biopolyester의 용도는 합성 플라스틱의 대체품 이외에도 수술에 사용하는 실, 외과용

솜, 골절 고정제, 농약, 의약의 캡슐화용 재료, 광학재료 등으로 응용될 수 있다.

15) 기타

Fructooligosaccharide, 트레할로스(trehalose), 과당, 맥아당 시럽 등의 당류들은 미생물로부터 유래된 효소반응으로 생산되고 있다. 특히 fructooligosaccharide와 같은 기능성 올리고당 제품은 일본에서 매우 발달하였으며, 그 종류도 매우 많다.

또한, 당알코올의 일종인 에리스리톨(erythritol)은 포도당으로부터 효모를 이용한 발효법에 의해 생산되고 있다. 그동안 수소첨가 반응으로 생산되던 자일리톨 등의 다른 당알코올류 미생물 발효에 의한 생산 연구가 지속되고 있다.

단원정리

미생물 다당류는 다양한 산업에서 중요한 역할을 하며 다당류 분말을 얻기 위해서는 배양액으로부터 균체제거-수분제거-건조공정의 단계로 다당류의 성상에 따라서 가장 좋은 방법으로 진행된다.

다당류 종류로는 덱스트란, 잔탄검, 스클레로글루칸, 플루란, 커드란, FT-3 다당, 젤잔, 베타글루칸, 시클로덱스트린, polyglutamic acid, 젤란, 알긴산, 셀룰로스, 바이오플라스틱 등이 있다. 그 중에서 대량 생산되고 있는 미생물 다당류는 덱스트란, 잔탄검이며 다양한 다당류가 개발 중에 있다.

덱스트란은 김치 유산균인 *L. mesenteroides*에 의해 생산되며 직접 발효법을 활용하여 대량생산을 진행한다. 주로 덱스트란은 혈장 증량제로 사용된다.

잔탄검은 가장 많이 공업적을 생산되고 있으며 생산성 높은 균주인 *Xanthomonas campestris*에 의해서 생산되고 있다. 고온에서 isopropyl alcohol을 첨가해 침전 후 건조하여 분말 형태로 만든다. 잔탄검은 식품용, 비식품용 등 여러 방면에 이용되며 식품 용도는 주로 안정제이고, 비식품용의 용도는 접착제, 산불의 소화제의 조제, paint 중의 점증 물질로도 사용되고 있다. 커드란(curldan)은 *Alcaligenes faecalis* var. *myxogenes*와 *Rhizobium* sp.에 의하여 생산되며, 알칼리성에서 녹여 원심분리하고 균체 제거 및 중화 후 침전시켜 분무 건조하여 생산하고 있다. 또한, FT-3 다당은 *Bacillus subtilis*에서 생산되며, 젤화 특성으로 미생물 보존에 사용된다. 이 외에도 여러 가지 다당류가 식품 첨가제, 산업용 재료, 의약품 등 다양한 분야에서 활용되고 있다. 셀룰로스와 알긴산은 식이섬유로 널리 활용되고 있고, 베타글루칸은 면역 조절 물질로서 널리 알려져 차세대 기능성 건강식품에 응용되고 있다. 바이오플라스틱은 미생물에 의해 생산되는 자연분해성 플라스틱으로, 환경문제를 해결할 수 있는 잠재적 능력이 있다고 알려져 있다. 이렇듯 최근 다양한 미생물 다당류의 개발과 응용이 활발히 이루어지고 있으며, 생산성과 경제성을 높이기 위한 연구가 계속되고 있다.

단원평가

1 다음 중 다당류가 아닌 것은?

① pullulan

② xanthan gum

③ β-glucan

④ glucose

2 다음 중 덱스트란에 대한 설명으로 옳지 않은 것은?

① 공업적 제조에 *Leuconostoc mesenteroides*가 이용된다.

② Dextransucrase를 사용하여 효소법으로도 제조 가능하다.

③ 발효법에서는 배지 중의 sucrose로부터 fructose가 중합되어 생산되어, 이때 glucose가 유리된다.

④ 공업적 규모로 대량생산 시에는 일반적으로 직접발효법을 진행한다.

3 다당류에 대한 설명으로 옳지 않은 것을 고르시오.

① 바이오플라스틱(bioplastic)의 생산원료로 석유를 사용하고 있다.

② 커드란(curldan)은 *Alcaligenes faecalis* var. *myxogenes*에 의해서 생산된다.

③ 시클로덱스트린(Cyclodcxtrin)은 환상구조로 결합된 화합물이다.

④ 잔탄검(*Xanthan gum*)은 식품의 용도로 주로 안정제로 사용된다.

4 효모의 세포벽, 버섯류, 곡류 등에서 발견되는 다당류로 D-포도당들이 베타 글리코시드 결합(beta-glycosidic bond)을 통해 형성되어 있으며 체내에서 면역 체계를 증폭하는 면역 조절 물질로서 작용하는 것으로 알려져 있는 이 다당류는 무엇인가?

정답 및 해설

1. ④
2. ②
3. ①
4. 베타글루칸(β-glucan)

26
화학제품과 연료

1. 화학제품 원료
2. 에탄올
3. 부탄올
4. 알칸류

1. 화학제품 원료

자원이 고갈되어가는 석유화학제품을 지속가능한(sustainable) 순환형 자원으로 대체하기 위한 목적으로 바이오플라스틱(그림 26-1), 바이오에탄올, 바이오디젤 등이 개발되고 상용화되고 있다. 바이오플라스틱은 다국적 기업들을 중심으로 PLA(polylactic acid), 3-HP(3-hydroxypropionic acid), 1,3-PDO(1,3-propanediol), 3-PHA (polyhydroxyalkanoate) 등을 원료로 하여 식품 포장재, 직물 소재, 음료수병, 기저귀, 생리대, 자동차용 플라스틱 등 다양한 용도로 개발 시판되고 있다. 이들은 석유화학 제품보다 에너지 소비와 온실가스 배출량을 획기적으로 절감할 수 있으며, 자연에서 빠르게 분해되기 때문에 순환형 자원으로 적합하다.

이전에는 화학공정으로 제조되었던 다양한 산물들이 이제는 대부분 미생물 발효 생물전환(biotransformation) 공정을 통해 경제적으로 생산되고 있다. 미생물을 대량배양이 용이하고, 빨리 자라며, 주로 폐기물인 저렴한 재료들을 영양분으로 사용할 수 있을 뿐만 아니라 그 생산물의 다양성 때문에 특히 더 유용하다. 게다가 생물들은 유전적 조작이 비교적 쉬우므로 거의 제한없이 발효산업 분야에서 새로운 산물이나, 용도를 개발할 수 있을 것으로 예상된다.

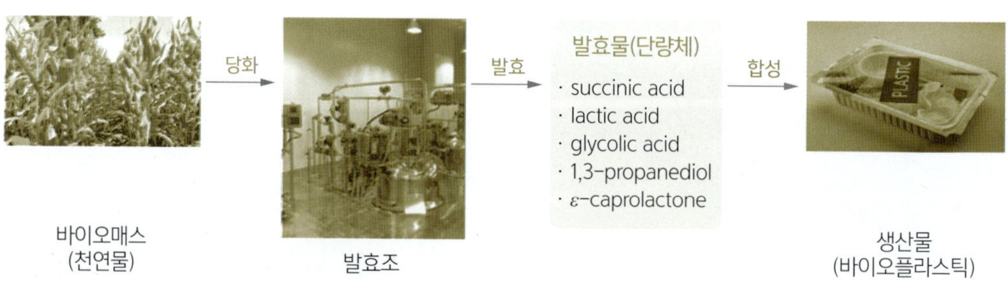

그림 26-1 발효를 통한 화학제품 원료 생산의 예: 바이오플라스틱

미국 에너지부(United States Department of Energy, DOE)에서는 에탄올, 젖산, 부탄올 이외에 시장성과 합성방법의 기술적인 복잡성을 검토한 후에 생물학적이나 화학적인 변형을 통해 단당류 원료로부터 생산될 수 있는 바이오매스(biomass)에서 유래하는 12종의 부가가치 화합물로 불리는 기본요소 화합물을 아래와 같이 선정하여 발표하였다.

C-3: 3-hydroxypropionic acid, glycerol

C-4: 3-hydroxybutyrolactone, aspartic acid,

1,4-diacids(succinic, fumaric, malic acids)

C-5: glutamic acid, itaconic acid, levulinic acid, xylitol/arabitol

C-6: 2,5-furandicarboxylic acid, glucaric acid, sorbitol

2. 에탄올

바이오에탄올은 곡물이나 바이오매스를 발효하여 얻어지는 에탄올을 정제하여 연료로 사용하는 것으로서 이때 사용하는 미생물은 세균으로는 고온성균인 *Clostridium thermohydrosulfuricum*, *Clostridium thermocellum* 및 포도당이나 과당, 설탕 등만을 사용하는 *Zymomonas mobilis*가 있고 효모로는 자일로스(xylose)를 사용하는 *Pichia stipitis* 및 *Candida pseudotropicalis*, 유당을 사용할 수 있는 *Kluyveromyces lactis* 및 포도당 및 설탕, 과당 등을 사용한 *Saccharomyces cerevisiae*가 있으며 곰팡이로는 자일로스를 이용하는 *Fusarium* spp., 셀룰로스와 자일란(xylan)을 이용하는 *Monilinia* spp. 및 자일로스와 아라비노스(arabinose)를 이용하는 *Mucor* spp. 등이 있다.

실제 산업적인 면에서 효모인 *Saccharomyces cerevisiae*에 비해 에탄올 생산 효율이 높은 *Zymmomonas mobilis* 등의 세균이 사용된다. 바이오디젤은 식물로부터 추출된 유지를 효소에 의한 에스터교환반응(transesterification) 등의 반응을 통해 디젤과 유사한 성분으로 전환시켜 연료로 사용하는 것이다.

에탄올은 [표 26-1]과 같이 발효 방식에 따라 수율이 다르게 나타난다.

표 26-1 발효 형식에 따르는 에탄올 생산율

발효 방식	에탄올 생산율(g/L/h)
회분식	2.5~3.5
연속식	12~14
연속식(35 mmHg, 효소 재활용)	60~80
연속식(고정화 효모)	>100

3. 부탄올

부탄올은 주로 연료나, 코팅제, 락커, 레이온 등에 쓰이며 사탕수수나 폐당밀을 사용하여 생산한다. 균주로는 *Clostridium acetobutyricum*, *Clostridium butyricum* 등이 있으며 발효 후 부산물로는 부티르산, 초산, 아세토인(acetoin), 에탄올, 이산화탄소, 수소 등이 생산되어 분리 정제가 필요하다.

4. 알칸류

알칸류(alkanes)에서 대표적인 메탄(methane)의 발효는 혐기적 환경하에서 일어나는 미생물 반응이다. 따라서 메탄 발효는 폐수의 혐기적인 처리, 탱크(tank), 동물의 위장과 장관 중에, 혹은 호수의 침전물 중에 가끔 관찰된다. 여기에서는 폐수를 처리하기 위한 메탄 발효에 대하여 설명한다.

메탄발효에서는 최종생산물로서 유기물로부터 메탄과 CO_2가 생기나, 이것은 둘 다 가스이므로 쉽게 반응계에서 이탈한다. 따라서 폐수 중의 유기물은 가스로 제거되는 결과가 된다. 메탄발효의 과정은 둘로 나눌 수 있다. 제1의 반응은 복잡한 유기물로부터 포화 저급지방산을 생산하는 산생성 반응(non-methanogenic reaction)이고, 제2의 반응은 생성된 산으로부터 메탄이 생성되는 반응(methanogenic reaction)이다. 이 두 반응은 서로 병행하여 동시에 일어나나, 이 두 반응에 관여하는 미생물군은 본질적으로 다르다.

산의 생성반응에 관여하는 미생물은 산생성균이라 부르고, *Clostridium*, *Bacillus*, *Pseudomonas*, *Staphylococcus*, *Escherichia* 속 세균 등 대부분이 혐기성균이다. 일반적으로 발효액 중에는 cellulase, cellobiase, permease, amylase, lipase가 있고, 셀룰로스, 전분, 단백질, 지질은 각각 저분자의 당, 아미노산, 지방산 등으로 분해되고, 최종적으로는 이들 물질로부터 초산, 프로피온산, 부티르산, 개미산, 젖산, 팔미트산, 이산화탄소, 암모니아 등이 생성된다.

메탄을 생성하는 세균은 자연계에 널리 존재하나, 지금까지 순수분리가 곤란하므로 연구가 지연되고 있다. 메탄 생성균은 내생포자를 형성하지 않는 절대혐기성균으로 그람양성이다. 메탄 생성균으로 대표적인 것은 *Methanosarcina*, *Methanococcus*

등이 있다. 전부터 메탄 생성균으로부터 분리된 *Methanobacterium omelianskii*는 *Methanobacterium bryantii* MoH 균주와 분류학적인 위치가 확실치 않은 S균과의 공생에서 발효된다는 것이 확증되었다. 즉 다음 식에 나타낸 것 같이 S균은 수소의 발생에 관계하고, MoH균은 이 수소로 CO_2를 환원하여 메탄을 생성하는 반응에 관계한다.

$$2CH_3CH_2OH + 2H_2O \rightarrow 2CH_3COOH + 4H_2 \text{ (S균)}$$

$$CO_2 + 4H_2 \rightarrow CH_4 + 2H_2O \text{ (MoH균)}$$

이와 같이 메탄 생성은 CO_2의 환원에 의하여 생성되나, CO_2가 CH_4로 환원되는 과정에 대해서는 아직 잘 밝혀지지 않았다. CO_2가 메틸기까지 환원된 다음 메틸기로부터 메탄이 생성되는 반응에 대해서는 메틸 코발아민(cobalamine)과 코엔자임 M(2-mercaptoethane sulfonate, $HSCH_2CH_2SO_3^-$)이 관여한다.

메탄발효는 유기물을 BOD로서 수만 ppm 함유한 폐수를 −400 mV 정도의 혐기상태로 하고, 중온 발효에서는 36~38℃에, 고온발효에서는 51~53℃에서 일어난다. 생성된 가스량은 유기물 kg당 500~700 L이고, 가스의 조성은 메탄 60%, CO_2 40% 정도이다. 메탄발효에 의하여 BOD는 80~90% 제거된다. 따라서 메탄발효는 폐수를 정화하는 데 목적이 있고 또 연료로 사용하는 메탄가스를 생산하는 데도 목적이 있다. 그러므로 메탄발효는 에너지가 부족한 시대가 올 때 기대되는 분야이다.

그 밖의 알칸류는 리그노셀룰로스와 같이 고분자의 산업 폐기물을 미생물에 의해 단분자로 가수분해하고 더 나아가 특정 산생성 미생물로 이를 유기산으로 변환시킨 후 메탄발효 미생물에 의해 여러 가지 알칸류를 만들 수 있다. 즉, 초산은 메탄, 프로피온산은 에탄, 부티르산은 프로판으로 발효한다. 이때 CO_2가 발생한다.

단원정리

석유화학제품 대체를 위한 지속가능한(sustainable) 순환형 자원으로 대체하기 위한 목적으로 바이오플라스틱, 바이오에탄올, 바이오디젤 등을 개발하고 상용화하고 있다. 대부분 미생물 발효 생물 전환(bio-transformation 또는 bioconversion) 공정을 통해서 경제적으로 생산되고 있다. 미생물은 대량 배양이 쉽고 빠르게 자라며 저렴한 재료를 영양분으로 사용할 수 있어 유용하다. 또한, 유전적 조작이 용이하여 발효산업 분야에서 새로운 산물과 용도로 개발할 가능성이 크다.

바이오에탄올은 곡물이나 바이오매스를 발효하여 얻어지는 에탄올을 정제하여 연료로 사용하는 것이다. 이때 사용하는 미생물은 *Bacillus thermohydrosulfuricum*, *Clostridium thermocellum*, *Zymomonas mobilis*, *Pichia stipitis*, *Candida pseudotropicalis*, *Saccharomyces cerevisiae*, *Fusarium* spp., *Monilinia* spp., *Mucor* spp. 등이 있다. 바이오디젤은 식물로부터 추출된 유지를 효소에 의한 에스터 전달 반응(tansesterification) 등의 반응을 통해 디젤과 유사한 성분으로 전환시켜 연료로 사용하는 것이다. 부탄올은 주로 연료나, 코팅제, 락커, 레이온 등에 쓰이며 사탕수수나 폐당밀을 사용하여 생산하며 사용 균주로는 *Clostridium acetobutyricum*, *C. butyricum* 등이 있다.

알칸류(alkanes)에서 대표적인 메탄 발효는 혐기적 환경에서 미생물이 유기물을 메탄과 CO_2로 분해하는 과정으로, 폐수 처리와 메탄가스 생산에 유용하다. 이 과정은 두 가지로 나뉜다. 복잡한 유기물로부터 포화저급 지방산을 생산하는 산생성반응과 생성된 산으로부터 메탄이 생성되는 반응으로 두 반응에 관여하는 미생물군은 다르다.

산생성반응에 관여하는 미생물은 산생성균이라 부르고 대부분이 혐기성 균이며, 메탄 생성균으로는 *Methanosarcina*와 *Methanococcus*가 대표적이다. 메탄 발효는 유기물 kg당 500~700L의 가스를 생성하고, 메탄 60%, CO_2 40%의 조성을 가지게 되며, 이 과정으로 BOD를 80~90% 제거할 수 있다. 따라서 메탄 발효는 폐수 정화의 목적과 메탄 가스 생산에 목적이 있다고 말할 수 있으며 에너지 부족 시대에 유망한 기술로 평가받는 기대되는 분야이다.

단원평가

1 다음 중 자원 고갈로 인하여 석유화학제품을 대체할 수 있는 지속가능한 순환형 자원으로 개발하고 있는 것이 아닌 것은?

① Bioplastic

② Bio-ethanol

③ Bio-diesel

④ Bio-capsule

2 다음 설명 중 옳지 않는 것은?

① 바이오에탄올은 생산 효율이 높은 *Zymomonas mobilis* 세균을 이용한다.

② 알칸류 메탄 발효의 과정을 산생성반응과 메탄생성반응 2가지로 나눌 수 있다.

③ 산생성 반응에 관여하는 미생물을 산생성균이라고 부르고 대부분 호기성균이다.

④ 부탄올은 사탕수수 혹은 폐당밀을 사용하며 생산균주로는 *Clostridium acetobutyricum* 등이 있다.

3 미생물 발효 생물전환(biotransformation) 공정을 통해서 생산되고 있는 지속가능한 순환형 자원의 개발의 장점을 서술하시오.

정답 및 해설

1. ④
2. ③
3. 1) 미생물 대량 배양이 용이함
   2) 빠르게 자라고 저렴한 재료들을 영양분으로 사용할 수 있음
   3) 생산물의 다양성이 많음
   4) 유전적 조작이 비교적 쉽기 때문에 거의 제한없이 발효산업 분야에 적용 가능
   5) 환경 친화적이고 지속가능함

27 환경정화와 폐수처리

1. 자연계에서의 물질순환
2. 생물적 환경정화
3. 폐수처리의 개요
4. 폐수처리 형식
5. 활성오니법에 의한 폐수정화기구
6. 활성오니와 팽화현상
7. 생물학적 탈질소법

1. 자연계에서의 물질순환

지구가 탄생한 것은 45억 년 전이고 생물체가 생긴 것은 30억 년 전이라 추정하고 있다. 그 이후 생물에 꼭 필요한 원소와 물질은 모두 지구상에 존재한 것으로 이용하고 죽은 후에는 원소나 분자로 분해되어 다시 자연으로 돌아간다. 따라서 여러 다양한 생물체들은 지구상에 있는 원소와 물질을 순환하면서 이용한다는 것을 의미한다. 그러나 물질의 순환은 에너지가 필요하며 이는 모두 태양에서 공급된다, 즉, 태양에너지를 이용하여 지구상에 있는 물질을 순환하고 있다고 볼 수 있다.

물질의 순환계는 탄소, 질소, 황뿐만 아니라 다른 많은 원소와 물질에서도 그 순환이 이루어진다는 것이 확인되어 있다. 예를 들면 산소, 인, 수은 등의 금속에 대해서도 순환계가 이루어지며 이 순환계가 파괴되면 거기에 환경 오염이 일어난다. 여기서 지구화학적인 변환은 미생물이 중요한 역할을 한다.

1) 탄소의 순환

탄소는 광합성작용에 의하여 합성된 유기물은 식물의 호흡작용에 의하여 산화분해되어 다시 대기 중으로 방출되는데 토양 미생물에 의하여 유기물의 산화분해와 그와 동반되는 이산화탄소의 방출이 일어난다(그림 27-1).

대기 중에는 약 0.03% 정도의 CO_2가 함유되어 있다. 이 CO_2가 식물과 광합성 미생물에 의하여 고정된다. 이 광합성량은 CO_2로서 연간 1.6×10^{17} g이라 추정되고, 이 양은 대기권 및 수권에 함유되어 CO_2 양의 1/1,000 정도이다. 이러한 탄소로 고정된 유기물은 식물체 고형분 중의 약 45%를 차지하며, 이산화탄소 형태로 녹색식물의 광합성 작용에 의하여 대기로부터 고정된 것이다. 이것은 직간접적으로 많은 생물의 에너지원이 된다.

생물계에 있는 탄소화합물은 호흡과 발효로 분해되고, 이 탄소는 CO_2로서 변환되어 대기 중으로 방출된다. 동식물의 유체와 동물의 배설물은 미생물에 의하여 분해되어, CO_2가 된 다음 무기화된다. 또 유기물 중 어떠한 것은 메탄 생성균에 의하여 메탄발효가 일어난다. 미생물 분해가 곤란한 리그닌과 키틴 등은 부식토가 되고 오랜 세월 흐르는 동안에 석탄 또는 화석원료로 전환된다. 화석연료를 연소시키면 탄소는 CO_2로 다시 대기 중에 방출된다. 대기 중의 CO_2는 $CaCO_3$로 되어 암석권에 들어간다. 반대로 암석의 풍화가 일어나면 탄소는 다시 CO_2로서 대기 중에 반환된다. 암석의 풍화에 미생물이 관계하는 예도 확인되어 있다. 이처럼 자연계에서 일어나는 탄소의 순환에 미생물이 크게 기여하고 있다.

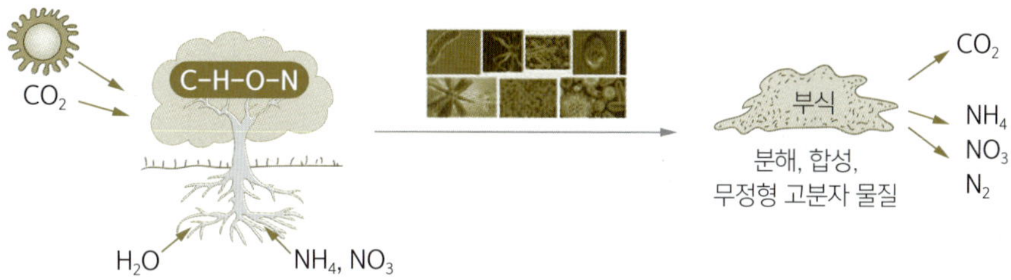

그림 27-1 탄소의 순환계

2) 질소의 순환

질소는 생물계에서 환원된 형태인 $-NH_2$와 같은 형태가 중요한 역할을 한다. 대기 중에는 N_2 가스가 79% 정도 함유되어 있으나, 동식물은 이것을 직접 이용할 수 없고 식물과 대부분의 미생물을 통하여 질소를 질산염으로 동화시킨 다음, 이것을 체내에서 환원하면서 이용하고 있다(그림 27-2).

생물의 사체와 동물의 배설물이 미생물에 의하여 분해되면, 이들의 질소는 암모니아가 되는데 이를 암모니아화(ammonification)라고 한다. 이것은 다시 호기적인 환경에서는 질산으로 산화된다. 이것을 질산화(nitrification)라고 한다. 질화는 두 종류의 독립영양세균(autotrophic bacteria)의 공동작용에 의하여 일어난다. 즉 암모니아가 아질산으로 되는 반응에는 *Nitrosomonas*가 아질산이 질산으로 되는 반응에는 *Nitrobacter*가 관여한다.

산화환원 전위가 약 -100 mV 이하의 혐기적인 환경에서는 어떤 종의 세균, 예를 들면, *Pseudomonas stutzeri* 등에 의하여, 질산은 아질산을 경유하여 질소 가스로 다시 환원된다. 이것을 탈질소 반응(denitrification)이라 부른다. 대기 중의 질소의 고정은 질소고정 능력을 갖고 있는 남조류(blue green algae), 공생하는 근류균(*Rhizobium*), 홀로 사는 *Azotobacter* 등에 의하여 이루어진다.

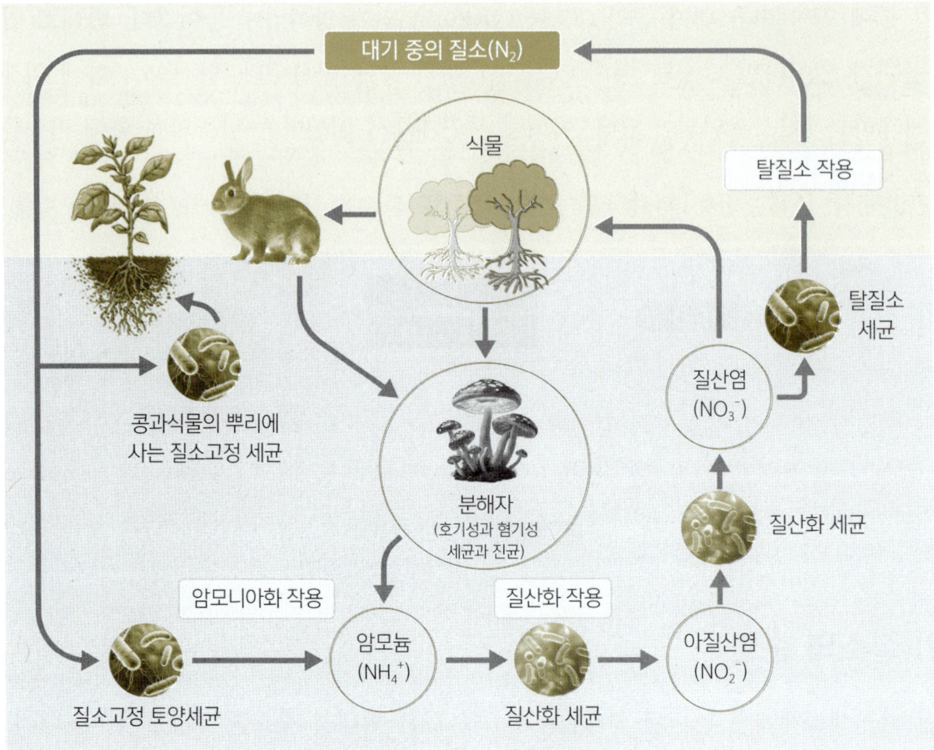

그림 27-2 질소의 순환계

자료 : 한국식물학회, https://blog.naver.com/123hhyoon/222690355405

이 고정량은 N_2 가스로서 1년에 10^8~10^9톤으로 이 값은 비생물적인 질소 고정량을 함유한 전체 질소 고정량의 90% 이상에 해당한다고 추정되고 있다.

3) 유황의 순환

생물계에 있는 황은 S가 환원된 상태, 즉 −SH 혹은 −S−S 결합과 같은 형태로 되어 생화학적으로 중요한 역할을 한다. 이 유기황화합물이 미생물에 의하여 분해되면 황화수소(H_2S)가 생긴다. 황화수소는 황산화세균(예, *Thiobacillus*)과 광합성 홍색 세균(예, *Chromatium*) 등에 의하여 산화되어 원소로서 황이 된다. 이들 세균에 의하여 황의 산화가 더 진행되면 SO_4^{2-}이 된다.

황산염은 식물과 미생물에 의하여 동화되어 다시 유기황화합물이 된다. 산화환원 전위가 200 mV 정도 이하의 혐기적인 조건과 유기물이 존재하는 곳에서는 토양 중에 황산이 황화수소로 환원된다. 황산환원균에 의해 오수(폐수 등) 중에서 황화수소의 냄새가 나거나, 그 주변의 진흙이 황화철(FeS)의 생성 때문에 검은색으로 변하기도 한다.

2. 생물적 환경정화

화학공업의 발전에 따라 산업 폐기물이 심각한 공해 문제가 되고 있다. 석유화합물 계통의 분해하기 어려운 물질이나 공장 폐수의 배출에 따른 자연 생태계의 파괴, 과도한 농약의 사용 등으로 인한 토양 오염 등의 문제점이 해결해야 할 과제이다. 이러한 난분해성 화학물질은 기계적으로나 화학적으로 처리하기에는 큰 비용과 어려움이 뒤따른다.

생물학적 정화는 오염된 환경을 미생물, 곰팡이, 식물 또는 그 효소를 이용하여 원래의 상태로 복구시키는 모든 방법으로 정의할 수 있다. 즉, 생물을 이용하여 위해 물질을 독성이 약한 물질로 분해하고 오염된 환경을 정화하는 과정이다. 예를 들자면 세균을 이용하여 특정한 토양 오염물질(염소가 포함된 탄화수소 물질 등)을 분해할 수도 있고, 질소나 황을 첨가하는 세균을 이용해 해상에 유출된 원유를 분해할 수도 있다. 이러한 생물적 환경정화의 기작을 개선하여 정화 속도를 증가시키는 것이다.

최근에 미생물을 산업적으로 이용하는 방법에 관해 관심이 커지면서, 미생물의 무궁무진한 적응범위 중에서 일부이지만, 최근에 커다란 이슈가 되는 환경오염 문제와 관련해서 미생물을 이용한 bioremediation(미생물적 분해, 생물정화)이 크게 주목받고 있다.

생물정화는 인간이 인위적으로 만들어 낸 화합물 등의 난 분해, 독성물질을 미생물을 이용하여 분해시키는 것을 의미한다. 즉 인간이 인위적으로 만들어 낸 농약, 세제, 화학물질 등은 토양이나 물에 축적되어서 생물 전체에 큰 악영향을 미치고 있는 것이 사실이다. 예전에, 제초제로 주로 사용되었던, 2,4-dichlorophenoxyacetic acid(2,4-D) 등과 같은 일종의 IAA(식물의 성장을 촉진하는 호르몬의 일종)과 비슷한 구조를 가지고 있어서, 이것이 식물에 고농도로 접종이 되면, 그 식물은 과도한 성장호르몬에 의해서 오히려 자신의 성장이 불가능하게 된다. 이러한 2,4-D의 역할을 조금씩 사용할 때는 상당히 우수한 제초제로 사용할 수 있었으나, 그것이 토양이 축적되어서는 난분해성 물질로 되어서, 오히려 우리 몸 안이나, 토양에 축적됨으로써 인간에게 해로운 영향을 주게 될 수 있으며, 또한 인간뿐 아니라, 다른 자연계에서 영위하는 많은 생물에게도 생명에 지장을 초래하는 역할을 하게 된다. 이러한 인위적으로 만들어 낸 난분해성 물질은 환경오염의 주범이 되고 있기에, 미생물을 이용하여 이러한 환경에 해로운 물질을 분해하는 미생물학적 접근 방법은 주목받을 만한 것이다.

따라서 미생물을 이용한 생물학적 환경정화 방법이 연구되고 있다. 곧 이러한 물질들을 분해할 수 있는 환경정화 미생물을 개량하여, 빠르고 강력한 분해능력을 갖추는 미생물을 생산하면 오염물질들을 쉽게 제거할 수 있을 것이다. 그중에서도 *Pseudomonas* 속 세균은 톨루엔이나 나프탈렌 등 석유화학 관련 물질을 분해하는 것으로 알려져 있다.

또한 유전자 조작으로 이들 균주의 분해 능력을 매우 증가시킴으로써 공해문제에 대처할 수 있다. 또 한 종류의 미생물로 여러 종류의 분해하기 어려운 물질을 한 번에 분해할 수 있는 미생물의 육종이 시도되고 있다.

1) 생물학적 환경정화 방법

효소는 폐기물이 문제를 일으키기 전에 유기물을 분해하기 위하여 이용될 수 있다. 또한, 단백질은 수은과 카드뮴 같은 중금속 오염물질을 중화시킬 수 있다. 이 위험한 성분은 먹이사슬을 통해 생물체에 해를 일으키는 원인으로 환경에 축적될 수 있다. 그들은 금속이기 때문에, 효소에 의해 분해되지 않는다. 생명공학 기술을 이용해서 중금속을 붙잡는 단백질, 즉 메탈로티오닌의 접착성 외막을 갖는 미생물을 만들어 낼 수 있다. 이런 경우에 폐기물은 분해되거나 하지 않고, 위험이 적은 상태로 된다. 독성이 강한 금속은 세균에 결합하면 그 금속은 식물과 동물에 의해 흡수되지 않기 때문이다.

미생물들은 호기적 물질대사나 혐기적 물질대사를 통해 많은 화학약품을 무해한 화합물로 전환할 수 있다. 이 두 가지의 과정은 산화와 환원반응을 포함하는데 이는 생분해에 수반되는 과정이다. 또한, 산화환원반응은 세포 내 기능을 위해 중요하다. 호기적 및 혐기적 생분해 과정에서 산소를 쉽게 접할 수 있는 지표수와 표토 같은 환경에서 호기성 세균은 화합물의 산화를 통해 오염물질을 분해한다. 호기적 생분해 반응에서 산소는 석유 제품과 같은 유기 분자를 포함하는 다양한 화학약품을 산화한다. 이처럼 미생물들은 이산화탄소와 메탄가스와 같이 단순하고 무해한 분자를 만들기 위해 산화된 유기화합물을 더 분해할 수 있다. 세균들은 이 과정에서 에너지를 만들어 더 많은 세포를 만드는 데 사용하므로 생물량을 늘린다. 어떤 호기성 세균들은 또한 금속과 암모니아 같은 무기화합물을 산화한다. 이때 많은 미생물은 환경에서 산소의 양이 감소할 때 생물적 환경정화를 계속하기 위해 혐기적 물질대사로 전환할 수 있다. 혐기성 세균들은 전자수용체로 산소 대신에 철, 황산 및 질산과 같은 다른 분자에 의존한다. 이로써 오염물질을 분해하면서 생성된 에너지는 세균의 세포 성장(생체량)을 촉진하는 데 사용된다.

2) 생물적 환경정화의 장점

생물학적 환경정화는 많은 경제적이고 효율적이라는 장점이 있으며, 중장비를 동원해야만 작업할 수 있는 지역에서도 사용될 수 있다. 예를 들어, 원유 등의 탄화수소 화합물이 누출되거나 염소를 포함한 화합물이 지하수를 오염시켰을 때, 적절한 오염 정화 생물을 이용하면 오염도를 장기간에 걸쳐 크게 줄일 수 있다. 이 방법은 일반적으로 땅을 파헤치는 등의 방법에 비해 훨씬 저렴하다. 또한, 오염된 지하수를 펌프로 퍼내서 정화할 필요성도 없다. 또한 생물을 이용한 정화작용은 부작용이 없고, 그것이 다시 독성물질을 만들어 내는 것도 막을 수 있으며, 정화를 위해서 투입된 미생물들도 하나의 독립적인 생물이기 때문에, 이것들은 죽어서 또 다른 미생물들에 의해서 분해가 되고, 자연으로 그 물질은 순환된다.

삶의 질은 청결하고 건강한 환경과 직접 연관되어 있다는 점에서 생물적 환경정화는 삶의 질을 개선하는 데 크게 이바지할 수 있을 것이다.

3. 폐수처리의 개요

인구의 도시 집중화의 경향이 강하고. 또 산업의 고도성장으로 인하여 공장 폐액이 증가되어 인간 생존을 위협하기에 이르렀다.

현재 환경보전에는 공해방지법과 수질오염방지법 등의 행정적 조치도 필요하지만, 발생원이 되는 것을 해결하는 기술의 확립이 매우 중요하다. 폐수처리에는 그 특성에 따라 물리적, 화학적 혹은 생물화학적 처리가 있으나 여기서는 이중 생물학적 처리는 다음과 같다.

1) 부영양화(eutrophication)

호수 주변 인구가 증가하여 도시가 형성되고 혹은 공장 진출로 인하여 강물 또는 저수지가 오염되면 영양염이 증가하고 따라서 어류와 조류의 생산성은 상승하겠지만 서식하는 어종과 조류종이 변할 수 있다. 또한, 영양염이 더욱 증가하면 식수나 농업 및 공업용수로서 가치가 현저하게 저하된다. 이 현상을 부영양화라 하며 이런 경우 식물 플랑크톤의 이상 발생을 볼 수 있다. 호수에서는 광합성 조류와 종속 영양세균 사이에 공생관계가 있다. 유입되는 질소와 인과 같은 영양염이 많고, 호수 밑에 침적하게 되면 그 분해물에 의하여 영양염은 다시 용출하여 부영양화는 더욱 진행한다.

2) 수질 오염의 평가척도

(1) 환경기준

수질오염에 관한 환경기준은 수질오염방지법으로 결정하는데 인간의 건강 및 생활환경과 관계가 되는 환경기준이 있다. 인체의 건강과 관련하여 폐수처리법은 수산화물과 황화물에 의한 응집 침전(Cd, Pb, Cr, Hg, As, 시안), 전해와 오존에 의한 산화, 알칼리 가수분해(유기인), 활성탄흡착(Hg, 유기인, As), 연소(PCB, biphenyl chloride) 등 물리화학적 방법이 있다.

폐수의 환경 기준항목에는 BOD(생화학적 산소요구량, biochemical oxygen demand), COD(화학적 산소요구량, chemical oxygen demand), SS(현탁성 고형물, suspended solids), pH, DO(용존산소, dissolved oxygen), 페놀 등의 양, 대장균 균수 등이 있다.

(2) 생화학적 산소요구량과 화학적 산소요구량

생물학적 폐수처리에서 중요한 것으로는 용존산소이다. 여기에는 BOD와 COD 측정

이 있다. 예를 들면, 포도당이 산화 분해되면

$$C_6H_{12}O_6 + 6O_2 \rightarrow 6CO_2 + 6H_2O$$

로 되고, 다량의 산소가 요구된다. 가정에서 나오는 하수와 공장 폐수의 화학적 조성은 혼합물이므로 매우 복잡하디.

생화학적 산소요구량(biochemical oxygen demand, BOD)은 물속에 있는 호기성 미생물이 유기물을 분해하는 데 필요한 산소 소모량을 말한다. BOD는 미생물이 유기물을 분해하는 과정에서의 용존산소량(DO) 농도변화를 통해 유기물의 양을 간접적으로 측정하는 것이다. 즉, BOD가 높을수록 유기물이 많이 포함된 오염된 물이다. 구체적으로, BOD는 호기성 박테리아가 20℃에서 5일간 수중의 유기물을 산화 분해시켜 정화하는 데 소비되는 산소량을 ppm으로 나타낸 것이다. 하천수가 1급수로 분류되기 위해서는 BOD가 1 ppm 이하여야 한다. 5 ppm 이상이 되면 하천은 자기정화능력을 잃으며, 10 ppm을 넘은 물은 등급 외의 매우 오염된 물로서, 썩는 냄새가 난다.

실험 방법으로는 일정 용량의 폐액에 호기성 세균을 번식시켜 산화반응시켜 산소요구량을 구하는 것이 BOD이다. 표준 BOD 분석에서는 20℃, 5일간에서 구하므로 BOD520로 나타내는 경우도 있다.

산화 촉매에 BOD의 측정은 검사하려는 폐수를 희석수(물에 산소를 포화하고, 여기에 미생물의 영양원과 활성 슬러지의 상징액을 미생물원으로 가하여 조제한 것)로 적당히 희석한 희석 검사폐수와 희석수를 각각 20℃에 5일간 방치한 다음에 용존산소량을 측정하여 다음 식으로 BOD를 산출한다.

$$BOD(ppm) = \{(DO_1 - DO_2) - (DO_3 - DO_4) \times A/100\} \times 1000/B$$

DO_1: 항온기에 넣기 전의 희석 검사폐수 중의 용존산소량(ppm)

DO_2: 20℃, 5일 후의 희석 검사폐수 중의 용존산소량(ppm)

DO_3: 항온기에 넣기 전의 희석수 중의 용존산소량(ppm)

DO_4: 20℃, S일 후의 희석수 중의 용존산소량(ppm)

A: 희석 검사폐수 1 L 중에 함유된 희석수의 부피(mL)

B: 희석 검사폐수 1 L 중에 함유된 검사폐수의 부피(mL)

BOD는 측정하는 데 5일을 요구하므로 화학적 산화법으로 단시간에 구하기 위한 것이 COD(chemical oxygen demand, 화학적 산소요구량)이다. 이는 유기물 등의 오염물질을 산화제로 산화할 때 필요한 산소량으로 ppm으로 표시한다. 일반적으로 $KMnO_4$에 의하여 오탁 물질을 산화하였을 때 소비된 MnO_4^{2-} 이온의 양에 대한 산소량 ppm으로 나타낸다. 그러나 유기물질이든 무기물질이든 모두 산화제에 의하여 KMnO4를 사용하는 때도 있다. COD값이 클수록 물의 오염이 심하다.

미생물에 의하여 산화되어 단단한 유기물이 존재하는 경우와 산화하기 쉬운 유기물일지라도 미생물에 대하여 유독한 물질이 공존할 때는 이들 유기물의 양은 COD값으로 측정될지라도, BOD값으로 측정되지 않는 경우가 있다. 이 때문에 COD와 BOD의 값이 항상 상관관계를 갖고 있다고 할 수 있다. 그 외에 TOC(총유기탄소)와 TOD(총산소요구량)도 사용하나, 미량분석이므로 시료 채취 오차에 주의해야 한다.

환경정화에 관련 있는 미생물은 일반적으로 혼합 미생물의 집단이다. 유기성 폐액을 발효적으로 생각하면 배양액이고, 이 배양액에 적합한 생물군이 우선 생육하게 된다. 그러나 폐액의 조성, pH, 농도 등이 변하면 미생물군도 변동한다.

폐액 처리에 주로 생육하는 것은 세균이다. 이들 균은 산성 분해작용도 강하고 비증식률 μ(단위, h^{-1})는 다른 생물에 비하여 최대가 된다. 산화지(酸化池)에서는 조류도 공생 작용이 있다. 식물연쇄를 생각하면 원생동물은 세균을 먹게 되므로 물을 투명하게 하고, 또 활성오니법에서는 flock 형성을 조성한다. 원생동물도 나중에 생육하는 동물의 먹이가 된다. 이 식물연쇄의 관계로부터, 물속에 있는 수은, DDT(dichloro-diphenyl-trichloroethane), BHC(benzene hexachloride)가 후에 생육하는 동물에 의하여 농축되어 많은 공해문제를 일으킨다는 것이 잘 알려져 있다. 이와 비슷한 현상은 방사성물질에서도 생물농축을 관찰할 수 있다.

물이 정화되려면, 물속에 있는 유기물이 산화분해되는 대사와 미생물 세포를 합성하는 대사, 이 두 종류의 대사과정이 복합적으로 일어난다. 호기적 산화에서는 호기성균이 유기물을 산화분해함으로써 세포의 합성과 이를 유지하는 데 필요한 에너지를 얻고 있다. 혐기적 산화에서는 혐기성균이 유기물 분자 내 산소를 이용하기 위하여 메탄, 이산화탄소, 수소, 황화수소, 암모니아를 생성하여 악취를 내게 된다.

4. 폐수처리 형식

1) 호기적 변화(aerobic oxidation)

(1) 산화지(oxidation pond)

물은 정화되나 세포를 먹이로 하는 원생동물과 후생동물도 존재한다. 유기물 부하와 SS가 비교적 많고, 혹은 깊은 못에서는 죽은 세포가 축적되고 그 부분에서는 혐기 상태가 되면서 혐기적 분해가 일어난다.

담수에서는 조류로서 녹조류(green algae)인 *Chlorella*, *Scenedesmus* 등이 있다. 유기물 부화가 많아지면 남조류(blue green algae)가 많아진다. 깊이 50~70 cm 정도의 얕은 못에서는 물을 순화하는 방식을 사용하고, 이것을 고속산화지(high rate pond)라 하여, 기후와 기온에 의하여 지배받으며 물의 정화와 식량 또는 메탄원료로 사용하는 조류의 배양에 사용한다.

(2) 활성오니법

활성오니법(activated sludge process)은 유기성의 폐수처리에 가장 많이 이용되는데 특히 도시 하수에 많이 사용하고 있다. 활성오니법의 구성은 [그림 27-3]과 같다.

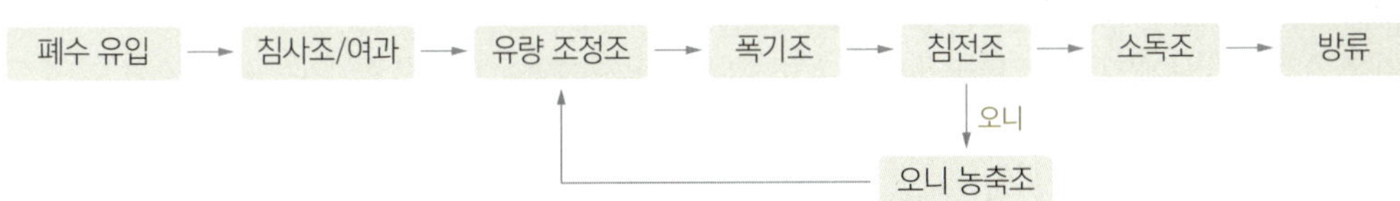

그림 27-3 활성오니법의 주요 구성

조정조에서 유량 조절 및 pH 조절을 하며 균일화된 폐액을 폭기조에 넣는다. 공기는 폭기조에서 이루어지며 강제 통기하여 공급하거나 기계적인 표면 교반으로 공기를 공급하는 때도 있다. 그 후로는 침전조에 보내고, 이때 침전물을 오니 또는 슬러지(sludge)라고 한다. 위의 상징액은 필요한 경우 염소 살균하여 배출한다. 침전한 오니의 일부는 여분의 오니로서 방출되나 나머지는 반송오니로서 다시 폭기조에 보낸다. 이상의 공정을 연속적으로 운전하기 위하여 폭기조 안의 오니(균체) 농도를 일정하게 유지하기 위하여 오니를 반송하는 것이 특징이다.

폐액이 처리되는 것은 미생물로 산화분해와 세포합성이 이루어지고 그 외에 미생물군이 floc을 형성하고 생물학적 흡착현상으로 오니를 제거할 수 있다. 세균은 단세포이면 간단하게 침전되지 않으나 flock 형성으로 쉽게 침강하고, 흡착물도 같이 침강하므로 비교적 단시간에 폐액을 처리할 수 있다.

활성오니의 flock 형성은 일반적으로 슬러지를 생성하기 때문이다. 활성오니로부터 많은 균으로 알려진 것은 *Zoogloea*, *Pseudomonas*, *Flavobacterium*, *Brevibacterium*, *Achromobacter*, *Mycobacterium*, *Xanthomonas*, *Agrobacterium*, *Chromobacterium*, *Aerobacter*, *Escherichia coli* 등이 있다. 이 flock 형성에는 분명치 않은 점이 많으나 비교적 고농도에서 생기기 어려우나, 폭기조 내에서 비교적 유기물 농도가 낮은 경우에 원생동물 특히 *Vorticella*와 같은 고착성 선모충, *Paramecium*과 같은 짚신벌레 등이 젤라틴상의 점질 물질을 분비하여 슬러지를 형성한다고 생각되고 있다. 따라서 오니 침강성이 좋을 경우는 반드시 원생동물도 존재한다.

활성오니법에서는 폐액의 종류에 따라서 효모와 곰팡이가 존재하는 경우도 있다. 곰팡이와 형태학적으로 비슷하나 사상성 세균(filamentous bacteria)인 *Sphaerotilus*가 많아지면 팽화현상(bulking)이라발생하는데 이는 오니의 침강성을 나쁘게 하므로 처리효율을 저하시킨다.

(3) 살수여상법(trickling filter process)

여재 표면에 점착성이 있는 젤라틴 상의 호기성 미생물의 생물막을 형성시키고, 폐액을 여기에 살포하면서 접촉시켜 처리하는 방법이다. 원형조 내에 크기 2~10 cm 정도인 여재를 채우고 위로부터 처리 대상 폐수를 위에서 살포하면 살포된 오수는 여재 표면을 흘러가게 되는데, 이때 여재의 표면에 부착하여 생식하고 있던 미생물들의 물리화학적, 생물화학적 작용을 이용함으로써 오수중의 유기물을 제거하게 된다.

이 방법은 활성오니법과 같이 통기(aeration)할 필요가 없고 대기 중의 산소가 들어가 호기적 분해가 일어난다. 생물막의 양이 증가하면 자연 떨어져 나가고, 다시 생물막이 형성된다. 최근에는 여재로서 생물막의 부착이 용이한 가벼운 플라스틱 조각 형식을 실용화하고 있다.

(4) 회전원판법(rotating disc process)

폐수면 아래에 40% 정도 잠긴 원판이 수평축 주위로 회전함에 따라 생물막 위의 하수막에 용해되는 공기 중의 산소를 부착생물이 흡수하고, 하수 중의 유기물을 흡착하여 산화 및 동화작용을 통해 하수를 정화시킨다. 또한 원판의 회전으로 인해 부착생물과 회전판 사이에 전단력이 생겨 과잉의 부착생물은 자연적으로 떨어지게 되어 회전판 표면이 부착생물로 완전히 폐쇄되는 것이 방지되며, 회전판에 일정한 두께의 부착생물이 유지된다. 회전원판의 구조는 직경 1~3 m의 가벼운 플라스틱 원판을 수평축으로 고정해 이를 속도 10~20 m/min로 회전시키는 구동장치와 회전판을 하수에 접촉시키는 조로 구성되어 있다. 이 방법은 포기 및 슬러지의 반송을 필요 없고, 동력비가 저렴하고 운전 관리상 조작이 간단하다. 또한, 에너지가 절약되고 BOD 부하를 높일 수 있으며 질소, 인 등의 제거가 가능하고, 잉여슬러지의 생성량과 최종침전지에서의 과잉슬러지의 발생량이 적다. 그러나 생물량의 인위적인 조작이 곤란하고, 질화가 일어나기 쉬우며 처리수의 BOD가 높아질 수 있는 단점이 있다.

2) 혐기적 변화(anaerobic oxidation)

유기물 농도가 1.5% 이상 있는 진한 폐액(축산폐기물, 알코올 증류 폐액 등) 처리에 이용하는 혐기적 소화는 메탄발효라고도 한다. 소화는 산 생성상 혹은 액화상의 2상으로 되어 있다. 전자에서는 가수분해한 다음 유기산을 생성하는 통성혐기성 미생물군과 후자에서는 메탄과 이산화탄소를 생성하는 절대혐기성의 미생물 등의 2개의 생태계의 미생물이 혼재하고 있다.

산 생성 상에서는 알코올을 거쳐 초산. 프로피온산 등이, 가스 생성 상에서는 메탄과 CO_2가 생성된다.

$$CH_2COOH \rightarrow CH_4 + CO_2$$

메탄 생성균으로서 *Methanobacterium*, *Methanococcus ethanosarcina*가 있다. 메탄 발효법에는 36~38°C의 중온과 53~55°C의 고온 발효의 두 종류가 있는데 고온 발효가 유기물 처리량도 많고 소화 일수도 단축할 수 있으나 가온해야 하므로 에너지가 필요하다는 단점이 있다.

메탄발효의 시간은 중온에서 25일 정도이나, BOD 제거율은 85~90%이고 일반적으로는 다시 호기적 처리가 필요하다. 그러나 축산·농산 폐기물, 분뇨 등으로부터 메탄가스의 생산(biogas production)은 폐액 처리를 하면서 동시에 에너지도 확보하는 방법이기도 하다.

5. 활성오니법에 의한 폐수정화기구

활성오니는 오니 flock의 표면이 폐액 중에 있는 콜로이드 물질과 현탁물질을 활성적(active)으로 흡착함으로써 일어난다. 접촉의 초기에는 생물학적 흡착이 신속하게 진행된다.

미생물에 의하여 폐액이 정화되는 기구는 유기물과 산소가 미생물에 의하여, 에너지를 얻기 위하여 소비되는 것과 새로운 세포가 합성되는 것이다. 또 미생물은 서서히 자기소화(autolysis)를 한다. 이들의 반응은 다음과 같이 나타낸다.

$$\text{유기물} + O_2 + NH_3 \rightarrow \text{새로운 세포} + CO_2 + H_2O$$

$$\text{세포} + O_2 \rightarrow CO_2 + H_2O + NH_3$$

폐수처리하는 설계와 운전관리에 중요한 점은 반응이 일어나는 속도, 산소나 영양 물질의 소요량(BOD) 혹은 COD 양 및 미생물량(생물성 오니량)이다. BOD 농도, 균체 농도(활성오니량)와 그 증식속도, 오니 반송 비율 등을 사용하여 모델화, 수식화한 것이 많이 보고되고 있다.

6. 활성오니와 팽화현상

활성오니법은 연속처리이므로 오니는 충분한 응집성이 있어야 하고 침강성을 좋게 하여야 있다. 만약 침강성이 나쁘면 오니들이 부유하는 팽화현상(bulking)을 일으킨다. 주요한 원인은 유기물질, DO, 영양소 등의 농도가 적을 때 사상균의 이상증식으로 이루어지는 경우가 많다.

즉, 폐액 중에 있는 영향의 균형은 BOD : N : P가 100 : 5 : 1이 좋다고 하나 활성오니법에서 팽화현상을 일으키기 쉬운 것은 ① N 및 P가 매우 적을 경우, ② pH가 급격히 상승할 경우, ③ 부하(BOD, kg/ml, SS, 일)가 갑자기 증가할 경우 등이 있으며 일반적으로 관리가 나쁠 경우이다. 팽화현상의 평가척도에는 SVI(sludge volume index)를 사용한다. 일반적으로 SVI는 50~100이지만 200 이상이면 팽화현상이라 한다. 팽화현상은 고분자물질이 많아 점성이 높을 때도 일어날 수 있다.

7. 생물학적 탈질소법

폐수처리대책으로서는 BOD뿐만 아니라 질소와 인도 제거할 필요가 있다. 특히 폐수 속의 암모니아 상태의 질소는 미생물의 작용으로 적조의 원인이 되므로 제거하여야 한다. 이 처리방식은 우선 미생물로 암모니아 상태의 질소를 질산성 질소로 산화시키고 다음에 공해가 없는 질소가스로 환원시켜 대기 중으로 방출하는 것으로 'N(질소)P(인) 작전'이라고 불리기도 한다.

즉, 생물학적 탈질소법(biological denitrification)은 $NH_3 \rightarrow NO_2 \rightarrow NO_3$의 산화계와, $NO_3 \rightarrow NO_2 \rightarrow N_2$의 환원제를 같이 이용한다. 이후의 반응에서는 전자공여체로서 유기성의 탄소원이 필요하다. 이때 탈질균에는 *Paracoccus denitrificans*가 있다.

인(P)을 제거하는 생물학적 과정의 핵심은 미생물을 혐기성과 호기성 상태에 교대로 노출시키는 것이다. 이렇게 되면 미생물은 환경의 극한적인 변화에 의하여, 혐기성 인 방출 대사에서 호기적인 인 섭취가 정상 수준 이상이 된다. 즉, 혐기성 상태에선 유입수 내의 초산 등의 유기물을 흡수하여 세포 내에 PHB(poly-β-hydroxy butyrate)로 저장하는데 이때 전 단계의 호기 조건에서 흡수한 세포 내 인을 방출하면서 필요한 에너지를 공급한다. 호기성 상태에서는 세포 내에 저장된 PHB를 산화시키면서 방출된 인을 과량 흡수하게 된다. 이를 미생물의 인의 과잉 섭취(luxury uptake)라 한다.

대표적인 공법으로 Bardenpho process가 있으며 질소 및 인을 동시에 제거할 수 있다.

단원정리

여러 가지 다양한 생물체들은 태양 에너지를 이용하여 지구상에 있는 원소와 물질을 순환하면서 이용한다. 탄소, 질소, 황 뿐만 아니라 많은 원소와 물질에서도 순환이 이루어지고 있으며 물질의 순환계가 파괴되면 환경 오염이 일어나게 된다. 여기에서 지구화학적인 변환은 미생물이 중요한 역할을 한다.

생물학적 교정은 생물을 이용하여 위해 물질을 독성이 약한 물질로 분해하고 오염된 환경을 정화하는 과정으로 오염된 환경을 미생물, 곰팡이, 식물 또는 그 효소를 활용하여 원상태로 복구시키는 모든 방법으로 정의된다.

반면에, 생물정화는 인간이 인위적으로 만들어낸 화합물 등의 난 분해, 독성물질을 미생물을 이용하여 분해시키는 것을 말한다. 인위적으로 만들어낸 난 분해성 물질은 환경오염위 주범이 되고 있기에, 미생물을 이용한 생물학적 환경정화 방법이 연구되고 있다. 생물학적 환경정화의 가장 큰 장점은 경제성과 효율성, 생물을 이용한 방법이기에 부작용이 없다는 것이다.

인구의 도시 집중화와 산업의 성장으로 인하여 공장 폐액과 함께 폐수의 증가하고 있다. 폐수의 환경기준항목으로는 BOD(생리학적 산소요구량, biochemical oxygen demand), COD(화학적 산소요구량, chemical oxygen demand), SS(현탁성 고형물, suspended solids), pH, DO(용존 산소, dissolved oxygen), 페놀 등의 양, 대장균 균수 등이 있다. 폐수처리에는 각각의 특성에 따라서 물리적, 화학적, 생물화학적 처리가 있으며, 폐수처리의 생물화학적 방법 중에 가장 많이 사용하고 있는 방법은 활성오니법이다. 활성오니법에 사용되는 균주로는 *Zoogloea*, *Pseudomonas*, *Flavobacterium*, *Brevibacterium*, *Achromobacier*, *Mycobacterium*, *Xanthomonas*, *Agrobacferium*, *Chromobacterium*, *Aerobacter*, *Escherichia coli* 등이 있다. 그 외에 폐수처리 형식으로는 산화지(Oxidation pond), 살수여상법(trickling filter process), 회전원판법(rotating disc process) 등이 있다.

단원평가

1 다음 설명 중 옳지 않은 것을 고르시오.

① 자연계에서의 물질순환을 살펴보면 태양에너지를 이용하여 지구상에 있는 물질을 순환하고 있다고 볼 수 있다.

② 물질의 순환계는 탄소, 질소, 황이 순환되고 있으며 이 외에 다른 원소들은 순환에 관여하지 않는다.

③ 생물학적 교정은 생물을 이용하여 위해 물질을 독성이 약한 물질로 분해하고 오염된 환경을 정화하는 과정이다.

④ 생물학적 환경정화는 경제적이며 효율적인 장점이 있다.

2 BOD(Biochemical oxygen demand, 생화학적 산소요구량)과 COD(chemical oxygen demand, 화학적 산소요구량)의 설명 중 옳지 않은 것은?

① BOD가 과도하게 높으면 DO는 감소하며 악취가 발생하게 된다.

② COD의 값이 클수록 물의 오염도가 심하다고 볼 수 있다.

③ BOD, COD는 오염의 지표로서 하수 중의 용존 산소량을 나타낸다.

④ BOD는 보통 20°C에서 5일간 시료를 배양했을 때 소비된 용존산소량을 표시된다.

3 폐수처리 시에 메탄발효에 의하여 유기물을 처리하는 방법은?

① 호기적 처리법 ② 혐기적 처리법

③ 활성오니법 ④ 살수여상법

4 활성오니법(activated sludge process)으로 폐수를 처리할 때, 활성오니를 구성하는 미생물이 아닌 것은?

① *Aerobacter* 속 ② *Pseudomonas* 속

③ *Clostridium* 속 ④ *Zoogloea* 속

정답 및 해설

1. ②
2. ③
3. ②
4. ③

참고문헌

단행본

Jay JM et al., *Modern Food Microbiology*, Springer, 2005

Matthews KR et al., *Food Microbiology: an Introduction*, ASM Press, 2017

Waites MJ et al., *Industrial Microbiology*, Wiley-Blackwell, 2006

고종호 외, **발효응용공학**, 보문각, 2011

곽호석 외, **에센스 발효식품학**, ㈜지구문화, 2018

김창한 외, **식품미생물학**, 유한문화사, 2004

노완섭 외, **New 식품미생물학**, ㈜지구문화, 2018

박헌국 외, **식품미생물학**, 문운당, 2014

방병호 외, **최신발효공학**, 도서출판 진로, 2011

백현동 외, **식품미생물학**, 유한문화사, 2024

유상렬 외, **식품미생물학**, 수학사, 2016

유주현 외, **발효공학**, 도서출판 효일, 2008

이진성 외, **식품미생물학**, ㈜바이오사이언스출판, 2013

한영수 외, **식품미생물학**, 파워북, 2015

학술논문

Agerholm-Larsen L, Bell ml, Grunwald GK, Astrup A. The effect of a probiotic milk product on plasma cholesterol: A meta-analysis of short term intervention studies. European Journal of Clinical Nutrition. 54: 856-860 (2002).

Aguilar-Toalá JE, Garcia-Varela R, Garcia H.S. Mata-Haro V, González-Córdova AF, Vallejo-Cordoba B, Hernández-Mendoza A. Postbiotics: An evolving term within the functional foods field. Trends in Food Science & Technology. 75: 105-114 (2018).

Ansari F, Pourjafar, H, Tabrizi A, Homayouni A. The effects of probiotics and prebiotics on mental disorders: A review on depression, anxiety, Alzheimer, and autism spectrum disorders. Current Pharmaceutical Biotechnology. 21: 555-565 (2020).

Averianova LA, Balabanova LA, Son OM, Podvolotskaya AB, Tekutyeva LA. Production of vitamin B2 (riboflavin) by microorganisms: An overview. Frontiers in Bioengineering and Biotechnology. 8: 5670828 (2020).

Cuomo P, Capparelli R, Alifano M, Iannelli A, Iannelli D. Gut microbiota host-gene interaction. International Journal of Molecular Science. 23: 13717 (2022).

Dahl WJ, Mendoza DR,Lambert JM. Chapter Eight - Diet, nutrients and the microbiome. Progress in Molecular Biology and Translational Science. 71: 237-263 (2020).

Donova M. Microbial steroid production technologies: Current trends and prospects. Microorganisms. 10: 53 (2022).

Eom SJ, Kim KT, Paik HD. Microbial bioconversion of ginsenosides in ***Panax ginseng*** and their improved bioactivities. Food Reviews International. 34: 698-712 (2018).

Han KJ, Lee JE, Lee NK, Paik HD. Antioxidant and anti-Inflammatory effect of probiotic ***Lactiplantibacillus plantarum*** KU15149 derived from Korean homemade diced-radish kimchi. Journal of Microbiology and Biotechnology. 30: 591-598 (2020).

Jach ME, Serefko A, Szopa A, Sajnaga E, Golczyk H, Santos LS, Borowicz-Reutt K, Sieniawska E. The role of probiotics and their metabolites in the treatment of depression. Molecules. 28: 3213 (2023).

Jung J, Jang HJ, Eom SJ, Choi NS, Lee NK, Paik HD. Fermentation of red ginseng extract by the probiotic ***Lactobacillus plantarum*** KCCM 11613P: Ginsenoside conversion and antioxidant effects. Journal of Ginseng Research. 431: 20-26 (2019).

Kariyawasam KMGMM, Yang SJ, Lee NK, Paik HD. Probiotic properties of ***Lactobacillus brevis*** KU200019 and synergistic activity with fructooligosaccharides in antagonistic activity against foodborne pathogens. Journal of Food Science and Animal Resources. 40: 297-310 (2020).

Kaur L, Gordon M, Baines, PA, Iheozor-Ejiofor Z, Sinopoulou V, Akobeng AK. Cochrane IBD Group (ed.). "Probiotics for induction of remission in ulcerative colitis". Cochrane Database of Systematic Reviews 3: CD005573 (2020).

Khalesi S, Bellissimo N, Vandelanotte C, Williams S, Stanley D, Irwin C. A review of probiotic supplementation in healthy adults: helpful or hype?. European Journal of

Clinical Nutrition. 73: 24-37 (2019).

Kim N, Lee J, Song HS, Oh YJ, Kwon MS, Yun M, Lim SK, Park HK, Jang YS, Lee S, Choi SP, Roh SW, Choi HJ. Kimchi intake alleviates obesity-induced neuroinflammation by modulating the gut-brain axis. Food Research International 158: 111533 (2022).

Lee NK, Han KJ, Son SH, Eom SJ, Lee SK, Paik HD. Multifunctional effect of probiotic *Lactococcus lactis* KC24 isolated from kimchi. LWT-Food Science and Technology. 64: 1036-1041 (2019).

Lee E, Jung SR, Lee SY, Lee NK, Paik HD, Lim SI. *Lactobacillus plantarum* strain Ln4 attenuates diet-Induced obesity, insulin resistance, and changes in hepatic mRNA levels associated with glucose and lipid metabolism. Nutrients. 10: 643 (2018).

Leite G, Pimentel M, Barlow GM, Sedighi R, Rezaie A, Mathur R. Age and the aging process significantly alter the small bowel microbiome. Cell Reports. 36: 109765 (2021).

Lim SK, Kwon MS, Lee J, Oh YJ, Jang JY, Lee JH, Park HW, Nam YD, Seo MJ, Roh SW, Choi HJ. *Weissella cibaria* WIKIM28 ameliorates atopic dermatitis-like skin lesions by inducing tolerogenic dendritic cells and regulatory T cells in BALB/c mice. Scientific Reports. 7: 40040 (2017)

Lina D, Medeiros DM. The microbiome as a major function of the gastrointestinal tract and its implication in micronutrient metabolism and chronic diseases. Nutrition Research 112: 30-45 (2023).

Liu X, Yao H, Xihong Zhao X, Ge C. Biofilm formation and control of foodborne pathogenic bacteria. Molecules. 28: 2432 (2023).

Park TW, Park J. Bioconversion optimization for manufacturing ginsenoside Rd from steamed ginseng crude saponin. Journal of Investigative Cosmetology. 18: 299-307 (2022).

Singer-Englar T, Barlow G, Mathur R. Obesity, diabetes, and the gut microbiome: an updated review. Expert Review of Gastroenterology & Hepatology. 13: 3-25 (2019).

Survase SA, Bajaj IB, Singhal RA. Biotechnological production of vitamins. Food Technology and Biotechnology. 44: 381-396 (2006).

Vernocchi P, Chierico FD, Putignani L. Gut microbiota metabolism and interaction with food components. International Journal of Molecular Sciences. 21: 3688 (2020).

de Vos WM, Tilg H, Hul MV, Canet PD. Gut microbiome and health: Mechanistic insights. Gut. 71: 1020-103 (2022).

Yang SJ, Lee JE, Lim SM, Kim YJ, Lee NK, Paik HD. Antioxidant and immune-enhancing effects of probiotic ***Lactiplantibacillus plantarum*** 200655 isolated from kimchi. Food Science and Biotechnology. 28: 491–499 (2019).

Yao Y, Cai X, Ye Y, Wang F, Chen F, Zheng C. Health: From early life to adulthood. Frontiers in Immunology. 12: 708472 (2021).

Yu HS, Jang HJ, Lee NK, Paik HD. Evaluation of the probiotic characteristics and prophylactic potential of ***Weissella cibaria*** strains isolated from kimchi. LWT-Food Science and Technology. 112: 108229 (2019).

Xu D, Fu L, Pan D, Chu Y, Feng M, Lu Y, Yang C, Wang Y, Xia J, Sun Guiju. Role of probiotics/synbiotic supplementation in glycemic control: A critical umbrella review of meta-analyses of randomized controlled trials. Critical Reviews in Food Science and Nutrition. 64: 1–19 (2022).

찾아보기

영문

A

B

C

D

E

F

G

T

V

X

저자 소개

대표 저자

백현동 아이오와주립대 식품과학 박사
현, 건국대학교 축산식품생명공학과 교수
한국식품연구원 원장
한국미생물·생명공학회 부회장
건국대학교 산학협력단장
한국축산식품학회 회장
한국식품과학회 영문지 편집위원장

저자(가나다 순)

강대경 동경대학교 응용생명공학 박사
현, 단국대학교 생명자원학부 교수, 학장
한국축산식품학회 회장

김기태 아이오와주립대 식품과학 박사
건국대학교 축산공학연구소 연구교수
현, (주)메가랩 연구자문위원

박영서 연세대학교 식품생물공학 박사
현, 가천대학교 식품생명공학과 교수, 학장
한국식품과학회 회장

서명지 연세대학교 생명공학 박사
한국식품연구원 선임연구원
현) 인천대학교 생명공학부 교수

이나경 경남대학교 식품생명공학 박사
현, 건국대학교 식품생명공학연구소 연구교수
(주)위드바이오 대표이사

장혜지 건국대학교 식품생명공학 박사
현, 건국대학교 식품생명공학연구소 연구교수
(주)지에이치바이오 연구소장

최학종 연세대학교 생명공학 박사
시카고 대학교 박사후 과정 및 노스웨스톤 대학교 연구원
세계김치연구소 선임연구본부장
현, 세계김치연구소 책임연구원

재미있는 발효공학

인지 생략

2025년 8월 20일 1판 1쇄 인쇄
2025년 8월 31일 1판 1쇄 발행

저 자 백현동 · 강대경 · 김기태 · 박영서
서명지 · 이나경 · 장혜지 · 최학종

발행인 이 영 호
발행처 수 학 사
10881 경기도 파주시 회동길 56 기한재 1층
출판등록 1953년 7월 23일 제2020-000143호
전화번호 031) 946-4642(代) 팩스 031) 944-1457
http://www.soohaksa.co.kr

Printed in Korea

정가 29,000원

ISBN 978-89-7140-749-3 (93570)